普通高等教育"十三五"规划教材

数据库系统与应用

吴汝明　辛小霞　赵慧青　编著

科学出版社

北　京

内 容 简 介

　　本书从理论与应用相结合的角度出发,内容涵盖数据库基本原理、系统结构,以及使用 Access 2010 进行数据库建立、管理、开发等相关的概念、方法和技巧。全书共分 8 章,主要包括数据库系统概述、数据库与表、查询、窗体、报表、宏、模块与 VBA 程序设计、VBA 数据库访问技术等内容。

　　本书内容充实,层次清晰,原理和实践紧密结合,注重实用性和可操作性,语言叙述力求深入浅出、简明易懂,在适度的基础知识与鲜明的结构体系覆盖下,努力拓宽知识面,尽量反映数据库技术发展新动态。各章后面均配有精心设计的习题和上机实验,以便于教师教学和学生自我测试。

　　本书既可作为高等院校各专业数据库基础课程教材,也可以作为计算机爱好者的自学用书及全国计算机等级考试二级 Access 数据库程序设计的参考用书。

图书在版编目(CIP)数据

　　数据库系统与应用/吴汝明,辛小霞,赵慧青编著. —北京:科学出版社,2017

　　(普通高等教育"十三五"规划教材)

　　ISBN 978-7-03-050704-4

　　Ⅰ. ①数… Ⅱ. ①吴… ②辛… ③赵… Ⅲ. ①数据库系统-高等学校-教材 Ⅳ. ①TP311.13

　　中国版本图书馆 CIP 数据核字(2016)第 278354 号

责任编辑:吕燕新　王 惠 / 责任校对:刘玉靖
责任印制:吕春珉 / 封面设计:东方人华平面设计部

科 学 出 版 社 出版

北京东黄城根北街 16 号
邮政编码:100717
http://www.sciencep.com

三河市骏杰印刷有限公司印刷

科学出版社发行　各地新华书店经销

*

2017 年 1 月第 一 版　　开本:787×1092 1/16
2019 年 1 月第三次印刷　　印张:21
字数:485 000

定价:47.00 元

(如有印装质量问题,我社负责调换〈骏杰〉)

销售部电话 010-62136230　编辑部电话 010-62135397-2052

前　言

随着计算机应用技术的迅猛发展及大数据时代的来临，数据处理技术已成为当代大学生知识结构的重要组成部分。数据库技术是目前存储和管理数据的主流技术，是信息管理系统的核心。随着社会对数据库人才的需求量越来越大，掌握基本的数据库应用技术，已成为高等学校计算机基础教学的新目标。

本书根据教育部高等学校计算机科学与技术教学指导委员会提出的《关于进一步加强高等学校计算机基础教学的意见》，并结合全国计算机等级考试二级 Access 数据库程序设计考试大纲的基本内容，由多年从事计算机应用及计算机基础教学、具有丰富教学经验和实践经验的教师编写而成。作者结合数据库技术的最新发展，并充分吸收了国内外教材的优点，努力把系统性、整体性与实用性结合起来，力求内容新颖、重点突出、文字精练、侧重应用；从实际出发，用读者容易理解的体系和叙述方法，深入浅出、循序渐进地帮助读者掌握课程的基本内容。

Access 2010 是美国 Microsoft 公司推出的基于关系数据模型的数据库管理系统，它作为 Office 2010 的组成部分，具有与 Word 2010、Excel 2010 和 PowerPoint 2010 等组件相同的操作界面和使用环境，其功能强大、使用方便，是学习和掌握数据库应用知识的有效工具。本书以 Access 2010 为基础，系统地介绍了数据库系统的基本概念和原理，使学生能较全面、系统地掌握基本的数据处理技术，同时兼顾了数据库技术与应用系统的结合，有利于提高学生的计算思维能力，为后续专业课程的学习打下良好的基础。

本书结构合理，图文并茂，在讲授理论知识的同时，穿插丰富、实用的操作实例，展示了使用 Access 2010 创建数据库及各种对象的方法，以及构成数据库应用系统的基本知识和技巧，激发学生的学习兴趣，由浅入深，引导学生自主学习。每章后面都配有相应的习题和上机实验，以实现培养学生的应用能力和实际动手操作能力的目标。

本书由吴汝明、辛小霞、赵慧青编著，其中第 1～3 章由辛小霞编写，第 4、5 章由赵慧青编写，第 6～8 章由吴汝明编写，全书由吴汝明审定。本书的编写得到中山大学新华学院计算机基础教研部全体老师的支持和配合，William Xin 提供了第 8 章编程部分的实例，在此表示衷心的感谢。同时，谨向帮助和指导我们的林卓然教授，致以深深的敬意和真挚的感谢！

由于编者水平所限，书中如有不足之处，敬请读者批评指正，以便修订时改进。如读者在使用本书的过程中有其他意见或建议，恳请向编者提出宝贵意见。

编　者
2016 年 12 月

目　　录

第 1 章　数据库系统概述

　　数据库技术是现代信息科学与技术的重要组成部分，是计算机数据处理与信息管理系统的核心。数据库技术的核心是数据管理。数据管理技术是以数据建模和数据库管理系统（Database Management System，DBMS）核心技术为主的一门学科，其研究的是如何科学地组织和存储数据，减少数据存储的冗余，实现数据共享和保障数据安全，以及高效地检索和处理数据，从各种数据中快速获得有价值的信息。

　　数据库的诞生和发展，给计算机信息管理带来了一场巨大的革命。尤其是经过几十年的发展，数据库技术已具有坚实的理论基础、成熟的商业产品和广泛的应用领域。从企业资源规划、医院信息管理、数字校园、电子政务，到数据挖掘、商务智能，再到今天的大数据时代，在数据库技术的承载下，数据将成为一种核心竞争力。

1.1　数据库技术的发展史

　　数据作为信息的载体，其电子化过程经历了半个多世纪的发展，脉络清晰可见。从数据管理的角度来看，数据库技术经历了人工管理、文件系统、数据库系统三代演变。其中最具代表性的是关系数据库阶段。直到今天，关系数据库都是高价值数据的主要存储管理方式。相信在未来相当长的时间里，关系数据库都将继续发挥重要作用。今天的大数据技术，则充分吸收了关系数据库的简洁、易操作和文件系统的高效快速的优点，把数据的易用性和大容量结合起来，使海量数据的使用变为可能。下面介绍一下数据库的发展历程。

1.1.1　数据管理的诞生

　　数据库的历史可以追溯到 20 世纪 50 年代中期以前，即计算机发展的早期，当时的计算机主要用于科学计算，还未出现磁盘存储设备和操作系统软件，数据多以穿孔纸带这种裸文件方式进行物理的储存和处理，数据管理主要靠人工系统。20 世纪 50 年代末期，随着磁盘、磁鼓等直接存储设备的出现，以及软件领域有了操作系统，计算机不仅可用于科学计算，而且可用于数据管理方面，因而进入了文件系统阶段。这个阶段，数据是由操作系统中的文件系统模块来管理的。其主要特点是，数据以"文件"形式长期保存，实现了一定程度的数据共享和数据管理能力。但由于文件之间相对独立，文件系统缺乏完整和统一的管理与共享数据的能力，其缺陷是具有较多的数据冗余和数据的不一致，数据之间的联系弱，数据的逻辑独立性差，并且由于文件是为某一特定应用服务的，难以在已有数据上扩充新的应用。

数据库系统出现于 20 世纪 60 年代。当时计算机开始广泛地应用于数据管理，对数据共享提出了越来越高的要求，传统的文件系统已然无法满足人们的需要，数据库系统应运而生。应该说，数据库技术是在文件系统的基础上发展而来的，两者都是以数据文件的形式组织数据。由于在文件系统之上加入了 DBMS 对数据进行管理，数据库系统克服了文件系统的缺陷。其特点是采用数据模型表示复杂的数据结构，具有数据的集成性、数据的高共享性与低冗余性、数据的独立性、数据的统一管理与控制功能。

数据模型是数据库系统的核心基础，各种 DBMS 软件均基于某种数据模型。通常按照数据模型的特点将传统数据库系统分为网状数据库（Network Database）、层次数据库（Hierarchical Database）和关系数据库。最早出现的是网状数据库，由美国通用电气公司 Bachman 等人在 1961 年开发成功的世界上第一个数据库管理系统——集成数据存储（Integrated Data Store，IDS），奠定了网状数据库的基础，并在当时得到了快速的发展和广泛的应用。网状模型对于层次结构和非层次结构的事务都能比较自然地模拟，在数据库发展史上，网状数据库占有重要地位。层次数据库是紧随网状数据库而出现的。最著名的层次数据库管理系统是 IBM 公司在 1968 年推出的一种适合其主机的信息管理系统（Information Management System，IMS），这是 IBM 公司研制的最早的大型数据库管理系统产品。

1.1.2　关系数据库的由来

网状数据库和层次数据库已经很好地解决了数据的集中和共享问题，但它们衍生于文件系统，受文件的物理影响较大，在数据独立性和抽象级别上仍有很大欠缺。1970 年，IBM 公司的研究员 E. F. Codd 博士在 *Communication of the ACM* 上发表了一篇名为 *A Relational Model of Data for Large Shared Data Banks* 的论文，提出了关系模型的概念，奠定了关系模型的理论基础。这篇论文被普遍认为是数据库系统历史上具有划时代意义的里程碑。E.F.Codd 的心愿是为数据库建立一个优美的数据模型。后来 E. F. Codd 又陆续发表多篇文章，论述了范式理论和衡量关系系统的 12 条标准，用数学理论奠定了关系数据库的基础。

关系模型有严格的数学基础，抽象级别比较高，而且简单、清晰，便于理解和使用。但在当时有人认为，关系模型过于理想化，用来实现 DBMS 不现实。为了促进对问题的理解，1974 年 ACM 牵头组织了一次研讨会，在会上开展了一场关于支持和反对关系数据库的辩论，这次著名的辩论会推动了关系数据库的发展。经过几十年的发展和应用，关系数据库技术越来越成熟和完善，最终成为现代数据库产品的主流。其代表产品有甲骨文公司的 Oracle、IBM 公司的 DB2、Microsoft 公司的 Microsoft SQL Server 等。

1.1.3　面向对象数据库

随着信息技术和市场的发展，人们发现关系数据库系统虽然技术很成熟，但其局限性也显而易见，即它能够很好地处理"表格型数据"，却对技术界出现的越来越多复杂类型的数据无能为力。20 世纪 90 年代后，技术界一直在研究和寻求新型数据库系统。受当时技术风潮的影响，在相当长一段时间内，人们把精力花在研究面向对象的数据库（Object Oriented Database，OOD）上，其基本思路是在关系数据库基础上融合面向对象技术，在关系数据库上封装面向对象的存储模型，以承载应用和数据的复杂性，拥有比关系技术更强的扩展性。

然而，数年的发展表明，面向对象的关系数据库不太可能取代传统的关系数据库。理论上的完美性并没有带来市场的热烈反应。其原因在于，对于许多已经运用关系数据库系统多年并积累了大量工作数据的客户，难以承受新旧数据库的转换而带来的巨大开销。此外，面向对象的关系数据库系统使查询语言变得极其复杂，使得部分数据库系统的应用集成商和应用客户因其复杂的应用技术而退缩。

1.1.4　数据仓库和数据挖掘

1988 年，为解决企业集成问题，IBM 公司研究人员创造性地提出了一个新的术语——数据仓库。1991 年，数据仓库真正开始应用。随着数据仓库、联机分析技术的发展和成熟，形成了基本的商务智能框架，但真正给商务智能赋予"智能"生命的则是数据挖掘。数据挖掘通过分析大量的数据来揭示数据之间隐藏的关系、模式和趋势，从而为决策者提供新的知识，是一种深层次的数据分析方法。它与传统数据分析的本质区别是，数据挖掘是在没有明确假设的前提下去挖掘信息、发现知识。数据仓库是数据挖掘的数据基础，是一个面向主题的、集成的、相对稳定的、反映历史变化的数据集合。数据仓库和数据挖掘的研究和应用，需要把数据库技术、统计分析技术、人工智能、模式识别、高性能计算、神经网络等技术相结合，目的是充分利用已有数据资源，把数据转换为信息，从中挖掘出知识，提炼成智慧，最终创造出效益。

> **知识链接**
>
> 数据仓库在商业应用中最为脍炙人口的当属"啤酒和尿布"的故事。话说沃尔玛公司拥有世界上最大的数据仓库，在一次购物篮分析之后，研究人员发现跟尿布一起搭配购买最多的商品竟是风马牛不相及的啤酒！这是对历史数据进行挖掘和深层次分析的结果，反映的是数据层面的规律。但这是一个有用的知识吗？沃尔玛公司的分析人员不敢妄下结论。经过大量的跟踪调查，终于发现事出有因：在美国，一些年轻的父亲经常要被妻子派到超市去购买婴儿尿布，30%～40%的新生儿爸爸会顺便买点啤酒犒劳自己。沃尔玛公司随后对啤酒和尿布在卖场的摆放位置做了调整，并进行了捆绑销售，不出意料，销售量双双增加。这种点"数"成金的能力，是数据挖掘真正的"灵魂"和魅力所在。

1.1.5　大数据时代

阿基米德说过："给我一个支点，我能撬起地球。"仿照类似的语调，Microsoft 公司的史密斯这样说："给我提供一些数据，我就能做一些改变。如果给我提供所有数据，我就能拯救世界。"我们现在正处于这样的"大数据"时代,带给人们极大憧憬和想象的"大数据",正在掀起一场数据技术的革命,它将对人类的世界观、知识发现方式、思维方式及伦理道德等产生全方位的影响。

1. 大数据的定义

一般意义上,"大数据"是指无法使用传统流程或工具在合理的时间和成本内处理或分析的信息。此定义或许还不足以完全描述大数据,因此附加了一个普遍认可的 4V 特征。

1)Volume:数据体量大,增长速度快。这个特征隐含的应用提示是,在具体的部署实施过程中,数据存取必须支撑海量的数据并发访问,并且数据处理的性能必须支持海量吞吐率。企业为提高整个企业决策需要利用庞大的数据,并以前所未有的速度持续增加,数据量从原有的 TB 级发展到了 PB 级甚至 ZB 级。相关数据指出,互联网上的数据每年增长 50%,每两年翻一番。仅 Facebook 每天就会产生超过 10TB 的数据,某些企业每小时就会产生数 TB 的数据。

2)Velocity:数据的流动性大,变化迅速。这个特征隐含的应用提示是,在具体的部署实施过程中,数据采集速度要快,数据存取速度要快,数据分析速度要快,而所有的这些要求都对相关的技术选型、策略定位有很大的影响。在许多应用场景中,数据的价值在于其时效性。例如,企业希望基于大数据解决生产和销售的不平衡,准确洞悉应该生产多少、配送多少,并将所有的配送中心纳入体系中,形成一个动态网状结构,让退货、残次等问题与生产基地实时连接起来。试想,如果今天数据的分析结果要等到明天才能得到,显然这些数据将失去分析的意义。

3)Variety:数据的来源多样和类型多样。这个特征隐含的应用提示是,在具体的部署实施过程中,数据存取必须支持多格式、多模式的高效管理,以及数据分析手段必须支持多格式、多模式的有效分析。随着无线感知设备、监控设备、智能设备及社交协作技术的激增,企业中的数据也变得更加复杂,不仅包含传统结构化数据,而且包含 Web 日志、网页、搜索引擎、电子邮件、文档、传感器数据、音频、视频等非结构化和半结构化的数据。

4)Value:数据密度低,商业价值高。这个特征隐含的应用提示是价值密度稀疏。以视频为例,一部一小时的视频,在连续不间断监控过程中,可能有用的数据仅仅一两秒。大浪淘沙而又弥足珍贵,正是大数据的价值特征。

上述定义及 4V 特征的描述只是一个普适的通用描述,在具体实施过程中,不同的公司也会根据不同的价值观和方法论提出其他具体特征。IBM 公司提出的真实性(Veracity)特征是从大数据部署实施过程中数据质量的维度考虑的。IBM 公司认为,真实性是当前企业亟待考虑的重要维度,将促使他们利用数据融合和先进的数学方法进一步提升数据的质量,从而创造更高的价值。

2. 大数据支撑技术

大数据的 4V 特征给大数据分析带来了极大的挑战，算法分析的高复杂度和海量分析吞吐率的矛盾，必须依赖更快、更高效的计算架构来解决。一个大数据项目的开展，需要回答的基本问题如下：①数据从哪里获得，如何获得；②数据将存储在哪里，如何透明存取；③如何分析使用这些海量数据；④面对海量数据，如何高效计算；⑤如何运维。图 1-1 在概念上给出了大数据支撑技术框架应包含的要素。

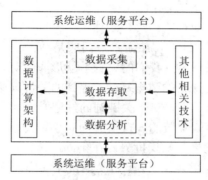

图 1-1　大数据技术框架

需要强调的是，大数据要求能够处理几乎所有类型的海量数据，如文档、图片、视频、音频、电子邮件等，要求的处理速度几乎实时，而且这种大量数据的计算要求必须是面向普通用户的，必须是廉价的，这种情况就促使了大数据走向云端。云计算的处理能力和它的分布式结构，为大数据的商业模式的实现提供了可能。应该说，云计算是大数据的 IT 基础，强调的是计算；而大数据则是云计算的应用，是计算的对象。两者类似于一个硬币的两面。

3. NoSQL 的定义

大数据时代的超大数据体量和占相当比例的半结构化数据和非结构化数据的存在，已经超越了传统数据库的管理能力。随着大数据的兴起，NoSQL 数据库成为极其热门的新领域。NoSQL 是 Not Only SQL 的缩写，它的意义是：适用关系数据库时就使用关系数据库，不适用时也没有必要非使用关系数据库不可，可以考虑使用更加合适的数据存储方式。关系数据库的最大优点是可以保证数据的一致性和处理的完整性，它以连接为前提，也就是说，各个数据之间存在关联是关系数据库得名的主要原因，但为了进行连接处理，关系数据库不得不把数据存储在同一个数据库内，这不利于数据的分散。NoSQL 数据库由于不进行复杂处理，不支持连接，每个数据都是独立设计的，在这一点上恰恰弥补了关系数据库的不足，很容易把数据分散到多个服务器上，适用于大量数据的写入操作和简单查询的快速处理。

1.2 数据库系统的结构

数据库系统是一个基于计算机的、统一集中的数据管理体系。学习数据库技术，首先需要对数据库系统的基本概念、原理和方法有一个基本的认识。

1.2.1 数据及其相关概念

1. 数据

我们常说，水的温度是 100℃，旅游景点门票是 90 元。通过水、温度、100℃、旅游景点、门票、90 元这些关键词，我们的大脑里就形成了对客观世界的印象。这些约定俗成的关键词就构成了我们探讨的数据基础。提到的关键词必须是人们约定俗成的，这就表示不同宗教、不同国家的人，对于关键词的约定必然会有差异。由此可以推导出数据其实也具有使用范围。不同领域的人在描述同一事物会出现不同的数据。数据的有范围性导致由此建立的信息世界、知识世界，在不同的国家、不同的宗教中会产生差异。认识到数据的有范围性可以帮助我们在一个领域进行知识管理时，首先要统一关键词或数据的约定。

因此，对数据可以进行这样的描述：数据是使用约定俗成的关键词，对客观事物的数量、属性、位置及其相互关系进行抽象表示，以适合在这个领域中用人工或自然的方式进行保存、传递和处理。

2. 信息

作为知识层次的中间层，有一点可以确认，那就是信息必然来源于数据并高于数据。我们知道，像 100℃、90 元这些数据是没有联系的、孤立的。只有当这些数据用来描述一个客观事物和客观事物的关系，形成有逻辑的数据流时，它们才能被称为信息。除此之外，信息还具有一个非常重要的特性，即时效性。例如，新闻说广州气温 37℃，这个信息是无意义的，必须加上今天或明天等表示时效性的信息。

信息的时效性对于使用和传递信息有重要的意义。它提醒我们，失去时效性的信息就不是完整的信息，甚至会变成毫无意义的数据流。所以我们认为，信息是具有时效性的、有一定含义的、有逻辑的、经过加工处理的、对决策有价值的数据流。

3. 知识

信息虽给出了数据中一些有意义的东西，但它的价值往往会在时间效用失效后开始衰减，只有通过归纳、演绎、比较等手段对信息进行挖掘，使其有价值的部分沉淀下来，并与已存在的人类知识体系相结合，这部分有价值的信息才会转变成知识。例如，广州 7 月 1 日的气温为 37℃，12 月 1 日的气温为 7℃。这些信息一般会在时效性消失后变得没有价值，但当人们对这些信息进行归纳和对比时就会发现，广州每年7月的气温会比较高，12月气温比较低，于是总结出一年有春、夏、秋、冬4个季节。因此，我们认为知识就是沉淀并与已有人类知识库进行结构化的有价值信息。

1.2.2 数据库系统

1. 数据库系统的组成

数据库系统（DataBase System，DBS）宏观上由三大部分组成，即计算机硬件平台（包括计算机设备、网络及通信设施）、软件平台（包括操作系统、数据库管理系统、数据库、语言工具与开发环境、数据库应用软件等）、各类人员（包括数据库管理员、应用集成开发人员、终端用户等）。这三大部分构成了一个以DBMS为核心的完整运行实体，称为数据库系统。数据库系统的组成如图1-2所示。

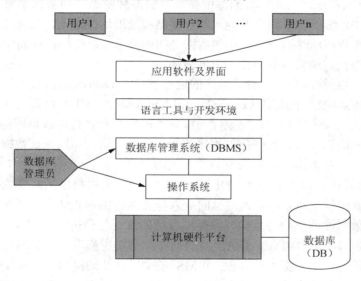

图1-2 数据库系统的组成

（1）数据库

数据库（DataBase，DB）是长期存储在计算机内有组织的、可共享的、统一管理的相关数据集合，即在计算机系统中按一定的数据模型组织、存储和使用的相关联数据的集合。它不仅包括描述事物的数据本身，还包括相关事物之间的联系。数据库中的数据以文件形式存储在存储介质上，它是数据库系统操作的对象和结果。

（2）DBMS

DBMS是数据库系统的核心，是为数据库的建立、使用和维护而配置的软件系统。它建立在操作系统的基础上，是位于用户与操作系统之间的一层数据管理软件，为用户或应用程序提供访问数据库的方法，包括数据库的创建、查询、更新及各种数据控制等。

数据库中数据的各种操作均通过 DBMS 进行，用户发出的或应用程序中的各种操作数据库中数据的命令，都要通过 DBMS 来执行。DBMS 还承担着数据库的维护工作，能够按照数据库管理员所规定的要求，保证数据库的安全性和完整性。由于不同 DBMS 要求的硬件资源、软件环境不同，因此其功能与性能也存在差异。一般来讲，DBMS 的功能主要包括下述 6 个方面。

1）数据定义功能。DBMS 提供数据定义语言（Data Definition Language，DDL）对数据库中的对象进行定义，供用户定义数据库的结构、数据之间的联系，定义保证数据库中的数据具有正确语义的完整性规则，保证数据库安全的用户口令和存取权限等。

2）数据操作功能。DBMS 提供数据操纵语言（Data Manipulation Language，DML）操纵数据库中的数据，实现对数据库中数据的插入、修改、删除、检索等基本操作。高端 DBMS 还提供了复杂数据的操作，如全文搜索、领域搜索、多维数据查询、浏览等。

3）数据组织和管理功能。数据库中需要存放多种数据，如数据字典、用户数据、存取路径等。DBMS 负责分门别类地组织、存储和管理这些数据，确定以何种文件结构和存取方式物理地组织这些数据，实现数据之间的联系，以便提高存储空间利用率和随机查找、顺序查找、增删改等操作的时间效率。

4）数据库运行管理功能。对数据库的运行管理是 DBMS 的核心工作。这部分工作由 DBMS 提供的数据控制语言（Date Control Language，DCL）负责实现，包括对数据库进行并发控制、安全性检查、完整性约束条件的检查和执行、数据库的内部维护等。所有访问数据库的操作都在这些控制程序的统一管理下进行，以保证数据的安全性、完整性、一致性，以及多用户对数据库的并发使用。

5）数据库的建立和维护功能。DBMS 提供了一些实用程序来实现数据库的建立和维护。建立数据库包括数据库初始数据的导入与数据转换等。维护数据库包括数据库的转储与恢复、数据库的重组与重构、数据库性能的监视与分析等。

6）数据接口功能。DBMS 提供了与通信有关的实用程序，以实现与其他软件系统进行通信的功能。例如，提供与其他 DBMS 或文件系统的接口，从而实现不同软件的数据转换，实现异构数据库之间的互访和互操作功能等。此外，现代 DBMS 还提供了先进辅助设计工具、可视化的集成开发环境和商业智能开发平台等。

（3）计算机硬件、操作系统及软件开发环境

数据库系统中的硬件通常为计算机设备和网络及其通信设施两大部分，它是数据库系统的基础支撑平台。操作系统则在硬件平台的上一层，是 DBMS 的基础，是整个数据库系统的重要软件平台，提供基础功能与支撑环境。软件开发环境是在 DBMS 基础上，为支持数据库应用系统开发所提供的语言、工具和集成开发环境，包括程序设计语言、可视化开发工具与编程环境等。

（4）数据库应用系统

数据库应用系统（Database Application System，DBAS）是开发人员利用 DBMS 及其相关的开发工具为特定应用而开发的软件，如人事管理系统、学生管理系统、财务管

理系统等。

（5）人员

数据库系统的建设、使用与维护是一个系统工程，需要各方面人员的协同和配合。数据库系统中的人员包括以下几类。

1）数据库管理员（Database Administrator，DBA）。其职能是管理、监督、维护数据库系统的正常运行，包括设计与定义数据库系统，监督与控制数据库系统的使用和运行，协调用户对数据库的要求，改进和重组数据库系统，优化数据库系统的性能，定义数据的安全性和完整性约束，备份与恢复数据库等。

2）数据库应用系统开发人员。数据库应用系统开发人员负责数据库应用系统的需求分析、系统设计、编码实现、程序调试和应用维护。

3）终端用户。终端用户即数据库的使用者，通过应用系统使用数据库。

综上所述，数据库（DB）、数据库管理系统（DBMS）、数据库系统（DBS）是 3 个不同的概念。DB 强调的是数据，DBMS 是管理数据库的软件，DBS 强调的则是一个整体系统，即 DBS 是包括 DBMS 和 DB 在内的整个计算机系统，主要由硬件平台、软件系统及各类人员组成。DBMS 是数据库系统的核心。

2. 数据库系统的特点

数据库系统具有下述 4 个方面的主要特点。

1）数据集成性好。主要表现在：①具有统一的数据模型，这是数据库系统与文件系统本质的区别；②面向多个应用，数据库是全局的、多个应用共享的有机数据集合；③局部与全局的独立统一，局部与局部、局部与全局的数据结构既独立又统一。

2）数据共享性高。主要表现在数据可充分共享且范围广、冗余度低、易扩充。冗余度是指同一数据被重复存储的程度，数据库系统由于数据整体按结构化构造和规范化组织，并充分精简，使得冗余可以降到最低。这不仅可节省存储空间，更重要的是可减少数据的不一致性（这里的"不一致性"是指同一数据的不同副本的数据值不一致）。

3）数据独立性强。数据独立性是指数据与程序间的互不依赖性，分为物理独立性和逻辑独立性。物理独立性是指数据库物理结构的改变不影响逻辑结构及应用程序，即存储设备的更换、存储数据的位移、存取方式的改变等都不影响数据库的逻辑结构，从而不会引起应用程序的变化，这就是数据的物理独立性。逻辑独立性是指数据库逻辑结构的改变不影响应用程序，即数据库总体逻辑结构的改变，如修改数据结构定义、增加新的数据类型、改变数据间联系等，不需要相应修改应用程序，这就是数据的逻辑独立性。

由于应用程序不是直接从数据库中取数，而是通过 DBMS 间接存取的，而 DBMS 提供了相应的屏蔽功能，因此较好地实现了应用程序与数据库数据的相互独立。

4）数据控制力度大。数据库中数据由 DBMS 统一管理和控制，并统一提供强有力的数据安全性保护、并发控制、故障恢复等功能。

1.2.3　数据库系统的体系结构

虽然目前市面上的 DBMS 产品各异，在不同的操作系统支持下工作，但是数据库系统的内部体系结构均基本按照美国国家标准学会提出的建议，采用 3 级模式和两级映射结构。

所谓"3 级模式"是指数据库系统 3 个级别的数据模式，分别为外模式（External Schema）、概念模式（Conceptual Schema）和内模式（Internal Schema）。数据模式是数据库系统中数据结构的一种表示形式，它具有不同的层次与结构方式。"两级映射"为外模式到概念模式的映射和概念模式到内模式的映射。数据库系统的体系结构如图 1-3 所示。

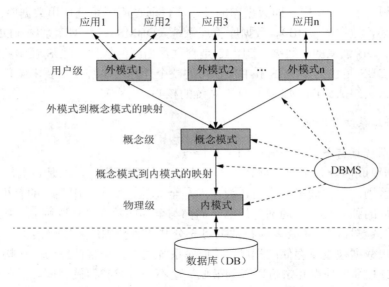

图 1-3　数据库系统的体系结构

1. 数据库系统的 3 级模式

（1）概念模式

概念模式（也称模式或逻辑模式）是数据库中全体数据的整体逻辑结构和特征的描述，是所有用户的公共数据视图，用于描述现实世界中的实体及其性质与联系，定义了记录型、数据项、访问控制、保密定义、数据的完整性约束及记录之间的各种联系。一个数据库只有一个概念模式，DBMS 一般都提供相应的概念模式描述语言（概念模式 DDL）来定义概念模式。

（2）外模式

外模式（也称子模式或用户模式）是用户的数据视图，也就是用户所见到和使用的局部数据逻辑结构和特征的描述。外模式是概念模式的子集。概念模式给出了系统全局的数据描述，而外模式给出每个用户的局部数据描述，包括用户视图的各记录组成、相互联系、数据项的特征等。一个概念模式可以有若干个外模式，每个用户只关心与它有关的模式，这样不仅可以屏蔽大量无关信息，而且有利于数据保护。DBMS 一般都提供相应的外模式描述语言（外模式 DDL）来定义外模式。

（3）内模式

内模式又称物理模式，它给出了数据库物理存储结构与物理存取方法，如数据存储的文件结构、索引、集簇及 Hash 等存取方式与存取路径。内模式的物理性主要体现在操作系统及文件级别上，未深入到设备级别（如磁盘及磁盘操作）。内模式对一般用户是透明的，但它的设计直接影响数据库的性能。DBMS 一般都提供相应的内模式描述语言（内模式 DDL）来定义内模式。

模式的 3 个级别层次反映了模式的 3 个不同环境及它们的不同要求，其中内模式处于底层，反映数据在计算机物理结构中的实际存储形式；概念模式处于中层，反映了设计者的数据全局逻辑要求；而外模式处于最外层，反映了用户对数据的要求。

2. 数据库系统的两级映射

数据库系统的 3 级模式是对数据的 3 个级别的抽象，它把数据的具体物理实现留给内模式，使用户与全局设计者不必关心数据库的集体实现与物理背景。同时，它通过两级映射建立了模式间的联系与转换，使得概念模式与外模式虽然并不具备物理存在，但也能通过映射获得其实体。此外，两级映射也保证了数据库系统中数据的独立性。

（1）外模式到概念模式的映射

该映射给出了由概念模式生成外模式的规则，定义了各个外模式和概念模式之间的对应关系。当概念模式改变时，如增加新的数据项、数据项改名等，由数据库管理员对外模式到概念模式的映射做相应改变，而外模式保持不变，从而保证了数据的逻辑独立性。

（2）概念模式到内模式的映射

该映射给出了概念模式中的全局逻辑结构到物理设备中的存储结构间的对应关系。当数据库的存储结构改变时，如采用了更先进的硬盘，由数据库管理员对概念模式到内模式的映射做相应改变，可以使概念模式保持不变，从而保证了数据的物理独立性。

综上所述，正是这 3 级模式结构和它们之间的两层映射关系，保证了数据库系统的数据具有较高的逻辑独立性和物理独立性，而有效实现 3 级模式之间的转换是 DBMS 的职能。

1.2.4　DBMS 的工作过程

如前所述，数据库系统是一个以 DBMS 为核心的运行实体，用户发出的或应用程序中的各种操作数据库命令，都要通过 DBMS 来执行。用户程序访问数据库时的 DBMS 的工作过程如图 1-4 所示。

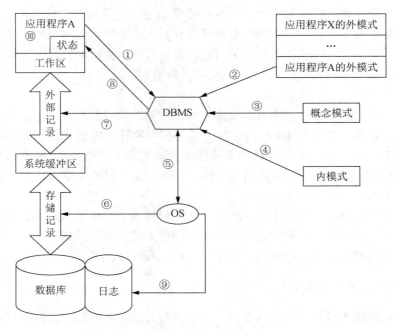

图 1-4 DBMS 的工作过程

在使用数据库时，存取一条记录的过程如下。

① 用户程序 A 向 DBMS 发出调用数据库中数据的命令，命令中给出所需记录类型名和主键值等有关参数。

② DBMS 分析命令，取出应用程序 A 对应的外模式，从中找出有关记录的数据库描述，检查 A 的存取权限，决定是否执行 A 的命令。

③ 决定执行后，DBMS 取出对应概念模式，根据外模式与概念模式变换的定义，决定为了读取记录需要哪些概念模式记录类型。

④ DBMS 取出内模式，并通过概念模式与内模式的变换找到这些记录类型的内模式名及有关数据存放的信息，决定从哪台设备、用什么方式读取哪个物理记录。

⑤ DBMS 根据第④步的结果，向操作系统（Operating System，OS）发出执行读取记录的命令。

⑥ OS 向记录所在的物理设备发出调页命令，由 DBMS 送至系统缓冲区。

⑦ DBMS 根据概念模式、外模式导出应用程序所要读取的逻辑记录，并将数据从系统缓冲区传送到程序 A 的用户工作区。

⑧ DBMS 在程序调用的返回点提供成功与否的状态信息。

⑨ 记载工作日志。

⑩ 应用程序检查状态信息，若成功，则对工作区中的数据正常处理；若失败，则决定下一步如何执行。

1.3 数据模型

数据模型（Data Model）是数据库系统的核心和基础。它作为现实世界中数据特征的抽象，可以为数据库系统的信息表达与操作提供一个抽象的框架，将复杂的现实世界要求反映到计算机数据库中的物理世界。

1.3.1 数据模型概述

1. 数据模型的三要素

数据是现实世界符号的抽象，而数据模型是数据特征的抽象。数据模型所描述的内容包括3个方面，即数据结构、数据操作和数据约束。

（1）数据结构

数据结构用以描述数据的类型、内容、性质及数据之间的联系等。数据结构是数据模型的基础，数据操作和数据约束均建立在数据结构之上，不同的数据结构具有不同的数据操作和数据约束。

（2）数据操作

数据操作描述的是在相应数据结构上的操作类型和操作方式。

（3）数据约束

数据约束主要描述数据结构内数据间的语法、词义联系，它们之间的制约和依存关系，以及数据动态变化的规则，以保证数据的正确、有效和相容。

2. 数据模型的3个阶段

现实世界中有着错综复杂的联系的事物能以计算机所能理解和表现的形式反映到数据库中，这是一个逐步转化的过程，分别由3个阶段的数据模型来承载这种渐进的演变，即概念数据模型、逻辑数据模型、物理数据模型。3个阶段的数据模型及其联系如图1-5所示。

图1-5　3个阶段的数据模型及其联系

现实世界是客观存在的世界，它由事物及其相互之间的联系组成。人们把这些事物首先抽象为一种既不依赖于具体的计算机系统，又不受某个 DBMS 影响的模型，这就是面向用户的概念数据模型。在此基础上，需要将其转换为面向数据库系统的模型，即某个 DBMS 所支持的数据模型，用来描述数据库中的数据的表示方法和数据库结构的实现方法，这就是逻辑数据模型。最后需要转换为一种面向计算机物理表示的模型，成为机器世界的数据表示，这就是物理数据模型。

1.3.2　概念数据模型（E-R 模型）

概念数据模型简称概念模型。它面向现实世界，并不关注实现方法。概念模型用于从概念上描述客观世界复杂事物的结构，以及事物之间的联系，而不管事物和联系如何在数据库中存储。因此，概念模型与具体的计算机平台、具体的 DBMS 无关，但它是整个数据模型的基础。概念模型中被广泛使用的方法之一是实体–联系模型（Entity-Relationship Model，E-R）。

1. E-R 模型的基本概念

E-R 模型是将现实世界的要求转化成实体、联系、属性等几个基本概念，以及实体间的连接关系，并且用图形符号直观地表示出来。

（1）实体

实体是客观存在并可相互区别的事物，是概念世界中的基本单位。它可以是具体的人、事、物，也可以是抽象的概念或联系，如一个学生、一门课程、一次考试等。

（2）属性

属性指实体所具有的某方面特性。一个实体可以由若干个属性来刻画，如学生实体可用学号、姓名、性别、出生日期等属性来描述。属性有属性名和属性值，属性的具体取值称为属性值。例如，某一学生的"性别"属性取值"女"，其中"性别"为属性名，"女"为属性值。

（3）属性域

属性的取值范围称为该属性的域。例如，性别的域为"男"和"女"。

（4）关键字（又称实体码）

关键字是指能够唯一标识每个实体的最小属性集。例如，学生的学号可以作为学生实体的关键字，而学生的姓名因可能重名，则不能作为学生实体的关键字。

（5）实体型

实体有"型"和"值"之分。实体型是对某一类数据的结构和特征的描述，它用实体名及其属性名集合来抽象和刻画同类实体。例如，学生（学号，姓名，性别，出生日期）是一个实体型。实体值是实体型的具体内容，由描述某实体型的各属性值构成。例如，（13101001，王晓天，女，1995-01-12）就是实体值。

（6）实体集

实体集是指同类型实体的集合。例如，全体学生就是一个实体集。

2. 实体集间的联系

实体集之间的联系分为两种情况，即实体集内部的联系和实体集之间的联系。实体集内部的联系是指同一实体集内部各属性之间的联系。实体集之间的联系是指不同实体集之间的联系，其具有下述 3 种形式的联系。

（1）一对一联系（1：1）

实体集 A 中的一个实体至多与实体集 B 中的一个实体相对应，反之亦然，则称实体集 A 与实体集 B 为一对一的联系，简记为 1：1。例如，学校与校长间的联系，一个学校与一个校长之间相互一一对应。

（2）一对多联系（1：n）

如果对于实体集 A 中的每一个实体，实体集 B 中有多个实体与之对应，反之，对于实体集 B 中的每一个实体，实体集 A 中至多只有一个实体与之对应，则称实体集 A 与实体集 B 之间为一对多联系，简记为 1：n。例如，学校的一个系有多个专业，而一个专业只属于一个系。

（3）多对多联系（m：n）

如果对于实体集 A 中的每一个实体，实体集 B 中有多个实体与之对应，反之，对于实体集 B 中的每一个实体，实体集 A 中也有多个实体与之对应，则称实体集 A 与实体集 B 之间为多对多联系，简记为 m：n。例如，一门课程可以被多个学生选修，而一个学生又可以选修多门课程，课程与学生这两个实体集之间的联系是多对多关系。

3. E-R 方法

在 E-R 图中，事物用实体集表示，事物的特征用属性表示，事物之间的关联用联系表示。其中：

1）实体集：用矩形表示，矩形框内标注实体集名（一般用名词）。

2）属性：用椭圆形表示，椭圆形框内标注属性名（一般用名词），并用连线将其与相应的实体集连接起来。

3）联系：用菱形表示，菱形框内标注联系名（一般用动词），并用连线分别与有关实体连接起来，同时在连线旁标上联系的类型，如 1：1 等。

用 E-R 图表示的概念模型示例如图 1-6 所示。该图反映了实体集学生与课程、学生与院系的属性及其联系（为简明起见，略去了部分属性）。需要说明的是，联系也可以有属性，如属性成绩是学生与课程发生联系——选课的结果，故可作为联系的属性。

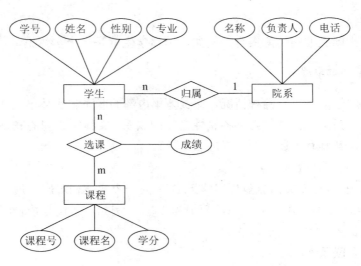

图 1-6　用 E-R 图表示的概念模型示例

1.3.3　逻辑数据模型

逻辑数据模型简称数据模型。它是一种面向数据库系统的模型，用来描述数据库中数据的表示方法和数据库结构的实现方法，是计算机实际支持的数据模型，是与具体的 DBMS 有关的数据模型。数据库系统基本的逻辑数据模型有 3 种，即层次模型（Hierarchical Model）、网状模型（Network Model）、关系模型（Relation Model）。在此基础上扩充的数据模型有关系对象模型（即面向对象模型）等。

1.　层次模型

层次模型是用树形结构表示各类实体集及实体集间的联系。在层次模型中，只有一个根结点，每个结点是一条记录，父记录（上层的记录）同时拥有多个子记录（下层记录），子记录只有唯一的父记录，每条记录由若干数据项组成。记录之间使用带箭头的连线连接以反映它们之间的关系。图 1-7 给出了层次模型的一个示例。

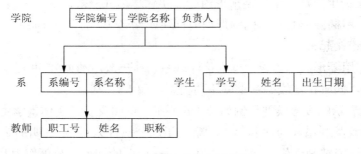

图 1-7　教师-学生层次模型

显然，层次模型对父子实体集间具有一对多的层次关系的描述，非常自然、直观，容易理解。但层次模型具有两个较为突出的问题：①在层次模型中具有一定的存储路径，需按路径查看给定记录的值；②层次模型比较适于表示数据记录类型之间的一对多联系，而对于多对多的联系难以直接表示，需进行转换，将其分解成若干个一对多联系。

2. 网状模型

网状模型是用有向图结构来表示各类实体集及实体集间的联系。网状模型具有非层次的特点，它与层次模型的根本区别：①一个子结点可以有多个父结点；②在两个结点之间可以有多种联系。图1-8给出了网状模型的一个示例。

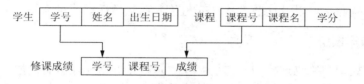

图1-8 学生-课程-修课成绩网状模型

3. 关系模型

关系模型是以关系数学理论为基础，用二维表结构来表示不同的实体集及实体集之间联系的模型。与网状模型和层次模型不同，关系模型中的实体和联系都用关系（集合）这种单一的数据结构来实现，即关系模型中的实体集之间的联系通过表格自然表示，具有结构简单、表达力强的特点。基于关系模型建立的数据库系统称为关系数据库系统。表1-1给出了关系模型的一个示例。

表1-1 "课程"表

课程代码	课程名称	课程类别	学分	周学时	上课周数	考核方式
00000001	大学英语1	公共必修	4	4	18	考试
00000002	大学英语2	公共必修	4	4	18	考试
00000003	大学英语3	公共必修	4	4	18	考试
00000004	大学英语4	公共必修	4	4	18	考试

4. 面向对象模型

在面向对象模型（Object Oriented Model）中，所有现实世界的实体都可看成对象，每种对象都有各自的内部状态和运动规律。简单来讲，每个对象都具有自己的属性和行为，属性描述了对象的静态特征，行为可以改变对象的状态。它指对象所能执行的操作（或称为方法）。属性和方法合起来被称为特征。不同对象间相互的联系和作用就构成了系统。相关概念将在第7章进行详细介绍，这里不再赘述。图1-9给出了面向对象模型的一个示例。

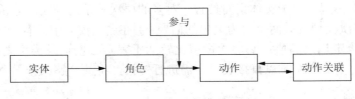

图 1-9　面向对象模型示例

以教学管理系统为例，利用面向对象的方法，可将教学服务中的各种实体和行为进行高度抽象，抽象成实体、角色、参与、动作、动作关联 5 个对象。通过这种方法来清晰地描述每个教学活动涉及哪些实体，每个实体在此活动中担任什么角色，这些角色各自应该承担哪些职责，以及这些实体（或角色）在教学活动或行为之间的关系等。

1.3.4　物理数据模型

物理数据模型简称物理模型，它是一种面向计算机物理表示的模型。物理数据模型给出了逻辑数据模型在计算机上的物理结构的表示，是描述数据在存储介质上的组织结构的数据模型，它不但与具体的 DBMS 有关，而且与操作系统和硬件有关。每一种逻辑数据模型在实现时都有与其相对应的物理数据模型。通常物理模型的实现工作是由系统根据逻辑模型自动映射完成的。

1.4　关系数据库的基本理论

关系数据库是建立在关系模型之上的关系集合，是现代数据库产品的主流。数据库领域当前的研究大多是以关系模型及方法为基础扩展、延伸的。也就是说，我们在掌握了数据库系统的基本原理和工作方法的基础上，需要进一步了解关系数据库的基本概念、关系模型的要素、关系完整性约束和关系代数，为后续学习关系数据库应用技术做知识储备。

1.4.1　关系模型

1. 基本概念

（1）元组与属性

二维表中的每一行称为关系的元组（即记录），二维表中的每一列称为关系的属性（即字段），属性有型和值之分，列中的元素为该属性的值，称为分量。每个属性所对应值的变化范围称为属性的域，它是一个值的集合。

（2）候选键

在一个关系中，若某一属性（或属性集）的值可唯一地标识每一个元组，这样的属性集合称为候选键（候选关键字，也称候选码）。例如，学号可唯一地标识每一个学生元组，故为候选键。若增加一个学生借书证号属性，因借书证号可唯一地标识每个学生，故它也是候选键。一个关系中，候选键可以有多个。

（3）主键

当用关系组织数据时，常选用一个候选键作为组织该关系及唯一性操作的对象。被选用的候选键称为主键（主关键字，也称主码）。例如，选择学生表的候选键学号作为主键。那么，按学号进行查询、插入、删除等操作时，操作的元组是唯一的；还可在学号上建索引，使其值在逻辑上有序。

（4）外键

如果一个属性（或属性集）不是所在关系 A 的主键，而是另一个关系 R 的主键或候选键，则称该属性（或属性集）为关系 A 的外键（外部关键字，也称外码）。外键提供了一种表示两个关系联系的方法。

（5）主属性

包含在任一候选关键字中的属性称为主属性。

2. 关系数据结构

关系是元组的集合。关系基本的数据结构是二维表，每一张表称为一个具体关系或简称为关系。表的每一行为一个元组，每一列为一个属性，关系是属性值域有意义的元组集合。关系模式（关系数据结构）必须指出这个元组集合的结构，即它由哪些属性构成，这些属性来自哪些域，以及属性与域之间的对应关系。

关系模式的一般格式如下：

关系名（属性名 1，属性名 2，…，属性名 n）

即

表名（字段名 1，字段名 2，…，字段名 n）

例如，"院系"表的关系模式如下：

院系（院系代码，院系名称，联系电话，院系简介，行政负责人）

关系是一个二维表，但并不是所有的二维表都是关系。关系应具备下述性质：

1）列的同质性，即每一列中的分量是同一类型的数据，来自同一个域。

2）列名唯一性，即不同的列要给予不同的属性名。

3）列序无关性，即列的顺序无关紧要，可以任意交换。

4）元组相异性，即关系中的任意两个元组不能完全相同，至少主键值不同。

5）行序无关性，即行的顺序无关紧要，可以任意交换。

6）分量原子性，即分量是原子的，每一个分量都必须是不可分的数据项。

关系模型要求关系必须是规范的。最基本的条件是，关系的每一个分量必须是一个不可分的数据项，即不允许表中出现表达式或一个分量多个值，不允许表嵌套。不符合关系模型规范的表如表 1-2 所示。

表 1-2　不符合关系模型规范的表

院系代码	专业代码	平均工资		平均扣税	平均实发
		基本	补助		
01	101	6000	2000	1000	7000
	102	5600	2000	900	6700
02	103	7000	2000	1200	7800

3. 关系数据操作

关系模型中常用的关系数据操作有 4 种。

1）数据查询：基本操作有关系属性的指定、元组的选择、两个关系的合并。

2）数据插入：在关系内插入一些新元组。

3）数据删除：在关系内删除一些元组。

4）数据修改：修改关系元组的内容。

上述 4 种操作的对象都是关系，其操作结果仍为关系，即关系数据操作是一种集合式操作。复杂的关系数据操作可通过基本的关系数据运算获得。此外，还需要有关系的操作规则及具体的关系数据语言来实现这些操作，如结构化查询语言（Structured Query Language，SQL）。

4. 关系的完整性约束

为了维护关系数据库的完整性和一致性，数据的更新操作必须遵守 3 种完整性约束，即实体完整性约束、参照完整性约束和用户定义完整性约束。其中实体完整性约束和参照完整性约束统称为关系完整性约束，是关系模型必须满足的完整性约束条件，由DBMS 自动支持。用户定义完整性约束是应用领域需要遵循的约束条件，由用户定义并由 DBMS 提供定义和检验这类完整性的机制。

（1）实体完整性约束

实体完整性规则：若属性（组）A 是基本关系 R 主键上的属性，则属性 A 不能取空值。

说明：实体完整性规则是对基本关系的约束和限定。由于主键是每个实体的唯一性标识，故组成主键的各属性都不能取空值（当有多个候选键时，主键外的候选键可取空值）。

例如，有如下学生关系：

学生（学号，姓名，性别，出生日期，所属院系代码）

其中，"学号"是主键，则它不能取空值。若其为空值，说明缺少元组的关键部分，则实体不完整。

（2）参照完整性约束

参照完整性规则：若属性（组）F 是 R 的外键，它与 S 的主键 K 相对应，则对于 R

中每个元组在 F 上的值必须等于 S 中某个元组的主键值或取空值。

说明：参照完整性又称为引用完整性，它定义了外键与主键之间的引用规则。外键与主键提供了一种表示元组之间联系的手段。外键要么空缺，要么引用一个实际存在的主键值。

例如，学生关系中每个元组的"所属院系代码"只能取下述两类值：①空值，表示该学生刚被录取，尚未到院系报到；②非空值，这时该值必须是院系关系中某个院系代码的值。

需要注意的是，实体完整性约束优先于参照完整性约束。

（3）用户定义完整性约束

实体完整性和参照完整性适用于任何关系数据库系统。此外，不同系统根据其应用环境的不同，往往还需要一些特殊的约束条件。用户定义完整性约束就是针对具体数据环境与应用环境由用户设置的约束。它反映了某一具体应用所涉及的数据必须满足的语义要求及约束条件，其作用就是要保证数据库中的数据的正确性。关系数据库系统一般包括以下几种用户定义完整性约束。

1）定义属性是否允许为空值。

2）定义属性值的唯一性。

3）定义属性的取值范围。

4）定义属性的默认值。

5）定义属性间函数的依赖关系。

1.4.2　关系的范式及规范化

在关系数据库中，关系模式的设计应当满足以下 3 个基本标准。

1）好的关系模式是简单的。描述任何给定实体的数据属性应该仅仅描述这个实体，一个实体实例的每个属性只能有一个值。

2）好的关系模式基本上是无冗余的，每个数据属性最多在一个实体中描述（外键除外）。

3）好的关系模式应该是灵活的，而且对未来的需求具有可适应性。

规范化理论为数据模型定义了规范化的关系模式，简称范式（Normal Forms，NF），它提供了判别关系模式设计的优劣标准，也为数据库设计提供了严格的理论基础。由于规范化的程度不同，就产生了不同的范式。满足最低要求的称为第一范式，简称 1NF；在此基础上再满足一定要求的称为第二范式，简称 2NF；以此类推，直到第五范式。下面重点介绍常用的 1NF、2NF、3NF 的定义，以及设计这些范式的基本方法。

1.　第一范式

设 R 是一个关系模式，如果 R 的所有属性都是最基本的、不可再分的数据项，则称 R 满足第一范式，简记为 1NF。1NF 是最基本的范式要求，任何关系都必须遵守。

例如，表 1-2 不满足 1NF。需要将所有数据项分解为不可再分的最小数据项，即可完成 1NF 规范（表 1-3）。

表 1-3　满足 1NF 的关系表

院系代码	专业代码	平均基本工资	平均补助	平均扣税	平均实发
01	101	6000	2000	1000	7000
01	102	5600	2000	900	6700
02	103	7000	2000	1200	7800

2. 第二范式

如果关系 R 是第一范式，且非主属性都完全依赖于主键，则称 R 满足第二范式，简称 2NF。例如，学生选课及成绩关系（学号，姓名，课程代码，课程名称，周学时，上课周数，学分，成绩）如表 1-4 所示，判断该关系是否符合 2NF。

表 1-4　学生选课及成绩关系表

学号	姓名	课程代码	课程名称	周学时	上课周数	学分	成绩
08101001	陈素梅	10110103	古代汉语	3	18	4	85
08101002	程美娟	10110108	外国文学	2	16	2	92

显然，在该关系中，学号和课程代码共同组成主键，其中成绩完全依赖于主键，但姓名不完全依赖于主键，而完全依赖于学号。同理，课程名称、周学时、上课周数、学分完全依赖于课程代码。因此，此关系不满足 2NF。

这种关系结构会存在数据冗余、数据更新异常、数据删除异常、数据插入异常等问题。为消除这些异常，需对学生选课及成绩关系进行分解，以满足 2NF，如图 1-10 所示。

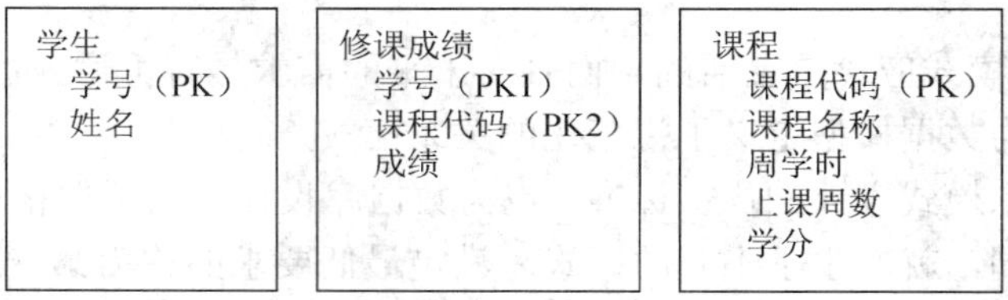

```
学生                   修课成绩                 课程
    学号（PK）             学号（PK1）              课程代码（PK）
    姓名                   课程代码（PK2）          课程名称
                           成绩                     周学时
                                                    上课周数
                                                    学分
```

图 1-10　满足 2NF 的关系

3. 第三范式

如果关系模式 R 是第二范式，且所有非主属性对任何主键都不存在传递依赖，则称 R 满足第三范式，简称 3NF。

1.4.3　关系代数

关系代数是一种抽象语言，它通过对关系的运算来表达查询。关系代数以关系为运算对象，通过对关系进行"组合"或"分割"，得到所需的数据集合（一个新的关系）。

关系代数可分为以下几种。

1）集合运算（并、交、差、广义笛卡儿积）。

2）关系运算（投影、选择、连接和除运算）。

3）扩充的关系运算（广义投影、外连接、半连接、聚集等）。

其中，集合运算是二目运算，将关系看成元组的集合，其运算是以关系的"行"为元素来进行的。关系运算则以一个或多个关系作为它的运算对象，关系运算不仅涉及"行"，而且涉及"列"。扩充的关系运算是人们为适应关系理论的发展而对关系运算进行的扩充表示。本部分着重介绍集合运算和关系运算。

1．集合运算

在集合运算中，除广义笛卡儿积外，其他运算中参与运算的两个关系必须是相容的同类关系，即它们必须有相同的元（列数），且相应的属性取自同一个域（属性名可以不相同），即参与运算的两个表结构要相同。

假定专业 A（表 1-5）和专业 B（表 1-6）两个关系结构相同。

表 1-5　专业 A

专业代码	专业名称	院系代码
101	文秘	01
102	对外汉语	01
106	工商管理	04

表 1-6　专业 B

专业代码	专业名称	院系代码
106	工商管理	04
107	市场营销	04
206	软件工程	08

（1）并

设关系 R 和关系 S 是两个结构相同的 n 元关系（即两个关系都有 n 个属性），则关系 R 与关系 S 的并（Union）由属于 R 或属于 S 的元组组成。其结果关系仍为 n 元关系，记作 R∪S。

【例 1-1】专业 A∪专业 B 的并运算结果如表 1-7 所示。

表 1-7 专业 A∪专业 B 的并运算结果

专业代码	专业名称	院系代码
101	文秘	01
102	对外汉语	01
106	工商管理	04
107	市场营销	04
206	软件工程	08

（2）交

设关系 R 和关系 S 是两个结构相同的 n 元关系，则关系 R 与关系 S 的交（Intersection）由既属于 R 又属于 S 的元组组成。其结果关系仍为 n 元关系，记作 R∩S 。

【例 1-2】专业 A∩专业 B 的交运算结果如表 1-8 所示。

表 1-8 专业 A∩专业 B 的交运算结果

专业代码	专业名称	院系代码
106	工商管理	04

（3）差

设关系 R 和关系 S 是两个结构相同的 n 元关系，则关系 R 与关系 S 的差（Difference）由属于 R 而不属于 S 的所有元组组成。其结果关系仍为 n 元关系，记作 R-S。

【例 1-3】专业 A-专业 B 的差运算结果如表 1-9 所示。

表 1-9 专业 A-专业 B 的差运算结果

专业代码	专业名称	院系代码
101	文秘	01
102	对外汉语	01

（4）广义笛卡儿积

设关系 R 是 m 元关系，有 i 个元组，关系 S 是 n 元关系，有 j 个元组，则广义笛卡儿积（Extended Cartesian Product）是一个 m+n 元关系，有 i×j 个元组，记作 R×S（注：R 和 S 可以是两个结构不相同的关系）。

【例 1-4】学生 A（表 1-10）×课程 A（表 1-11）的笛卡儿积运算结果如表 1-12 所示。

表 1-10 学生 A

学号	姓名	性别
06031001	王大山	男
06031002	李琳	女
06061001	周全	男

表 1-11 课程 A

课程代码	课程名称	学分
3002	大学语文	3
3003	大学英语	4
4001	高等数学	4

表 1-12 学生 A×课程 A 的笛卡儿积运算结果

学号	姓名	性别	课程代码	课程名称	学分
06031001	王大山	男	3002	大学语文	3
06031001	王大山	男	3003	大学英语	4
06031001	王大山	男	4001	高等数学	4
06031002	李琳	女	3002	大学语文	3
06031002	李琳	女	3003	大学英语	4
06031002	李琳	女	4001	高等数学	4
06061001	周全	男	3002	大学语文	3
06061001	周全	男	3003	大学英语	4
06061001	周全	男	4001	高等数学	4

2. 关系运算

（1）选择

选择（Select）运算是指从一个关系（表）中选择出满足指定条件的元组组成一个新的关系，记作$\sigma_{<条件表达式>}(R)$。其中，σ是选择运算符，R 是关系名。

【例 1-5】在专业关系（专业代码，专业名称，院系代码）中，选取院系代码为 "01" 的专业元组，可以记作 $\sigma_{院系代码= "01"}$(专业)。

（2）投影

投影（Projection）运算是指从一个关系（表）中选择所需要的若干属性（字段），组成一个新的关系，记作$\prod_A(R)$。其中，$\prod$是投影运算符，A 是被投影的属性或属性组，R 是关系名。

【例 1-6】在专业关系（专业代码，专业名称，院系代码）中，选取所有专业的专业名称、院系代码，可以记作$\prod_{专业名称，院系代码}$(专业)。

（3）连接

连接（Join）运算是从两个关系的笛卡儿积中选取属性间满足一定条件的元组，形成新的关系。在连接运算中，最常用的连接是自然连接。自然连接是一种特殊的等值连接，它按照公共属性值相等的条件进行连接，并且消除重复属性。

【例 1-7】将表 1-13 所示的"学生 B"与表 1-14 所示的"修课成绩 B"两个关系进行自然连接运算，运算结果如表 1-15 所示。

表 1-13　学生 B

学号	姓名	性别
06031001	王大山	男
06031002	李琳	女
06061001	周全	男

表 1-14　修课成绩 B

学号	课程代码	课程名称	成绩
06031001	3002	大学语文	85
06031001	3003	大学英语	93
06061001	4001	高等数学	78

表 1-15　学生 B 与修课成绩 B 的自然连接结果

学号	姓名	性别	课程代码	课程名称	成绩
06031001	王大山	男	3002	大学语文	85
06031001	王大山	男	3003	大学英语	93
06061001	周全	男	4001	高等数学	78

（4）除

除法（Division）可理解为笛卡儿积的逆运算。除法运算的结果也是关系，而且该关系中的属性由 R 中除去 S 中的属性之外的全部属性组成，元组由 R 与 S 中在所有相同属性上有相等值的那些元组组成。关系 R 与关系 S 的除法运算记作 R÷S。

关系 R 与关系 S 的除法运算应满足的条件是，关系 S 的属性全部包含在关系 R 中，关系 R 的一些属性不包含在关系 S 中，即关系 R 真包含了关系 S。

【例 1-8】将表 1-16 所示的"学生修课"表与表 1-17 所示的"课程"表进行除运算，找出已修所有课程的学生，除运算结果如表 1-18 所示。

表 1-16　学生修课

学号	姓名	课程代码	课程名称
06031001	王大山	3002	大学语文
06031001	王大山	3003	大学英语
06031002	李琳	3002	大学语文
06031002	李琳	3003	大学英语
06031002	李琳	4001	高等数学
06061001	周全	4001	高等数学

表 1-17 课程

课程代码	课程名称
3002	大学语文
3003	大学英语
4001	高等数学

表 1-18 学生修课÷课程的结果

学号	姓名
06031002	李琳

1.5 数据库设计概述

数据库设计是信息系统设计的重要环节,它是指对于一个给定的应用环境,构造(设计)优化的数据库逻辑模式和物理结构,并据此建立数据库及其应用系统,使之能够有效地存储和管理数据,满足各种用户的应用需求。数据库设计的优劣将直接影响信息系统的质量和运行效果。

1.5.1 数据库设计方法

企业级信息系统(即大型数据库系统)的设计和开发是一项复杂的系统工程,不仅涉及多学科的综合性技术,而且涉及领域知识和项目组织管理等多方面因素。按照软件工程的原理和方法进行数据库设计,是成功开发系统的基本保障。

软件工程的基本思想是,从软件的整个生命周期各个阶段采取措施,确保软件的质量。它采用的是一种层次化技术,包括了软件工具、方法、过程三大要素。"过程"是软件工程的基石,它定义一组关键的过程区域。"方法"定义如何做,它贯穿了过程中的每一个步骤。"工具"是用于支持过程和方法自动或半自动化的工作,它同样贯穿过程中的每一个步骤。在信息系统开发过程中,数据库设计生命周期大致分为 5 个阶段,其设计方法和设计工具如图 1-11 所示。

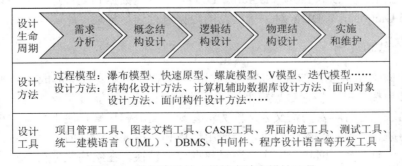

图 1-11 数据库设计、设计方法和设计工具

在数据库设计的生命周期中，过程模型提供的是整体开发策略和过程规范。例如，瀑布模型（生命周期法）就是一种经典的过程方法，它规定了软件生命周期的各项活动，各项活动按顺序自顶向下、相互衔接，如同瀑布，上一个活动结束后方能进入下一个活动，工作不可逆转。又如，快速原型法的基本思想是，在需求分析的同时，以较小的代价快速在计算机上开发一个能够反映用户主要需求的原型系统。用户基于原型提出改进意见，设计人员完善原型，再由用户评价，如此往复，直到开发的原型系统满足用户需求为止。

在数据库系统的设计方法上，结构化设计方法的基本思想是，结构化、模块化、自顶向下地对系统进行分析和设计，它基于两种技术：用于数据建模的 E-R 图和用于过程建模的数据流图。而面向对象设计方法是将客观世界看成由各种对象组成，每种对象都有各自的内部状态和运动规律，不同对象间相互联系和作用构成系统。统一建模语言（Unified Modeling Language，UML）方法就是一种面向对象的数据库结构设计方法。

本节仅介绍基于 E-R 图的结构化方法进行数据库的设计。

1.5.2　数据库设计步骤

1. 需求分析

需求分析是在系统规划框架下，运用系统的观点和方法对系统进行深入调研，通过问题识别、系统调查、系统化分析等工作，设计与确定系统应有的概貌，解决系统"做什么"的问题。需求分析是数据库设计的依据和基础，是系统成败的最关键环节。该阶段的任务如下。

1）收集与分析用户信息及应用处理的要求。调研内容至少应涵盖 4 个方面：①了解企业的管理与业务活动流程；②清楚用户对数据库的应用功能要求，包括数据输入、处理、存储、输出的详细要求；③数据安全性和完整性方面的要求；④用户对数据库的应用性能的要求，如应用的并发能力、响应时间要求、每秒可处理的事务能力等。

2）定义数据库应用的具体任务和目标，确定系统范围和边界，编制《系统需求规格说明书》，作为下一步系统设计的依据和系统验收的标准。

需求分析目前常用的方法主要有结构化分析方法和面向对象方法。结构化分析方法习惯于用数据流图（Data Flow Diagram，DFD）来表达数据和处理过程的关系，用数据字典（Data Dictionary，DD）对系统涉及的数据进行详尽描述。

2. 概念结构设计

数据库概念结构设计的任务是分析数据间内在的语义关联，形成一个独立于具体 DBMS 的抽象模型——概念数据模型。概念模型的特点：①能真实反映现实世界中事物及其之间的联系，有丰富的语义表达能力；②易于交流和理解，便于数据库设计人员和用户之间沟通和交流；③易于改进，当应用环境和应用要求改变时，容易对模型修改和扩充；④易于向关系、网状、层次等逻辑数据模型转换。在结构化分析方法中，概念数据模型的设计常采用 E-R 方法。

具体设计步骤如下。

1）确定实体。

2）确定实体的属性。

3）确定实体的主键。

4）确定实体间的联系类型。

5）画出 E-R 图。

3．逻辑结构设计

逻辑结构设计阶段的任务是将概念结构转换为某个 DBMS 所支持的数据模型，包括数据库模式和外模式，并对其进行优化，使得这些模式在功能、完整性和一致性约束及数据库的可扩充性等方面均应满足用户的各种要求。现在的数据库系统普遍采用基于关系的 DBMS，而关系模型的逻辑结构是通过一组关系模式与子模式来描述的。故关系数据库的逻辑结构设计一般分为下述 3 步进行。

1）将基本 E-R 图转换为关系模型（一组关系模式）。

2）对关系模式进行优化。步骤如下：

① 确定数据依赖。根据需求分析所得到的语义，确定各关系模式属性之间的数据依赖，以及不同关系模式属性间的数据依赖。

② 对各关系模式之间的数据依赖进行最小化处理，消除冗余的联系。

③ 确定各关系模式的范式，并根据《系统需求规格说明书》定义的处理要求，确定是否对它们进行合并或分解。并非规范化程度越高越好，需权衡各方面的利弊。

④ 对关系模式进行必要的调整，以提高数据操作的效率和存储空间的利用率。

3）设计合适的用户外模式。子模式设计的目标是抽取或导出模式的子集，以构造各不同用户使用的局部数据逻辑结构。如果说数据库模式的建立主要考虑系统的时间效率、空间效率和易维护性等，那么用户外模式的建立则更多考虑的是用户的习惯与方便。其主要内容：①使用符合用户习惯的别名；②对不同用户定义不同的外模式；③简化用户对系统的使用。

4．物理结构设计

对于一个给定的逻辑数据模型，选取一个最适合应用环境的物理结构，包括存储结构和存取方法的过程，就是物理结构设计。物理结构设计依赖于具体的 DBMS，应用的性能可否满足用户需求，如应用的并发能力、响应时间要求、每秒可处理的事务能力等，很大程度上取决于物理结构设计。通常关系数据库物理结构设计的主要内容包括：①为关系模式选择存取方法；②设计关系、索引等数据库文件的物理存储结构。

5．实施和维护

数据库的实施和维护，分为实施及运行和维护两个阶段工作。数据库实施阶段的任务主要是运用 DBMS 提供的结构化查询语言（SQL）及其所支持的程序语言，根据逻辑结构设计和物理结构设计的结果建立数据库，编制与调试应用程序，组织数据入库，并进行试运行（用户接受性测试）。数据库应用系统试运行的结果符合设计目标后，即可割接上线正式运行，进入数据库的运行和维护阶段。

在数据库运行和维护阶段，需要不断地对其进行评价、调整与修改。

综上所述，设计一个数据库应用系统需要经历需求分析、概念结构设计、逻辑结构设计、物理结构设计、实施和维护这几个阶段工作。数据库的各级模式正是在这样一个设计过程中逐步形成的。需求分析阶段综合各个用户的应用需求，在概念结构设计阶段形成独立于机器特点、独立于各个数据库产品的概念结构，用 E-R 图来描述。在逻辑结构设计阶段将 E-R 图转换成具体的数据库产品支持的数据模型，如关系模型，形成数据库逻辑模式。然后根据用户处理的要求、安全性的考虑，在基本表的基础上再建立必要的视图形成数据的外模式。在物理结构设计阶段根据 DBMS 特点和处理的需要，进行物理存储安排，设计索引，从而形成数据库内模式。

本节要求重点掌握如何采用基于 E-R 图的结构化方法，进行概念模型设计和逻辑模型设计。

1.5.3　教学管理系统数据库设计实例

1. 用户需求分析

在当今的信息时代和知识经济时代，信息化作为一种新生力量，是大学竞争力的一个重要部分，而教学管理信息化建设是数字化校园建设的核心组成部分，是实现教育现代化的重要基础，也是国内各高校进行信息化建设的重点和热点。因此，需要设计、开发面向高校的教学管理系统平台。在这个平台上有效承载教学管理的规范化运作，以及学科建设、课程体系、师资管理与学生培养等的协同化工作，使学校的教学行政服务体系无论在管理水平和服务能力方面都得到更迅速的发展。

通过调查与分析，一个小型的高校教学管理系统具有以下基本需求。

（1）用户角色分类

系统用户具有 5 类基本角色，即学生、教师、院系教学秘书、学校教务管理员、学校及院系分管教学领导。不同角色应具有不同的权限。

（2）学生权限

1）查询本人基本资料（含学号、姓名、性别、出生日期、班级、优干、特长、照片、联系电话、学籍当前状态）。注：学籍当前状态可以是"在校/毕业/结业/退学/休学/转出/开除/其他"中的一种情况。

2）查询本人修课成绩信息（含课程名称、课程类别、授课学期安排、上课周数、周学时、总学时、成绩、考核方式、成绩性质、学分）。注：课程类别为"公共必修/专业必修/专业选修/任意选修"中的一种情况，考核方式为"考试/考查"中的一种情况，成绩性质为"期末/重考/重修"中的一种情况。

3）查询本专业各学期课程安排信息（含学年度、学期、课程名称、学时、学分、班级、授课教师、课程简介）。

（3）教师权限

1）查询本人基本资料（含教师编号、姓名、性别、出生日期、入职本校年份、职称、学历、所属院系）。

2）查询本人任课信息（含学年度、学期、课程名称、课程类别、任课班级、上课周数、周学时、考核方式、学生人数）。

3）输入并查询任课班级学生修课成绩（含学年度、学期、课程名称、班级名称、学号、姓名、成绩、成绩性质），以及成绩分析（含课程名称、班级名称、最高分、最低分、平均分、优秀人数、及格人数、及格率），注：85分以上（含85分）为优秀。

（4）院系教学秘书权限

1）输入并维护本院系资料（含院系代码、院系名称、联系电话、院系简介、行政负责人）。

2）输入并维护本院系专业培养资料（含专业代码、专业名称、学制、院系代码、专业简介、公共必修课学分要求、专业必修课学分要求、专业选修课学分要求、公共选修课学分要求、总学分要求、总学时、专业负责人）。

3）输入并维护本院系所属专业班级资料（含班级号、所属年级、所属专业、班级名称、班主任、联系电话）。

4）输入并维护本院系学生基本资料（含学号、姓名、性别、出生日期、班级号、优干、特长、照片、联系电话、学籍当前状态）。

5）输入并维护本院系教师基本资料（含教师编号、姓名、性别、出生日期、学历、职称、所属院系代码）。

6）设置并维护本院系所属专业课程计划，即课表（含学年度、学期、授课课程、班级号、授课教师、授课时间、授课地点）。

（5）学校教务管理员权限

1）输入并维护学校整体院系编码及专业编码。

2）输入并维护学校整体课程资料（含课程代码、课程名称、课程类型、授课学期、周学时、上课周数、学分、考核方式、课程简介）。

3）管理和维护所有学生的基本资料、成绩资料。

4）查询所有学生、教师、班级、专业、院系、课程、课表及学生修课成绩等各种资料，以及各种资料的综合统计。

（6）学校及院系分管教学领导权限

1）查询全校及各院系师生比情况。

2）查询全校及各院系教师的学历结构、职称结构、年龄结构等情况。

3）查询各院系所属专业的课程体系及所有课程信息。

4）查询各专业学生的成绩结构、性别结构等情况。

5）查询任意教师及学生的基本资料。

针对上述功能性需求，相应的设计要求如下：

1）界面设计应符合人性化和简约性原则，尽量保持界面的简单和直接，系统对象和控件应清晰明显且功能易于识别；使用视觉或文字提示来帮助用户理解功能，记住关系，并识别当前系统状态。

2）数据库设计应遵循数据的标准化和规范化原则；应尽可能保证数据的唯一性，避免二义性并减少数据冗余；需保证数据的完整性和自动同步的能力。

3）应保证系统具有良好的性能，假设本系统为 20 000 个注册用户，日常并发用户约为 400 人/s，峰值并发用户估计 800 人/s，这种情况下应保证事务响应时间小于 10s，并且应保证系统的安全性、可靠性、可扩展性和易维护性。

2. 概念模型设计

1）根据需求分析确定系统涉及的实体及属性，如图 1-12～图 1-19 所示。

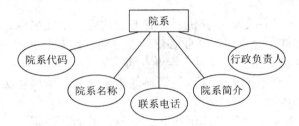

图 1-12　院系实体及其属性的 E-R 图

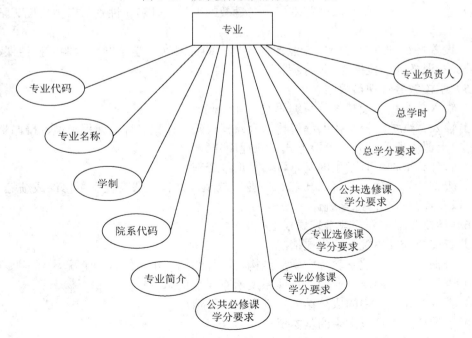

图 1-13　专业实体及其属性的 E-R 图

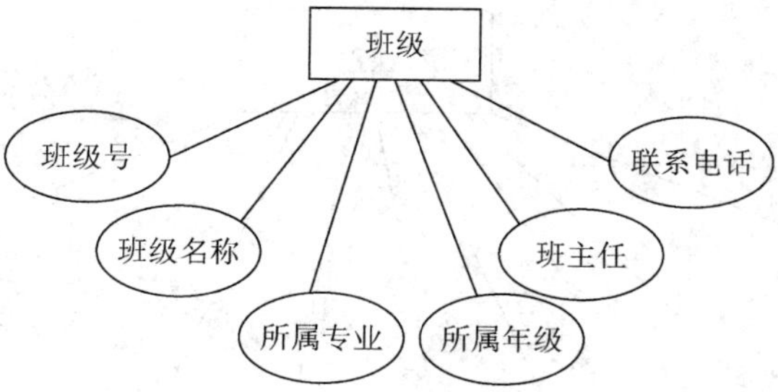

图 1-14 班级实体及其属性的 E-R 图

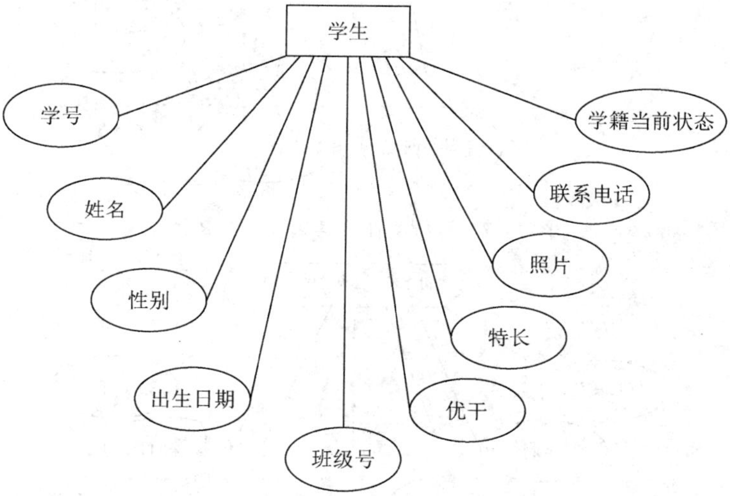

图 1-15 学生实体及其属性的 E-R 图

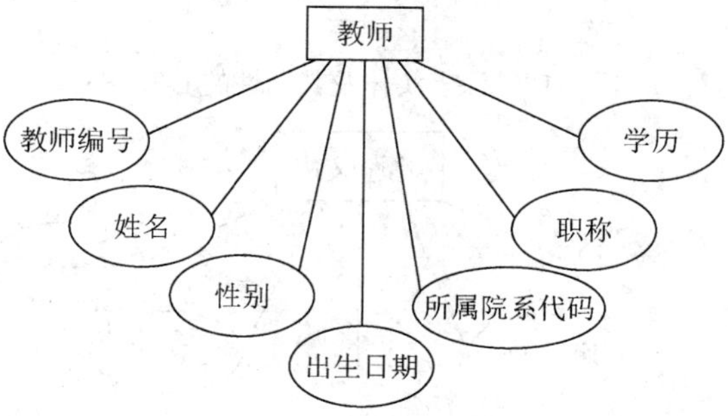

图 1-16 教师实体及其属性的 E-R 图

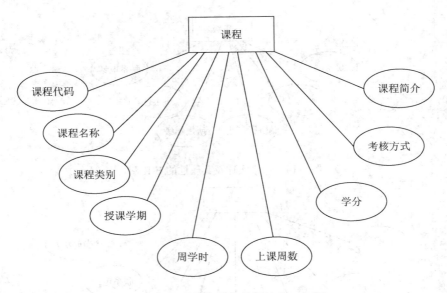

图 1-17　课程实体及其属性的 E-R 图

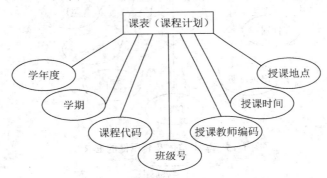

图 1-18　课表实体及其属性的 E-R 图

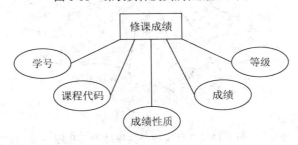

图 1-19　修课成绩实体及其属性的 E-R 图

2）确定实体间的联系，如图 1-20 所示。

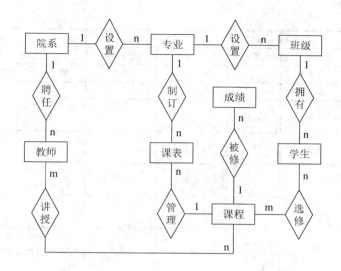

图 1-20 "教学管理系统"的实体之间联系的 E-R 图

3. 逻辑模型设计

由于逻辑模型设计与具体选用的 DBMS 有关，而本教学管理系统选用 DBMS 是基于关系模型的 Access，因此，该逻辑模型设计的工作重点就是将 E-R 图转换为关系模型，即进行表结构设计（包括确定数据库中的表、表中需要的字段及主键，以及表之间的关系），并按规范化要求优化设计。结果如表 1-19～表 1-26 所示。

表 1-19 "院系资料"表

字段名称	类型	长度	数据来源	允许空否	说明
院系代码	文本	2	输入/导入	必填	主键 取值约束："01"～"99"
院系名称	文本	30	输入/导入	必填	
联系电话	文本	11	输入/导入		
院系简介	备注		输入/导入		
行政负责人	文本	30	输入/导入		

表 1-20 "专业培养资料"表

字段名称	类型	长度	数据来源	允许空否	说明
专业代码	文本	3	输入/导入	必填	主键 编码规则：第 1 位为学科分类，其中， 1 表示文科，2 表示理科，3 表示医科； 第 2～3 位为顺序码 "01"～"99"
专业名称	文本	30	输入/导入	必填	

字段名称	类型	长度	数据来源	允许空否	说明
学制	数字	整型	输入/导入		4 表示 4 年制，5 表示 5 年制
院系代码	文本	2	输入/导入	必填	外键（与"院系资料"关联）
专业简介	备注		输入/导入		
公共必修课学分要求	数字	整型	输入/导入		
专业必修课学分要求	数字	整型	输入/导入		
专业选修课学分要求	数字	整型	输入/导入		
公共选修课学分要求	数字	整型	输入/导入		
总学分要求	计算	长整型	自动计算		算法：[公共必修课学分要求]+[专业必修课学分要求]+[专业选修课学分要求]+[公共选修课学分要求]
总学时	数字	长整型	输入/导入		
专业负责人	文本	30	输入/导入		

表 1-21　"班级资料"表

字段名称	类型	长度	数据来源	允许空否	说明
班级号	自动编号	长整型	输入/导入	必填	主键
班级名称	文本	30	输入/导入	必填	
所属年级	文本	4	输入/导入	必填	
专业代码	文本	3	输入/导入	必填	外键（与"专业培养资料"关联）
班主任	文本	30	输入/导入		
联系电话	文本	11			

表 1-22　"学生基本资料"表

字段名称	类型	长度	数据来源	允许空否	说明
学号	文本	8	输入/导入	必填	主键 编码规则：第 1～2 位为年级（如 08），第 3～5 位为专业代码 001～999，第 6～8 位为顺序号 001～999
姓名	文本	30	输入/导入	必填	
性别	文本	1	输入/导入	必填	取值范围：男/女
出生日期	日期/时间	短日期	输入/导入	必填	
入学年份	数字	整型	输入/导入		
班级号	数字	长整型	输入/导入	必填	外键（与"班级资料"关联）
优干	是/否		输入/导入		

续表

字段名称	类型	长度	数据来源	允许空否	说明
特长	备注		输入/导入		
照片	OLE 对象		输入/导入		
联系电话	文本	11	输入/导入		
学籍当前状态	文本	2	选择性输入/导入	必填	取值约束：在校/毕业/结业/退学/休学/转出/开除/其他

表 1-23 "教师基本资料"表

字段名称	类型	长度	数据来源	允许空否	说明
教师编号	文本	6	输入/导入	必填	主键 编码规则：第1～2位为来校工作起始年份，第3～6位为顺序号
姓名	文本	30	输入/导入	必填	
性别	文本	1	输入/导入	必填	取值范围：男/女
出生日期	日期/时间	短日期	输入/导入	必填	
职称	文本	10	输入/导入	必填	
学历	文本	6	选择性输入/导入	必填	取值范围：博士/硕士/大学本科/其他
所属院系代码	文本	3	输入/导入	必填	外键（与"院系资料"关联）

表 1-24 "课程"表

字段名称	类型	长度	数据来源	允许空否	说明
课程代码	文本	8	输入/导入	必填	主键 编码规则：第1位（课程类别码）中0表示公共必修，1表示专业必修，2表示专业选修，3～公共选修
课程名称	文本	30	输入/导入	必填	
课程类别	文本	4	选择性输入/导入	必填	取值范围：公共必修/专业必修/专业选修/公共选修
授课学期	文本	4	输入/导入	必填	大学四年分为1～8学期
上课周数	数字	整型	输入/导入	必填	
周学时	数字	整型	输入/导入	必填	
课程总学时	计算	整型	自动计算		算法：[周学时]*[上课周数]
学分	数字	整型	输入/导入	必填	
考核方式	文本	4	选择性输入/导入	必填	取值范围：考试/考查
课程简介	备注				

表 1-25　"课表"（"课程计划"表）

字段名称	类型	长度	数据来源	允许空否	说明
学年度	文本	9	输入/导入	必填	主键字段 主键:学年度+学期+课程代码+班级号
学期	文本	1	输入/导入	必填	主键字段
课程代码	文本	8	输入/导入	必填	主键字段 外键（与"课程"关联）
班级号	文本	4	输入/导入	必填	主键字段
授课教师编号	文本	6	输入/导入	必填	外键（与"教师基本资料"关联）
授课时间	文本	20	输入/导入	必填	
授课地点	文本	30	输入/导入	必填	

表 1-26　"修课成绩"表

字段名称	类型	长度	数据来源	允许空否	说明
学号	文本	8	输入/导入	必填	主键字段（主键：学号+课程代码） 外键（与"学生基本资料"关联）
课程代码	文本	8	输入/导入	必填	主键字段 外键（与"课程"关联）
成绩性质	文本	4	选择性输入/导入	必填	取值范围：期末/重考/重修
成绩	数字	整型	输入/导入	必填	取值约束：0～100
等级	文本	2	自动计算		算法：IIf([成绩]>=85,"优良",IIf([成绩]>=60,"及格","不及格"))

　　完成上述表结构设计后，应用规范化理论对表模式进行优化检查。由于设计时遵循了概念单一化原则，整体表结构的设计基本可行。只是在"学生基本资料"表中，由于"学号"字段的最左边两位表示"年级"，故"入学年份"字段值需要与其保持同步。可在"学生基本资料"表中直接去掉"入学年份"字段，这样既保证了数据的一致性约束，也减少了数据冗余。修改后的"学生基本资料"如表 1-27 表示。

表 1-27　修改后的"学生基本资料"表

字段名称	数据类型	长度	数据来源	允许空否	说明
学号	文本	8	输入/导入	必填	主键 编码规则：第 1～2 位为年级（如 08），第 3～5 位为专业代码 001～999，第 6～8 位为顺序号 001～999
姓名	文本	30	输入/导入	必填	
性别	文本	1	输入/导入	必填	取值范围：男/女

续表

字段名称	数据类型	长度	数据来源	允许空否	说明
出生日期	日期/时间	短日期	输入/导入	必填	
班级号	数字	长整型	输入/导入	必填	外键（与"班级资料"关联）
优干	是/否		输入/导入		
特长	备注		输入/导入		
照片	OLE 对象		输入/导入		
联系电话	文本	11	输入/导入		
学籍当前状态	文本	2	选择输入/导入	必填	取值约束：在校/毕业/结业/退学/休学/转出/开除/其他

习 题 1

1. 思考题

（1）人工管理、文件系统管理和数据库统管理这 3 个阶段的数据管理各有哪些特点？

（2）什么是数据冗余？数据库系统与文件系统相比怎样减少冗余？

（3）数据模型的 3 个要素，其主要内容有哪些？

（4）层次模型、网状模型和关系模型是根据什么来划分的？这 3 种基本模型各有哪些优缺点？

（5）数据库系统的 3 级模式描述了什么？为什么要在 3 级结构之间提供两级映射？

（6）关系、关系模型、关系模式、关系数据库之间有什么样的联系？

2. 单选题

（1）一个教师可讲授多门课程，一门课程可由多个教师讲授，则教师实体和课程实体间的联系是（   ）。

A．1：1 联系   B．1：m 联系   C．m：1 联系   D．m：n 联系

（2）数据库系统的 3 级模式不包括（   ）。

A．概念模式   B．内模式   C．外模式   D．数据模式

（3）下列模式中，能够给出数据库物理存储结构与物理存取方法的是（   ）。

A．内模式   B．外模式   C．概念模式   D．逻辑模式

（4）在满足实体完整性约束的条件下（   ）。

A．一个关系中必须有多个候选关键字

B．一个关系中只能有一个候选关键字

C．一个关系中应该有一个或多个候选关键字

D．一个关系中可以没有候选关键字

（5）在关系数据库中，用来表示实体间联系的是（　　　）。

    A．属性　　　　　　B．二维表　　　　　C．网状结构　　　D．树状结构

（6）数据库管理系统 DBMS 中用来定义概念模式、内模式和外模式的语言为（　　　）。

    A．C　　　　　　　B．Basic　　　　　C．DDL　　　　　D．DML

（7）画出 E-R 图来体现实体-联系模型，这是数据库设计过程中（　　　）阶段的任务。

    A．需求分析　　　　　　　　　　B．逻辑数据库设计

    C．概念模型设计　　　　　　　　D．物理数据库设计

（8）设有表示学生选课的 3 张表：学生（学号，姓名，性别，年龄，身份证号），课程（课号，课名），选课（学号，课号，成绩），则选课表的主键为（　　　）。

    A．课号、成绩　　　　　　　　　B．学号、成绩

    C．学号、课号　　　　　　　　　D．学号、姓名、成绩

（9）DB、DBS、DBMS 之间的关系是（　　　）。

    A．DB 包括 DBS 和：DBMS　　　　B．DBMS 包括 DB 和 DBS

    C．DBS 包括 DB 和 DBMS　　　　D．没有任何关系

（10）取出关系中的某些列，并消去重复的元组的关系运算称为（　　　）。

    A．选择运算　　　　B．投影运算　　　C．连接运算　　　D．积运算

（11）在教师表中，如果要找出职称为"教授"的教师，所采用的关系运算是（　　　）。

    A．投影　　　　　　B．选择　　　　　C．连接　　　　　D．自然连接

（12）有 3 个关系 R、S 和 T 如下：

R

A	B	C
A	1	2
b	2	1
c	3	1

S

A	B
c	3

T

C
1

    则由关系 R 和 S 得到关系 T 的操作是（　　　）。

    A．自然连接　　　　B．交　　　　　　C．除　　　　　　D．并

（13）以下关于关系数据库中关系的性质的叙述中，错误的是（　　　）。

    A．同一个关系中不能有相同的字段，也不能有相同的记录

    B．关系中的每一列元素必须是相同类型的数据

    C．关系中的每个分量必须是不可分割的数据项

    D．关系中的行的次序不能任意交换，列的次序也不能任意交换

（14）常见的数据模型有 3 种，分别是（　　　）。

    A．小型、中型和大型　　　　　　B．网状、环状和链状

    C．层次、网状和关系　　　　　　D．独享、共享和实时

（15）在"学生表"中，要查找所有年龄大于 20 岁且姓王的男同学，所采用的关系运算是（　　）。

    A．选择　　　　　　　B．投影　　　　　　　C．连接　　　　　　D．自然连接

上机实验 1

    在用户硬盘的根目录中（如 G 盘）创建一个名为"上机实验"的文件夹。

    1）设学校中有若干院系，每个院系有若干班级和教研室；每个教研室有若干教师，每个班有若干学生，每个学生选修若干课程，每门课程可由若干学生选修。请自行设计各实体的属性，用 E-R 方法建立该学校的概念模型，并将文件以"实验 1-1.docx"命名，保存至 G 盘上机实验文件夹中。

    2）参考"1.5.3 教学管理系统数据库设计实例"，完成"学生成绩管理系统"的概念模型设计和逻辑模型设计，形成的设计文档以"实验 1-2.docx"命名，保存至 G 盘上机实验文件夹中。

（1）设计文档要求

1）概念模型设计部分：采用 E-R 图描述各实体及其属性，以及实体之间的联系。

2）逻辑模型设计部分：将 E-R 图转换为关系模型，进行表结构设计。

（2）文档格式模板

文档格式模板如图 1-21 所示。

<figure>
学生成绩管理系统设计报告

一、概念模型设计

  1. 系统涉及的实体及属性

    ……

  2. 实体间的联系

    ……

二、逻辑模型设计

    ……
</figure>

图 1-21　文档格式模板

（3）"学生成绩管理系统"需求概述

1）系统基本任务。实现学生基本信息、成绩信息和课程信息管理的自动化。

2）系统基本信息。

① 院系资料（院系代码，院系名称，联系电话，院系简介，行政负责人）。

② 专业资料（专业代码，专业名称，学制，院系代码，专业简介，专业负责人）。

③ 班级资料（班级号，年级，专业代码，班级名称，班主任，联系电话）。

④ 学生基本资料（学号，姓名，班级号，性别，出生日期，优干，特长，照片，联系电话，学籍当前状态）。

⑤ 修课成绩（学年度，学期，课程代码，学号，成绩性质，成绩，等级）。

⑥ 课程（课程代码，课程名称，课程类别，周学时，上课周数，课程总学时，学分，课程简介）。

3）各实体之间的关系。院系资料与专业资料的联系类型是 1∶n，专业资料与班级资料的联系类型是 1∶n，班级资料与学生基本资料的联系类型是 1∶n，学生基本资料与修课成绩的联系类型是 1∶n，修课成绩与课程管理的联系类型是 n∶1。

第 2 章　数据库与表

数据库是用来存储数据和数据库对象的逻辑实体，关系数据库中实际的数据都存储在表中，对数据库的任何操作均通过数据库管理系统来进行。

2.1　Access 2010 数据库的创建与操作

Access 是由美国 Microsoft 公司推出的关系数据库管理系统（Relational Database Management System，RDBMS），是 Microsoft Office 的一个成员，具有与 Word、Excel 和 PowerPoint 等相同的界面风格。除了自身完善的数据库系统功能以外，Access 2010 还可以通过 ODBC 与 Oracle、Sybase、FoxPro 等其他数据库相连，实现数据的交换和共享。

2.1.1　创建 Access 数据库

Access 2010 数据库是以磁盘文件的形式存在的，文件的扩展名为.accdb。Access 提供了两种创建数据库的方法：一种是直接创建一个空的数据库，之后建立相应的表、查询、窗体、报表、宏、模块等对象；另一种是使用数据库模板来完成数据库创建，利用模板向导建立相应的表、查询、窗体、报表、宏、模块和 Web 页等对象，从而完成一个完整的数据库创建。

1. 创建一个空数据库

"创建一个空数据库"的方法适合于创建比较个性化的数据库，启动 Access 后，在 Access 启动界面的右侧窗格中选择"创建"选项卡下的"空数据库"选项即可。

【例 2-1】在 E 盘上创建一个名为"数据库教学实例"的文件夹，并在该文件夹中创建名为"教学管理系统.accdb"的数据库。

操作步骤如下。

1）启动 Access 2010，Access 2010 Backstage 视图默认选定了其左侧窗格中的"新建"命令。在中间窗格上方的"可用模板"中单击"空数据库"按钮，在右侧窗格的文件名文本框中，默认的文件名是 Database1.accdb，这里将数据库名称命名为"教学管理系统.accdb"，如图 2-1 所示。

2）单击"浏览"按钮 📂，在弹出的"文件新建数据库"对话框中，选择数据库的保存位置为"E:\数据库教学实例"，单击"确定"按钮，返回"文件"选项卡的新建数据库界面。

3）在右侧窗格下面，单击"创建"按钮，即可创建一个空白数据库，系统以"数据表视图"方式自动打开一个默认名为"表1"的数据表，如图2-2所示。

4）空白数据库创建完成以后，即可添加表和数据，用户可以在该空白数据库中逐一创建 Access 的各种对象。

图2-1　启动 Access 创建空白数据库

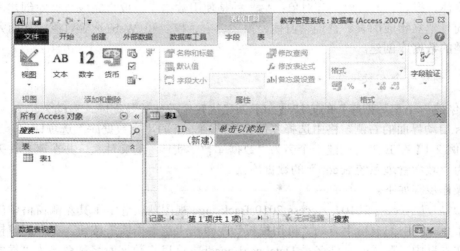

图2-2　新建数据库"教学管理系统"数据表视图

2. 使用模板创建数据库

使用模板创建数据库是创建数据库的最快方式，用户只需要进行一些简单的操作，就可以创建一个包含了表、查询等数据库对象的数据库系统。如果能找到并使用与要求最接近的模板，此方法的效果最佳。除了可以使用 Access 提供的本地方法创建数据库之外，还可以利用 Internet 网上的资源。例如，在 Office.com 的网站上搜索到所需的模板，把模板下载到本地计算机中，从而快速创建出所需的数据库。

【例 2-2】利用 Access 2010 中的模板，创建一个"教职员数据库"。

操作步骤如下。

1）启动 Access 2010，打开 Access 启动窗口。在启动窗口中的"可用模板"窗格中，单击"样本模板"按钮，可以看到 Access 2010 提供的 12 个示例模板。这 12 个模板可以分成两组：一组是传统数据库模板，另一组是 Web 数据库模板。Web 数据库模板是 Access 2010 新增的功能，可以使用户能够比较快地掌握 Web 数据库的创建。

2）本例中，选择"样本模板"中的"教职员"模板，在右侧窗格的文件名文本框中自动生成一个默认的文件名"教职员.accdb"，保存位置默认为"我的文档"。用户也可以自己指定文件名和文件保存的位置，创建的数据库如图 2-3 所示。

3）展开"导航窗格"，可以查看该数据库包含的所有 Access 对象，如图 2-4 所示。

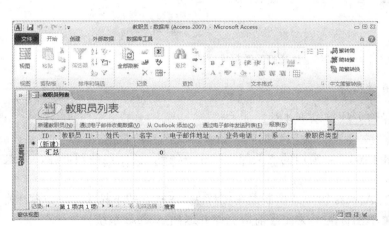

图 2-3　教职员数据库　　　　　　　　图 2-4　查看 Access 对象

通过数据库模板可以创建专业的数据库系统，但是这些系统有时并不能够完全符合需求，最简单的方法就是先利用模板生成一个数据库，然后进行修改，使其符合需求。

2.1.2　数据库的打开和关闭

1. 打开 Access 2010 数据库

打开一个已建立的 Access 数据库的操作步骤如下。

1）启动 Access 2010 数据库。

2）在"文件"选项卡中选择"打开"命令，在弹出的"打开"对话框中选择要打开的数据库文件，单击"打开"按钮，便以系统默认的打开方式打开该数据库。若要以其他方式打开数据库，可单击"打开"按钮右侧的下拉按钮进行选择，如图 2-5 所示。

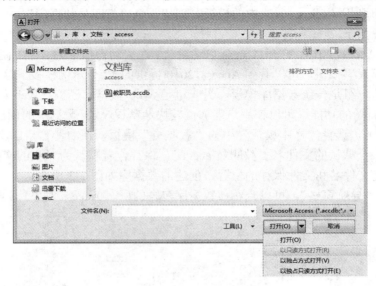

图 2-5　选择打开数据库方式

2. 关闭 Access 2010 数据库

关闭数据库的常用操作方法有以下 4 种。

1）在菜单栏中选择"文件"|"关闭数据库"命令，关闭当前数据库。

2）单击标题栏右端的 Access 窗口的"关闭"按钮 ![X]，关闭当前数据库，并退出 Access 系统。

3）单击标题栏右端的 Access 窗口的控制菜单图标 A，在打开的下拉菜单中选择"关闭"命令，或双击控制菜单图标 A，关闭当前数据库并退出 Access 系统。

4）按【Alt+F4】组合键，退出 Access 系统。

退出 Access 时，如果系统检测到本次操作更改了数据库对象的设计，则 Microsoft Access 将在关闭之前询问是否保存这些更改。

2.2　数据库对象的组织和管理

数据库对象是 Access 最基本的容器对象，它是一些关于某个特定主题或目的的信息集合，具有管理本数据库中所有信息的功能。

早期的 Access 中有 7 种不同类别的数据库对象，即表、查询、窗体、报表、数据访问页、宏和模块。而 Access 2010 不再支持数据访问页对象。如果希望在 Web 上部署数据输入窗体，并在 Access 中存储所生成的数据，则需要将数据库部署到 Microsoft Windows SharePoint Services 3.0 服务器上，使用 Windows SharePoint Services 所提供的工具实现所需的目标。

2.2.1　认识 Access 数据库对象

Access 2010 数据库包含表、查询、窗体、报表、宏、模块对象。不同的对象在数据库中有着不同的作用。

1. 表

"表"是数据库中用来存储数据的对象，是整个数据库系统的基础。设计和建立数据库，首先要做的就是设计和建立表结构。Access 允许一个数据库中包含多个表，用户可将不同主题的数据分门别类地存放在不同的表中。通过建立表与表之间的关系，将不同表中的数据关联起来。

2. 查询

"查询"是数据库设计目的的体现。利用查询对象可以从表中检索符合条件的数据，也可按照一定的条件准则向多个表中批量添加或编辑数据。数据被用户查询才能真正体现它的价值，查询对象必须建立在数据表对象之上。

3. 窗体

"窗体"是用户与数据库交互的界面，窗体的数据源可以是表，也可以是查询。用户可以通过窗体查看所需的数据，也可以对表中的数据进行编辑。

4. 报表

Access 中的"报表"与现实中的报表相同，是一种按指定样式格式化的数据形式，可以浏览和打印。与窗体一样，报表的数据源可以是一个或多个表（也可以是查询）。在 Access 中，不仅可以简单地将一个或多个表（或查询）中的数据组织成报表，还可以在报表中进行排序、分组和计算。

5. 宏

"宏"是一系列操作命令组成的集合，可用来简化一些经常性的操作。如果将一系列操作设计为一个宏，则在执行这个宏时，其中定义的所有操作就会按照规定的顺序依次执行，如打开某个窗体、打印某个报表、SQL 查询等。当数据库中有大量的工作需要处理时，使用宏是最好的选择。宏可以单独使用，也可以与窗体和报表配合使用。

6. 模块

"模块"是 Access 数据库中存放 VBA（Visual Basic for Applications）程序代码的容器。为了更好地支持复杂的数据库操作，Access 内置了 VBA，利用 VBA 可以解决数据库与用户交互中遇到的许多复杂问题。在模块中，用户可以使用 VBA 语言编写函数过程或子过程，模块可以与报表、窗体等对象结合使用，以建立完整的应用程序。

2.2.2 在导航窗格和工作区中操作对象

导航窗格位于功能区的下方左侧，用于实现对当前数据库的所有对象的管理和相关对象的组织，它取代了 Access 早期版本中的数据库窗口。导航窗口有两种状态：折叠状态和展开状态。单击导航窗格上部的按钮，可以展开或折叠导航窗格。导航窗格在显示数据库中所有对象的同时，可按类别将它们分组。单击导航窗格右上方的小箭头，可以显示如图 2-6 所示的分组列表。分组是一种分类管理数据库对象的有效方法。在一个数据库中，如果某个表绑定到一个窗体、查询和报表，则导航窗格将把这些对象归组在一起。例如，当选择"表和相关视图"命令进行查看时，各种数据库对象就会根据各自的数据源表进行分类。

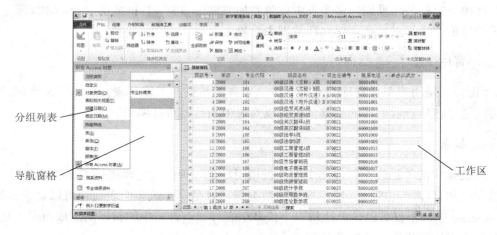

图 2-6　Access 导航窗格与工作区

工作区位于导航窗格的右侧，它用于显示数据库中的各种对象。在工作区中，通常是以选项卡形式显示所打开对象的相应视图，如某表对象的设计视图或数据表视图等。在 Access 2010 中，可以同时打开多个对象，并在工作区顶端显示所有已打开对象的选项卡标题，并仅显示活动对象选项卡的内容。单击工作区顶端某个对象选项卡的标题，便可在工作区中切换显示该对象选项卡的内容，即把该对象选项卡设为活动对象选项卡。

2.2.3　自定义操作环境

Access 2010 允许用户对界面的一部分功能区进行个性化设置。例如，可以创建自定义选项卡和自定义组来包含经常使用的命令。操作步骤如下：

1）单击菜单栏"文件"选项卡的"选项"按钮，弹出"Access 选项"对话框。单击左侧窗格中的"自定义功能区"选项，打开"自定义功能区"窗格。

2）单击其中的"新建选项卡"按钮，"主选项卡"列表框中将会添加"新建选项卡（自定义）"和"新建组（自定义）"，如图 2-7 所示。

图 2-7　自定义功能区

3）选中"新建选项卡（自定义）"选项，单击"重命名"按钮，在弹出的"重命名"对话框中输入"我的选项卡"，然后单击"确定"按钮。

4）使用同样的方法，将"新建组（自定义）"重命名为"我的常用工具"，并可为其选择一个自己喜欢的图标，然后单击"确定"按钮。

5）单击"从下列位置选择命令"下拉列表右侧的下拉按钮，选择"所有命令"选项。在下方的列表框中选择需要添加的命令，然后单击"添加"按钮。例如，本例选择了"窗体视图""报表视图""表"等多个命令，将它们添加到"我的常用工具（自定义）"组中。

6）单击"Access 选项"对话框中的"确定"按钮，完成自定义功能区设置，关闭数据库并重新打开后，功能区多了一个选项卡"我的选项卡"，如图 2-8 所示。

图 2-8　自定义功能选项卡

2.3　表的创建与编辑

表是数据库存储和管理数据的基本对象，是由有关特定主题（如学生或课程）信息所组成的集合。创建一个数据库，关键之一在于建立数据库中的基本表。一个数据库根据需要可以包含多个表，也可以只有一个表。在表中，数据以二维表的形式保存。表中的列称为字段，是数据信息的最基本数据元素，说明了一条信息在某一方面的属性。表中的行称为记录，由一个或多个字段组成。学系表结构如表 2-1 所示，第一行是字段名，从表的第二行开始的每一行数据称为一条记录或一个元组。

表 2-1　学系表结构

字段	学系代码	学系名称	办公电话	学系简介
记录	01	中国语言文学系	94015678	中国语言文学系设有汉语专业。本系人才荟萃，曾有许多著名学者在此任教
	02	数学系	94038808	数学系设有数学专业、统计学专业。本系师资力量雄厚，有教授 15 人，博士生导师 3 人
	03	物理学系	94042356	物理学系设有物理学专业、光学专业。本系师资力量雄厚，现有教师 70 人，其中教授 30 人
	04	化学系	94053326	化学系设有化学专业、应用化专业。本系师资力量雄厚，有中国科学院院士 3 人
	05	生物学系	94066689	生物学系设有生物专业、生物技术专业。本系基础条件优越、教学科研力量雄厚

2.3.1　设计表结构

Access 表由表结构和表内容两部分构成。表的结构是数据表的框架，表的内容则是表中的数据。表结构的设计就是要确定表名和字段属性。表名是用户访问数据的唯一标识；字段属性即表的组织形式，它包括表中字段的个数，每个字段的名称、数据类型、字段大小、格式、输入掩码、有效性规则等。

1. 字段的命名规则

字段名称是表中一列的标识，在同一个表中的字段名称不可重复。在其他数据库对象中（如查询、窗体、报表等），若要引用表中的数据，需要指定字段名称。在 Access 中，字段的命名具有以下规定。

1）字段名称最长可达 64 个字符。

2）字段名称可用的字符包括字母、数字、下划线、空格，以及除句号（。）、感叹号（!）、重音符号（`）和方括号（[]）之外的所有特殊符号。也可使用汉字作为字段名称。

3）字段名称不允许以空格开头。

4）字段名称不允许包含控制字符（即 ASCII 码从 0～31 的值所对应的字符）。

需要强调的是，虽然字段名中允许包含空格，但不建议使用空格。

2. 字段的数据类型

字段数据类型决定该字段所保存数据的类型。在设计表时，必须定义表中字段使用的数据类型。Access 2010 中包括下述 12 种数据类型，其中计算字段和附件是 Access 2010 新增加的数据类型。

（1）文本

文本类型字段用于保存字符串的数据，如姓名、产品名称、通信地址等。一些只作为字符用途的数字数据也使用文本类型，如电话号码、产品编号等。

文本类型字段的大小最大为 255 个字符。可通过"字段大小"属性来设置文本类型字段最多可容纳的字符数。这里的字符是指一个英文字符（或者一个汉字）。

（2）备注

备注类型的字段一般用于保存较长（超过 255 个字符）的文本信息，如简历、备注、单位简介、产品说明等。备注型字段最长可保存 65535 个字符。

（3）数字

数字字段用于保存需要进行数值计算的数据，通过"字段大小"属性可以指定下述几种类型的数值。

字节——占 1 字节，保存 0～255 的整数。

整型——占 2 字节，保存-32 768～+32 767 的整数。

长整型——占 4 字节，保存-2 147 483 648～+2 147 483 647 的整数。

单精度——占 4 字节（保存-3.4×10^{38}～$+3.4\times10^{38}$，且最多具有 7 位有效数字的浮点数值）。

双精度——占 8 字节（保存-1.797×10^{308}～$+1.797\times10^{308}$，且最多具有 15 位有效数

字的浮点数值)。

同步复制 ID——占 16 字节,用于存储同步复制所需的全局唯一标识符。

小数——占 12 字节,保存 $-10^{28}-1 \sim 10^{28}-1$ 的数字。当选择该类型时,"精度"属性指定包括小数点前后的所有数字的位数,"数值范围"属性指定小数点后边可存储的最大位数。

(4)日期/时间

字段大小为 8 字节,用于保存日期和时间值,如出生日期、发货时间等。

(5)货币

字段大小为 8 字节,用于保存科学计算中的数值或金额等数据。其精度:整数部分为 15 位,小数部分为 4 位。

(6)自动编号

自动编号是指在添加记录时自动插入的唯一顺序(每次递增 1)或随机编号。字段大小为长整型,即存储 4 字节;当用于"同步复制 ID"(GUID)时,存储 16 字节。当向表中添加一条新记录时,这种数据类型会自动为每条记录存储一个唯一的编号,故自动编号类型的字段可设置为主键。

(7)是/否

该类型实际上是布尔型,用于只可能是两个值中的一个(如"是/否""真/假""开/关")的数据。通常来说,其取值是 True 或 False。

(8)OLE 对象

OLE 对象用于将链接或嵌入对象(如 Microsoft Office Excel 电子表格)附加到记录中。最多存储 1GB。

(9)超链接

超链接用于存放链接到本地或网络上资源的地址,用作超链接地址。超链接可以是 UNC 路径或 URL。最多存储 64000 个字符。

超链接信息可以是文本或文本和数字的组合,以文本形式存储并用作超链接地址。其内容可以由 3 部分(也可由前两个部分)组成,每两部分之间要用#号间隔开。这 3 部分组成如下:

1)显示文本——显示字段中的内容。

2)地址——指向一个文件的 UNC 路径或网页的 URL。

3)子地址——位于文件中的地址(如锚)。

在该超链接字段中输入具体数据时,输入的语法格式为"显示文本#地址#子地址#"。

例如,希望在一个超链接字段中显示中山大学,并且只要用户单击该字段时便可转向中山大学的网址:http://www.sysu.edu.cn。输入字段中的内容为中山大学#http://www.sysu.edu.cn。

(10)查阅向导

允许用户使用组合框选择来自其他表或来自一组列表的值。在数据类型列表中选择此选项，将会启动向导进行定义。该选项需要与对应于查阅字段的主键具有大小相同的存储空间。

（11）计算字段

计算字段用于存放根据同一表中的其他字段计算而来的结果值，字段大小为 8 字节。可以使用表达式生成器创建计算字段。

（12）附件

将图像、电子表格文件、Word 文档、图表等文件附加到记录中，类似于在邮件中添加附件。使用附件字段可将多个文件附加到一条记录中。

需要强调的是，在定义表中字段数据类型时，应考虑的因素主要包括：①字段中可以使用什么类型的值；②需要多少存储空间来保存字段的值；③是否需要对数据进行计算，主要区分是否使用数字、文本、备注等；④是否需要建立排序、索引或分组，因为备注、超链接及 OLE 对象型字段不支持上述操作；⑤要注意数字和文本的排序是有区别的。

3.　教学管理系统数据库表结构设计实例

教学管理系统数据库中所有表的表结构设计见第 1 章的表 1-19～表 1-21，以及表 1-23～表 1-27。

2.3.2　创建表

在设计好表的结构之后，便可以使用 Access 2010 提供的功能，在已建立的数据库中创建数据表。

通常，在 Access 2010 中创建表的方法有 4 种：使用数据表视图创建表，使用设计视图创建表，通过导入外部表方式创建表，以及通过链接来创建表。

与 Access 2003 相比，Access 2010 不能使用表向导创建新表，但是提供了利用 SharePoint 网站来创建表的方法。

1.　利用数据表视图创建表

在数据表视图下创建表，是一种简单方便的方式，可以直接在新表中进行字段的添加、删除和编辑，能够迅速地构造一个较简单的数据表。

【例 2-3】在"教学管理系统"数据库中，要求按照表 1-19 所示的"院系资料"表结构，使用数据表视图的方式创建"院系资料"表。

操作步骤如下。

1）打开"教学管理系统"数据库，单击"创建"|"表格"|"表"按钮，系统创建一个默认名为"表 1"的新表，并以数据表视图打开，如图 2-9 所示。

2）单击"单击以添加"下拉按钮，如图 2-10 所示，选择"文本"命令添加一个文本类型的字段，字段初始名称为"字段 1"，将该字段名称改为"院系代码"。

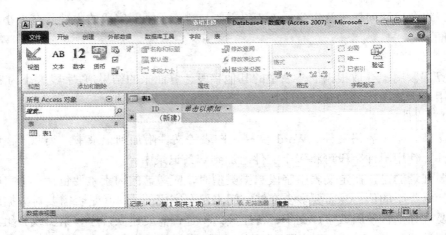

图 2-9　创建新表

图 2-10　选择字段类型

3）在"表格工具"下的"字段"选项卡的"属性"组中，将"字段大小"改为2。

4）重复2）和3），添加"院系名称""联系电话""行政负责人"字段，并设置字段大小。

5）单击"单击以添加"下拉按钮，选择"备忘录"命令，则添加了一个备注类型的字段，修改字段名称为"院系简介"。

6）在快速访问工具栏中，单击 ![按钮]，在弹出的"另存为"对话框中，输入表的名称为"院系资料"，然后单击"确定"按钮保存，完成表结构的创建。

创建表结构之后，可以直接在该视图下输入表的内容。

虽然在数据表视图中可以直接定义字段名称，可以对表中的数据进行编辑、添加、修改、删除和对数据进行查找等各种操作，但是对于设置字段的属性具有一定的局限性，如对于数字型字段，无法设置字段的大小为"整型"或"长整型"等。需要通过设计视图来对该表的结构做进一步修改。

2. 使用设计视图创建表

虽然在数据表视图下可以较为直观地创建表，但使用设计视图可以更加灵活地创建表。对于结构较为复杂的表，通常采用设计视图方式创建。其创建方法如下：单击"创建"选项卡上的"表格"组中的"表设计"按钮，显示表的设计视图，如图 2-11 所示。

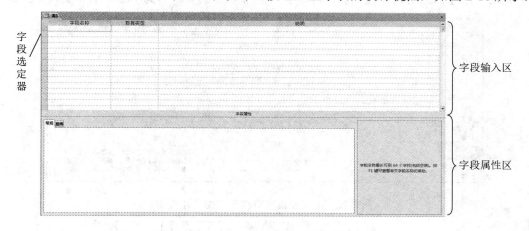

图 2-11　表的设计视图

表的设计视图分为上、下两部分。上半部分是字段输入区，下半部分是字段属性区。上半部分的字段输入区包括字段选定器、字段名称列、数据类型列和说明列。

1）字段输入区的一行可用于定义一个字段。

2）字段选定器用于选定某个字段（行），如单击它即可选定该字段行。

3）字段名称列用来对字段命名。数据类型列用来对该字段指定数据类型。说明列用来对该字段进行必要的说明描述，仅起注释作用，以提高可读性。

4）下半部分的字段属性区用于设置字段的属性。

【例 2-4】在"教学管理系统"数据库中，使用设计视图的方法创建"专业培养资料"表。表结构如表 1-20 所示，主键是专业代码。

操作步骤如下。

1）打开"教学管理系统"数据库，单击"创建"|"表格"|"表设计"按钮，打开表的设计视图。

2）按照表 1-20 的要求，在字段输入区第 1 行的字段名称单元格输入"专业代码"，在数据类型单元格选择"文本"，在字段属性区"字段大小"单元格输入"3"。

3）重复步骤 2），在字段输入区第 2 行至第 12 行依次输入"专业培养资料"表的其他字段。

4）单击字段输入区第 1 行的"专业代码"单元格，然后单击"表格工具"|"设计"|"工具"|"主键"按钮，在"专业代码"左侧的字段选定器框格中即刻显示出一

个钥匙图案标记，表示已设置该字段为主键。这时表的设计视图如图 2-12 所示。

5）单击表设计视图的"关闭"按钮，弹出的消息提示框如图 2-13 所示。在消息提示框中单击"是"按钮，弹出"另存为"对话框。

6）在"另存为"对话框中输入表的名称"专业培养资料"，然后单击"是"按钮，完成表的创建，关闭设计视图。此时导航窗格中添加了一个名为"专业培养资料"的表。

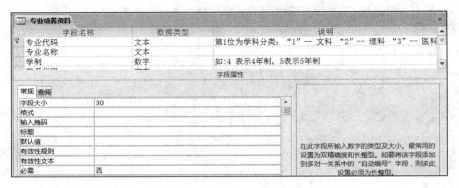

图 2-12　"专业培养资料"表的设计视图

图 2-13　保存表设计的消息提示框

3. 通过导入外部表方式创建表

通过数据导入创建表是利用已有的数据文件创建表，这些数据文件可以是电子表格、文本文件和其他数据库系统创建的数据文件。利用 Access 系统的数据导入功能可以将数据文件中的数据导入当前数据库中。

【例 2-5】将"教师基本资料.xlsx"导入"教学管理系统"数据库中。

操作步骤如下。

1）打开"教学管理系统"数据库，单击"外部数据""导入并链接"|"Excel"按钮，弹出"获取外部数据-Excel 电子表格"对话框。

2）单击"浏览"按钮，指定"教师基本资料.xlsx"文件的路径。选中"将源数据导入当前数据库的新表中"单选按钮，如图 2-14 所示。

3）单击"确定"按钮，弹出"导入数据表向导"对话框，单击"下一步"按钮，选中"第一行包含列标题"复选框，如图 2-15 所示。将 Excel 表的列标题作为该数据库表的字段名称。

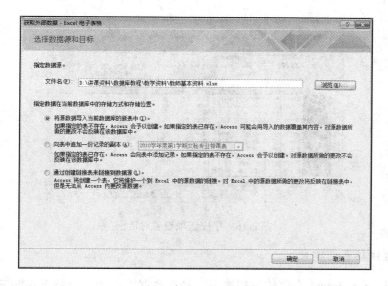

图 2-14　"获得外部数据-Excel 电子表格"对话框

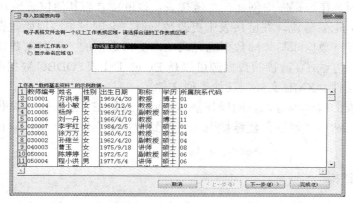

图 2-15　"导入数据表向导"对话框

4）单击"下一步"按钮，弹出字段选项设置对话框，如图 2-16 所示。在该对话框中，可按第 1 章中设计的"教师基本资料"表结构（表 1-23），设置各字段属性（包括字段名称、数据类型、索引）。

5）单击"下一步"按钮，弹出定义主键对话框，选中"我自己选择主键"单选按钮，并选定"教师编号"字段作为主键。

6）单击"下一步"按钮，在导入表下方的文本框中已默认输入表名"教师基本资料"，单击"完成"按钮，弹出"保存导入步骤"对话框。

7）在"保存导入步骤"对话框中，取消选中"保存导入步骤"复选框，单击"关闭"按钮，完成导入创建表。如果经常需要重复导入同样的文件，则可以选中"保存导入步骤"复选框，把导入步骤保存下来，便于快速完成同样的导入操作。

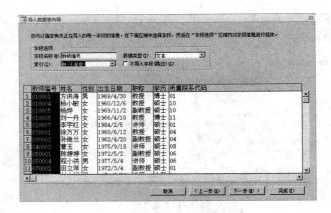

图 2-16　字段选项设置对话框

4. 通过链接来创建表

上述通过导入 Excel 表创建数据库表，是在数据库创建一个新表存储 Excel 表的副本。而链接表则是在数据库中创建一个链接表，该链接表与其他位置所存储的数据建立一个活动链接。也就是说，在链接表中更改数据时，会同时更改原始数据源中的数据。因此，当需要保持数据库与外部数据源之间动态更新数据的关系时需要建立链接，否则就应该使用导入方法了。链接的数据源可以是 Excel 工作表、ODBC 数据库、其他 Access 数据库、文本文件、XML 文件及其他类型文件。

创建链接表的操作与导入表的操作基本相同，只是在"获取外部数据-Excel 电子表格"对话框中，选中"通过创建链接表来链接到数据源"单选按钮，其他步骤与例 2-5 基本类似。

2.3.3　修改表结构

对于"表结构"的修改，需要在该表的设计视图环境中进行。在该表的设计视图窗口，可对字段名称、字段数据类型、字段属性及主键等进行修改。当修改表结构时，需注意以下两点。

1）在对表结构进行修改时，应注意有两个可能会导致数据丢失的情形：①当"字段大小"由较大的范围改为较小的范围时，可能会导致原有数据部分丢失；②当"字段类型"发生改变时，可能会造成原有数据的丢失。

2）主键字段的删除，必须先删除主键，才可删除该字段。

【例 2-6】在例 2-3 中通过使用数据表视图创建的"院系资料"表，并不完全符合要求。细心的读者可以看出，图 2-9 中有一个名为"ID"的字段，并且当选中该字段列，再单击"表格工具"|"字段"|"删除"按钮时，会弹出提示"该列不能删除"的信息提示框。这是由于使用数据表视图创建表时，Access 会自动创建一个自动编号类型的"ID"字段，并且默认为新表的主键，因此，需要在数据表设计视图状态下，按原设计

要求（第 1 章的表 1-19），修改"教学管理系统"数据库中"院系资料"表结构，删除"ID"字段，设置"院系代码"为表的主键。

操作步骤如下。

1）在"教学管理系统"数据库中，单击"导航窗格"中的"表"对象，在展开的表对象列表中，右击"院系资料"表，在弹出的快捷菜单中选择"设计视图"命令，打开"院系资料"表的设计视图。如果在已打开表的数据表视图情况下，还可以单击状态栏右侧的"设计视图"按钮 ，切换至设计视图。

2）把鼠标指针移到"ID"字段的字段选定器上，单击可选定该字段。

3）单击"表格工具"|"设计"|"工具"|"主键"按钮，此时"ID"字段的字段选定器上的钥匙图案消失。

4）继续选定"ID"字段，单击"表格工具"|"设计"|"工具"|"删除行"按钮（或右击"ID"字段行，在弹出的快捷菜单中选择"删除行"命令），在随即弹出的确认是否删除该字段的消息框中单击"是"按钮。

5）把鼠标指针移至"院系代码"字段的字段选定器上，单击该字段。单击"表格工具"|"设计"|"工具"|"主键"按钮，则在"院系代码"的字段选定器上显示一个钥匙图案，表示已设定该字段为主键。

6）完成修改后，单击快速访问栏上的"保存"按钮 ，保存修改后的"院系资料"表，再单击该设计视图的关闭按钮，退出"院系资料"表的设计视图。

2.3.4 字段属性的设置

完成表结构的初步设置后，还需要在字段属性区设置相应的属性，字段属性用于描述字段的特征。表中的每一个字段都有一系列的属性，不同的字段类型具有不同的属性。当选择了某一字段，字段属性区就会依次显示该字段的相应属性。字段的属性随其数据类型的不同而不同，常见的字段属性如下。

1. 字段大小

字段大小属性用于定义文本、数字或自动编号数据类型字段的存储空间。对于一个"文本"类型字段，其字段大小的取值是 0～255，默认值是 255。对于数字类型字段，可在其对应的字段大小属性单元格中自带的下拉列表中选择某一种类型，如整型、长整型等。

2. 字段格式

格式属性定义字段数据在数据表视图中的显示格式，不同数据类型的字段，其格式设置不同。"格式"属性只影响数据的显示格式，并不影响其在表中的存储格式。例如，日期/时间类型的字段，格式可设置为"常规日期"，显示形式为"2016/6/19 17:34:23"，或者设置为"长日期"，显示形式为"2016 年 6 月 19 日"等。

3. 输入掩码

输入掩码用于定义数据的输入格式。在创建输入掩码时，可以使用特殊字符来要求某些数据是必须输入的（如电话号码的区号），或某些数据是可选输入的（如电话分机号码）。这些特殊字符还可用来指定输入数据的类型，如输入数字或者字符。表 2-2 中所示的字符用来定义输入掩码。

表 2-2　输入掩码

字符	描述	输入掩码示例	示例数据
0	必须输入 0~9 的数字，不允许使用加号和减号	000-00000000	020-87330839
9	可以选择输入数字或空格，不允许使用加号和减号	999-9999999	020-8384940
#	可以选择输入数字或空格。在编辑状态时，显示空格，但在保存时，空格被删除，允许使用加号和减号	#999	-829
L	必须输入 A~Z 的大小写字母	L0L0L0	d3J9d9
?	可以选择输入 A~Z 的大小写字母	?????	Sunny
A	必须输入大小写字母或数字	AAA-AAAA	020-TELE
a	可以输入任何字符或数字	aaa-aaaa	020-Sun
&	必须输入任何字符或空格	&&&	di0
C	可以选择输入任何大小写字符或空格	CCC	8i
.,:;-/	小数点占位符和千分位、日期与时间的分隔符。实际显示的字符根据 Windows 控制面板的"区域和语文选项"中的设置而定	000,000	789,378
<	使其后所有的字符转换成小写	>L<????????	Lisa
>	使其后所有的字符转换成大写	>L0L0L0	B2C8D1
!	使输入掩码从右到左显示。输入掩码中的字符都是从左向右输入，感叹号可以出现在输入掩码的任何地方	!????	ACD
\	使其后的字符原样显示	\T000	T123
密码	输入的字符以字面字符保存，但显示为星号（*）		

例如，将"学号"字段输入掩码设为"00000000"，可确保必须输入 8 个数字字符。又如，将"办公电话"字段输入掩码设为"###-########"。

4. 标题

标题是字段的别名，标题属性值用于在数据表视图、窗体和报表的字段标题处替换该字段名，但不改变表结构中的字段名。标题属性是一个最多包含 2048 个字符的字符串表达式，显示在窗体和报表上的标题超出标题栏所能显示的部分将被截掉。如果该属性不做任何设置，则默认情况下系统自动将字段名作为该字段的标题。

5. 默认值

默认值属性用来为该字段指定一个默认值。当用户增加新的记录时，Access 会自动为该字段赋予这个默认值。默认值只是初始值，可以在输入时改变设置，其作用是减少输入时的重复操作。默认值属性设置的最大长度是 255 个字符。

在一个表中，经常会有多条记录的某字段值相同，这时可通过设置默认值方式减少输入工作量。例如，"学生基本资料"表中的"学籍当前状态"字段默认值可设为"在校"。默认值在新建记录时会自动输入字段中。

例如，在"学生基本资料"表中可以将"性别"字段的默认值设为"男"。当用户在"学生"表中添加记录时，既可以接受该默认值"男"，也可以输入"女"替换"男"。

6. 有效性规则

有效性规则用于对字段所接受的值加以限制，防止输入数据时，把不合理数据输入表中。当输入的数据违反了有效性规则属性的设置时，可以使用有效性文本属性指定消息显示给用户。

7. 有效性文本

有效性文本是在输入的数据违反该字段"有效性规则"时出现的提示，其内容可以直接在"有效性文本"框内输入，或光标定位于该文本框时按【Shift+F2】组合键，在弹出的"缩放"对话框中输入。

【例 2-7】设置教学管理系统数据库中"学生基本资料"表的"性别"字段有效性规则为"男"或"女"，有效性文本为：请输入"男"或"女"。

操作步骤如下。

1）在"教学管理系统"数据库中，打开"学生基本资料"表的设计视图。

2）在设计视图的字段输入区中，单击"性别"字段，在字段属性区中的"有效性规则"属性栏中，输入"男 Or 女"，如图 2-17 所示（此处双引号不需输入，系统自动加上）。对于复杂的有效性规则，可以使用"表达式生成器"来设置，在"有效性规则"属性框中，单击右侧"…"图标，弹出"表达式生成器"对话框，利用"函数""常量""操作符"等元素设置表达式。

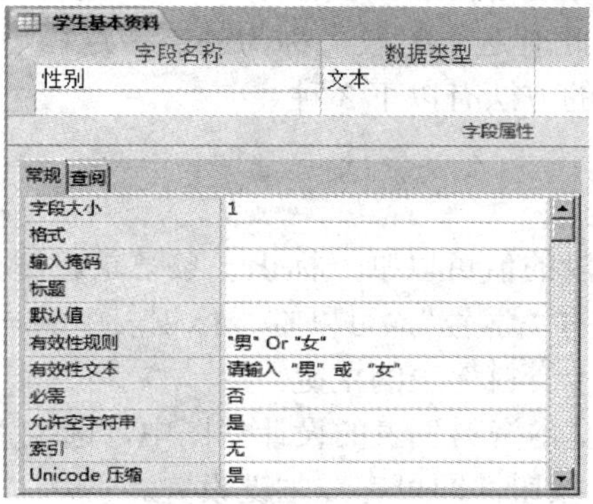

图 2-17　设置有效性规则和有效性文本

3）在"有效性文本"属性栏中输入文本：请输入"男"或"女"。当用户输入错误时，会自动弹出消息框，提示：请输入"男"或"女"。

8．必需

必需属性用于限定字段是否必须填写。当取值为"是"时，表示必须填写本字段，即该字段不能为空；反之，当取值为"否"时，字段可以为空。例如，用作"主键"的字段不能为空。

9．索引

建立索引可以提高记录的查找及排序速度。字段的索引如同书的索引，一本书的索引可以根据拼音的顺序，列出本书所包含的全部主题，以及主题所在的页数。读者通过索引可以很快找到需要内容所在的位置。同样在一个记录庞大的数据表中，如果没有建立索引，则数据库系统只能按照先后顺序查找整个表，这将会耗费很长的时间。如果事先为数据表创建了某个字段的索引，则在以这个字段为关键字查找时，就会快得多。

在 Access 中，索引提供三种取值：①"无"，表示该字段不建立索引（默认值）；②"有（有重复）"表示以该字段建立索引，字段取值可以重复；③"有（无重复）"，表示以该字段建立索引，字段取值不能重复。如果某字段设为不可重复的索引，输入数据时系统会自动检查该字段值是否重复。例如，对于"学生基本资料"表的"学号"字段，在创建主键时会自动创建唯一的索引；对于"姓名"字段，由于可能有同名的学生，因此不能创建唯一的索引。实际上并不是每一个字段都需要设定索引。一般来说，当该字段作为查找记录的依据或作为排序依据时，设定索引可以提高处理速度。

2.3.5 设置和取消表的主键

主键又称为关键字，在表中可唯一标识一条记录。主键可以是一个字段或多个字段的组合。主键的特点：①在主键上可以设置索引，提高查询的速度；②系统默认按主键的升序方式显示数据；③主键可以保证记录的唯一性；④在一个表中加入另一个表的主键作为该表的一个字段，此时这个字段又称为外键，这样可建立两个表间的关系。在 Access 中，设置表的主键的方法有以下 3 种。

1．单字段主键

在数据表中如果某字段的值可以唯一标识一条记录。例如，"教学管理系统"数据库"学生基本资料"表中的"学号"，可以唯一标识表中的一条记录，那么可以将"学号"字段指定为"学生基本资料"表的主键。

设置步骤：在"学生基本资料"表的设计视图中，选定"学号"字段后，单击"设计"卡|"工具"|"主键"按钮，即可完成主键设置。

取消步骤：在"学生基本资料"表的设计视图中，选定"学号"字段（已设为主键），

单击"设计"|"工具"|"主键"按钮,即可取消主键。

2. 多字段主键

多字段主键由两个或两个以上的字段组成。如果数据表中没有一个字段的值可以唯一标识一条记录,那么就可以考虑选择多个字段组合在一起作为主键。例如,"教学管理系统"数据库的"修课成绩"表中,把"学号"和"课程代码"两个字段组合起来作为主键。

设置步骤:在"修课成绩"表的设计视图中,选定"学号"和"课程代码"两个字段(方法是按住【Ctrl】键,分别单击各个字段的字段选定器,在选定了需要的多个字段后单击"设计"|"工具"|"主键"按钮),完成主键设置,如图 2-18 所示。

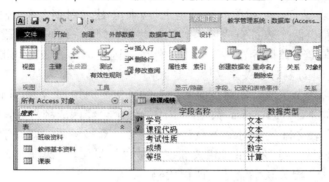

图 2-18　设置多字段主键

3. 自动编号类型字段主键

在表的设计视图中保存新创建的表时,如果之前没有设置主键,那么系统将会询问"是否创建主键?",若回答"是",则系统将创建一个自动编号类型的名为"ID"字段的主键。当使用数据表视图创建新表时,用户不必回答,系统自动创建自动编号类型的名为"ID"字段的主键。此外,选定自动编号类型字段后,单击"设计"|"工具"|"主键"按钮,也可设置该自动编号类型字段为主键。其主键的取消方法与单字段主键的取消方法一致。

2.4　表之间的关系

在关系数据库中,为了同时表达多个单一概念表中的数据组合,需要先定义表之间的关系。在此基础上创建的查询、窗体、报表等各种对象的运行结果才能正确。因此,当我们在 Access 数据库中为每个主题创建了表后,需要做的工作就是建立表之间的关系。

2.4.1　表间关系的类型

指定表间的关系是非常重要的，它告诉 Access 如何从两个或多个表的字段中查找、显示数据记录。通常在一个数据库的两个表中使用了共同字段，就应该为这两个表建立一个关系，通过表间关系即可确定一个表中的数据与另一个表中数据的关联方式。

1.　确定表之间的关系类型

在 Access 数据库中，表之间的关系有 3 种类型，即一对一、一对多和多对多的关系。所建关系的类型取决于相关联字段如何定义。

1）如果两个表相关联字段都是主键，则创建一对一关系。

2）如果两个表仅有一个相关联字段是主键，则创建一对多关系。例如，"院系资料"与"专业培养资料"两个表都有"院系代码"字段。"院系代码"字段在"院系资料"表中是主键，而在"专业培养资料"表中是外键。因此，两张表之间形成一对多关系。

3）两个表之间的多对多关系实际上是某两个表与第三个表的两个一对多关系。第三个表的主键包含两个字段，分别是前两个表的外键。例如，"学生基本资料"表与"课程"表是多对多关系。在 Access 数据库中添加一个"修课成绩"表，把"学生基本资料"表与"课程"表之间的多对多关系转化为两个一对多关系，即"学生基本资料"表与"修课成绩"表是一对多关系（相关联字段是"学号"），"课程"表与"修课成绩"表也是一对多关系（相关联字段是"课程代码"）。

2.　实施参照完整性规则

建立表间关系时必须遵循参照完整性规则，这是一组控制、删除、修改相关表间数据方式的规则。实施参照完整性规则可以防止错误地更改相关表中所需要的主表中的数据，确保相关表中记录之间关系的有效性和信息的完整性。一般来说，如果公用字段是主表的主键，相关字段具有相同的格式，两个表都属于相同的数据库。这种情况下理应使用参照完整性规则。

（1）实施参照完整性规则

1）在将记录添加到相关表之前，主表中必须已经存在了匹配的记录，即不允许在相关表的外键字段中输入不存在于主表的主键中的值。例如，对于"院系资料"表与"专业培养资料"之间的关系，如果设置了"实施参照完整性"选项，则"专业培养资料"表中的"院系代码"字段值必须存在于"院系资料"表中的"院系代码"字段，或为空值（这里的空值代表未定义的意思）。

2）如果匹配的记录存在于相关表中，则不能删除主表中的记录。也就是说，若从表中存在匹配记录，则不允许从主表中删除该记录。例如，在"专业培养资料"表中某一专业属于某个院系，就不允许在"院系资料"表中删除此"院系代码"的记录。

3）如果匹配的记录存在于相关表中，则不能更改主表中的记录。也就是说，若从表中存在相关记录，则不允许在主表中更改主键值。例如，在"专业培养资料"表中某一专业属于某个院系，则不能在"院系资料"表中更改这个院系代码。

（2）级联更新相关字段

在选中了"实施参照完整性"复选框后，如果再选中"级联更新相关字段"复选框，那么在前面说的参照完整性规则将有所改变。即主表中主键字段的记录可以改变，并且会自动改变子表的外键字段相关记录。这样的实施效果依然保持了表之间数据的参照完整性。

（3）级联删除相关字段

在选中了"实施参照完整性"复选框后，如果再选中"级联删除相关字段"复选框，那么主表中主键字段的记录可以被删除，并且会自动删除关联表的外键字段相关记录。值得注意的是，如果数据库中多个表之间相互建立了关系，而只在两个表的关系中选择"级联删除相关字段"，通常依然不能删除主表中主键字段的记录。

2.4.2 创建表之间的关系

在 Access 中可方便地在图形界面建立不同表之间的关系，并且用图形直观地显现数据库中各个表之间的关系状况。

【例 2-8】假定"教学管理系统"数据库已经按表 1-19～表 1-21，以及表 1-23～表 1-27所示的表结构，创建了"院系资料""专业培养资料""班级资料""学生基本资料""教师基本资料""课程""课程计划"和"修课成绩" 8 个表。接着要进行的工作就是创建表之间的关系。

操作步骤如下。

1）打开"教学管理系统"数据库，单击"数据库工具"|"关系"|"关系"按钮，打开"关系"布局窗口。

2）如果数据库中尚未定义任何关系，则会弹出"显示表"对话框，如图 2-19 所示。请注意，如果没有弹出"显示表"对话框，则可通过单击"关系工具"|"设计"|"显示表"按钮，便可显示"显示表"对话框。

图 2-19 "显示表"对话框

3）按住【Ctrl】键，逐个单击要建立关系的表（即选定要建立关系的表），单击"显示表"对话框中的"添加"按钮，选定的表立即显示在"关系"布局窗口中。

4）单击"显示表"对话框中的"关闭"按钮，关闭"显示表"对话框。

5）将表中的主键字段拖到要建立关联的表的外键字段，系统将自动弹出"编辑关系"对话框。为方便起见，主键与外键可命名为相同的名称。例如，建立"院系资料"表与"专业培养资料"表之间的"一对多"关系，将"院系资料"表中的主键字段"院系代码"拖拽到"专业培养资料"表的外键字段"院系代码"处，即弹出"编辑关系"对话框。

6）在"编辑关系"对话框中，根据需要设置关系选项，在此选中"实施参照完整性"复选框，如图 2-20 所示。单击"确定"按钮，便完成了"院系资料"表与"专业培养资料"表之间"一对多"关系的创建。

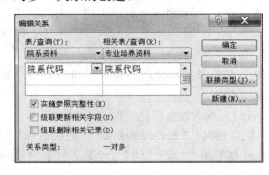

图 2-20 "编辑关系"对话框

7）对要建立关系的每两个表都要重复 5）和 6）的操作。按照创建"院系资料"表与"专业培养资料"表之间"一对多"关系的方法，创建"专业培养资料"表与"班级资料"表之间"一对多"关系，"班级资料"表与"学生基本资料"表之间"一对多"关系，"学生基本资料"表与"修课成绩"表之间"一对多"关系，"修课成绩"表与"课程"表之间"一对多"关系，"课程"表与"课程计划"表（即课表）之间"一对多"关系，"班级资料"表与"课程计划"表之间"一对多"关系，"院系资料"表与"教师基本资料"表之间"一对多"关系，"教师基本资料"表与"课程计划"表之间"一对多"关系，如图 2-21 所示。该图中的关系线两端的符号"1"和"∞"分别表示"一对多"关系的"一"端和"多端"。

8）单击"关系"布局窗口右上角的"关闭"按钮，弹出提示"是否保存对'关系'布局的更改？"对话框，用户可根据需要单击"是""否""取消"按钮。

9）单击该对话框中的"是"按钮，保存该布局关系。

需要说明的是：

① 当创建表之间的关系时，相关联的字段不一定要有相同的名称，但必须有相同的字段类型（除非主键字段是"自动编号"类型）。

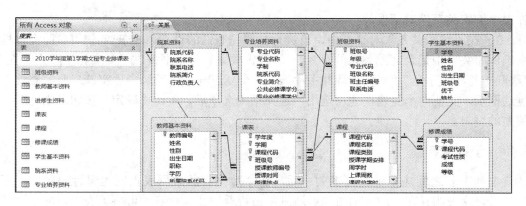

图 2-21 "教学管理系统"数据库 8 个基本表的关系

② 当主键字段是"自动编号"类型时，可以与"数字"类型并且"字段大小"属性为"长整型"的字段关联。例如，"班级资料"表中的"班级号"是"自动编号"数据类型字段，"学生基本资料"表中的"班级号"是"数字"数据类型并且"字段大小"属性为"长整型"的字段，则"班级基本资料"表中的"班级号"字段与"学生"表中的"班级号"字段是可以关联的。

③ 如果分别来自两个表的两个字段都是"数字"字段，则只有"字段大小"属性相同，这两个字段才可以关联。

2.4.3 编辑表之间的关系

Access 数据库的表关系建立后，可以对现有关系进行编辑、删除等操作。

1. 表关系的删除

操作步骤如下。

1）打开"教学管理系统"数据库，单击"数据库工具"|"关系"|"关系"按钮，打开"关系"布局窗口。

2）选中其中一条关系折线（单击折线中间较细的部分，选中后会变粗）并右击，在弹出的快捷菜单中选择"删除"命令。

3）弹出提示"确实要从数据库中永久删除选中的关系吗？"的对话框，单击"是"按钮，表关系被删除。

2. 表关系的编辑

操作步骤如下。

1）打开"教学管理系统"数据库，单击"数据库工具"|"关系"|"关系"按钮，打开"关系"布局窗口。

2）选中其中一条关系折线并右击，在弹出的快捷菜单中，选择"编辑关系"命令，弹出"编辑关系"对话框。

3）在"编辑关系"对话框中，可进行参照完整性的设置。Access 使用参照完整性来确保相关表中记录之间关系的有效性。"编辑关系"对话框提供了"实施参照完整性""级联更新相关字段""级联删除相关字段"3 个复选框，必须选中"实施参照完整性"复选框后，其他两个复选框才可选用。选择相应选项后，单击"确定"按钮，则完成表关系的编辑。

2.4.4 子数据表

在两个表之间建立了一对多关系后，在主数据表的数据表视图上每行记录中显示"+"号，这表明存在一对多的关系。通过单击折叠按钮（+或-）可将子表中对应字段的内容展开或关闭。

例如，在"教学管理系统"数据库中，"课程"表与"修课成绩"表之间是一对多关系。在"课程"表的数据表视图中，对每个"课程代码"记录，都可以查看与"修课成绩"表中相匹配的多条记录。

单击"课程"表记录左侧"+"号，会展开该课程每位学生的"修课成绩"表记录，如图 2-22 所示。

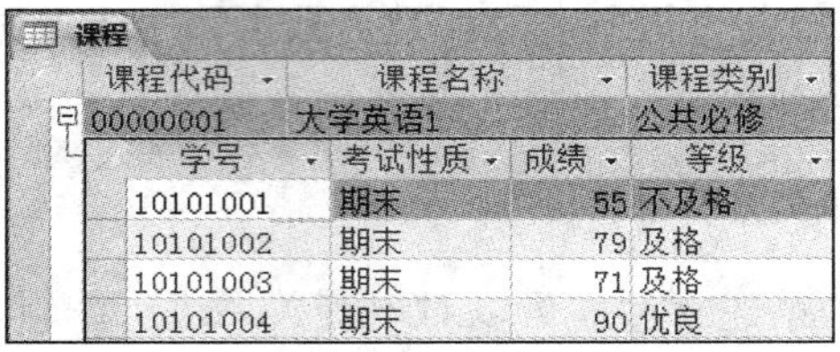

图 2-22 子数据表

如果一个表与两个以上的表建立关系，如"教学管理系统"数据库中，"班级资料"表与"课表"表、"学生基本资料"表之间都是一对多的关系，那么在"班级资料"表中展开子数据表，就会存在展开哪个表的问题。

实际操作中，Access 会弹出"插入子数据表"对话框，用户可选择展开哪个数据表。例如，选择"学生基本资料"表，那么对话框下部的"链接子字段"和"链接主字段"文本框中，会显示"班级号"。单击"确定"按钮，返回数据表视图，Access 将展开"学生基本资料"表数据。

2.5 表的基本操作

在创建了表，并建立表与表之间的关系后，就可打开表的"数据表视图"，对表中的记录进行各种操作。

2.5.1 打开和关闭表

1. 打开表

打开表是指在"数据表视图"中打开表。在 Access 中打开某数据库后，打开表的步骤如下。

1）单击导航窗格上的数据库对象列表中的"表"。

2）在展开的表对象列表中双击要打开的表，或者右击要打开的表，在弹出的快捷菜单中选择"打开"命令。

表打开后以一个新的选项卡显示表的数据表视图。以二维表格的形式显示表中的数据。

2. 关闭表

单击某表的"数据表视图"窗口右上角的"关闭"按钮即可关闭该表。

2.5.2 调整表的外观

在 Access 数据库中，用户可以根据需要调整表的外观，自定义表的数据表视图显示格式，包括数据表的行高和列宽、字体、样式等格式的修改与设定，以及字段列的隐藏和冻结。

1. 设置行高和列宽

（1）设置行高

方法 1：在数据表视图中打开表，把鼠标指针移至两个记录选定器（每行记录左侧的灰色方块）的分隔处，鼠标指针变成横向分割双箭头符号，上下拖动鼠标指针，即可改变整个表的行高。

方法 2：右击某一行的"记录选定器"，在打开的快捷菜单中选择"行高"命令，弹出"行高"对话框。在"行高"文本框中输入数值改变行高，单击"确定"按钮。

（2）设置列宽

方法 1：在数据表视图中打开表，把鼠标指针移至两个字段名称之间的分隔处，变成竖向分割双箭头符号，左右拖动鼠标指针，即可改变左侧的列宽。

方法 2：右击某一字段名称，在打开的快捷菜单中选择"字段宽度"命令，弹出"列宽"对话框。在"列宽"文本框中输入数值改变列宽，单击"确定"按钮。

2. 隐藏／撤销隐藏列

隐藏列是使数据表中的某些列数据在数据表视图中暂时不显示，这样做的目的通常是在字段比较多时，暂时隐藏不需要查看的字段，便于展现表中所关注的数据。

【例2-9】将"教学管理系统"数据库的"专业培养资料"表中的"专业简介"字段列隐藏起来,然后取消隐藏。

操作步骤如下。

1)打开"教学管理系统"数据库的"专业培养资料"表。

2)右击"专业简介"字段名称处,字段列颜色变成灰色。在弹出的快捷菜单中,选择"隐藏字段"命令,"专业简介"字段被隐藏不显示。

3)右击任意一个字段名称处,在弹出的快捷菜单中,选择"取消隐藏字段"命令,弹出"取消隐藏列"选择框,选中"专业简介"字段,该字段立即显示,单击"关闭"按钮。

3. 冻结／解冻列

在浏览数据库时,如果遇到列数很多的数据表,单屏幕无法显示全部字段列,需要使用水平滚动条浏览超出屏幕的字段列数据,但是这样会使表的某些关键字段被移出屏幕,从而影响了数据的比对查看。因此需要把某些字段列冻结,使其固定显示在屏幕,不会随着其他列的水平移动而移出屏幕。

【例2-10】冻结"教学管理系统"数据库"专业培养资料"表的"专业代码"和"专业名称"字段,然后取消冻结。

操作步骤如下。

1)打开"教学管理系统"数据库的"专业培养资料"表。

2)单击"专业代码"字段名称选中列,按住【Shift】键,再单击"专业名称"字段名称,同时选中两列,这两个字段列变为灰色。

3)在两个字段名称处右击,在打开的快捷菜单中选择"冻结字段"命令,如图2-23所示。

图 2-23 冻结字段

4）完成冻结设置后，拖动水平滚动条浏览表中其他字段数据时，"专业代码"和"专业名称"字段始终显示在屏幕左侧。

5）取消冻结列。右击任意字段名称处，在打开的快捷菜单中选择"取消对所有列的冻结"命令。

4. 数据的字体设定

数据表视图中数据的字体（包括数据和字段名称），其默认值一般为宋体 11 号。用户可以更改字体设置。操作步骤如下。

1）打开数据库及表的数据表视图。

2）单击"开始"|"文本格式"|"字体"下拉按钮，在下拉列表中选择需要的字体。

3）单击"字号"下拉按钮，选择所需要的字号。

4）在"文本格式"组中，还可以设置字体颜色、加粗、倾斜等格式。

5. 数据表样式的设定

数据表视图的默认表格样式为白底、黑字、细表格线形式。用户可以根据需要改变表格的显示效果，如改变表格的背景颜色、网格样式等。

操作步骤如下。

1）打开数据库及表的数据表视图。

2）单击"开始"|"文本格式"|🖌（背景色）下拉按钮，打开调色板，在"主题颜色"和"标准色"中选择所需的样板颜色。

3）数据表记录以间隔颜色显示，美化了页面，方便浏览，如图 2-24 所示。

在"文本格式"组中，还可调整网格线、文本对齐方式等。

图 2-24　数据表样式设定

2.5.3　表的删除和重命名

1. 表的删除

1）打开"教学管理系统"数据库，在导航窗格"所有 Access 对象"下拉菜单中选择"表"命令，展开表的列表。

2）右击列表中要删除的表名（如"课程"表），在弹出的快捷菜单中选择"删除"命令，弹出提示"是否删除表'课程'？删除该对象会将该对象从所有组中删除"的对话框，单击"是"按钮（如果表为打开状态，则在删除时会弹出提示"不能在数据库对象表在打开时将其删除"，因此在删除表前应先关闭表）。

3）如果"课程"表是独立的表，那么表被删除。若"课程"表已与其他表建立关系，那么系统会提示：只有删除了与其他表的关系之后才能删除表"课程"，如图 2-25 所示。

若确认把表和关系一起删除，可单击"是"按钮，那么"课程"表与关系一起删除。

若单击"否"按钮，则删除失败。需要在删除表关系后再执行删除。

图 2-25　删除表和关系

表被删除后，无须再保存，若立即关闭数据库，则表被永久删除。若在关闭数据库前执行撤销操作（单击左上角 图标），那么删除操作被回滚，"课程"表恢复到数据库中。

2. 表的重命名

1）打开"教学管理系统"数据库，在导航窗格"所有 Access 对象"下拉菜单中选择"表"，展开表的列表。

2）右击列表中要重命名的表名（如"课程"表），在弹出的快捷菜单中选择。"重命名"命令，弹出表命名的对话框，输入新表名，然后按【Enter】键，完成表的重命名（如果表为打开状态，则在重命名时会弹出提示"不能在数据库表对象在打开时对其重命名"，因此在表重命名前应先关闭表）。

2.5.4　在表中插入和编辑数据

对表中数据的操作应在该表的"数据表视图"中进行。

1. 插入数据

插入新记录有以下 3 种方法。

方法 1：将光标定位到表的最后一个空行（字段定位器显示*），直接在每个字段输入数据。

方法 2：如果表已存有大量数据，可利用表窗口底部的"记录"导航条，单击右侧的三角形"新（空白）记录"按钮，光标直接定位在表的最后一个空行，可以输入数据。

方法 3：在菜单栏"开始"选项卡的"记录"组中，单击"新建"按钮，光标同样直接定位在表的最后一个空行，可以输入数据。

在表中插入数据时，要根据字段的数据类型和属性要求，否则系统会提示输入数据类型不匹配。以下是需要注意的数据类型。

1）日期型数据：当光标定位到日期型数据字段时，在字段的右侧会出现日期选取器图标，单击该图标，打开"日历"控件，可在日历中选择日期。如果手动输入日期，则按照日期表示形式输入，如"2016/1/1"。

2）查阅型数据：当把某个字段设置为查阅类型后，在数据表视图中将光标定位到这个字段后，在字段的右侧出现下拉按钮，单击下拉按钮打开一个列表，选择列表中的某一项后，该值输入字段中。

2. 编辑数据

在 Access 中，打开数据库和表，在数据表视图上，把光标移动到需要修改的记录（可以使用鼠标、【Tab】键及方向键移动光标），就可以编辑数据。Access 2010 在修改数据后会自动保存，完成编辑后关闭表和数据库。

3. 查找和替换数据

在操作数据表时，若数据表中的数据量庞大，人工查找某一记录非常耗费时间，要实现快速查找数据，可使用 Access 提供的查找功能。

1）打开数据库和表，在数据表视图的表窗口底部的记录导航条中，找到"搜索"栏。

2）在"搜索"栏中，输入要查找的数据（可以是完全匹配数据，也可以是部分匹配数据），Access 自动把光标定位在查找到的位置上，接着按【Enter】键，Access 会自动找到下一条匹配的数据。

Access 还提供了与 Word、Excel 中的查找方式相同的查找方法，即使用查找对话框。单击"开始"选项卡的"查找"组的"查找"按钮（按【Ctrl+F】组合键亦可），弹出"查找和替换"对话框。在对话框的"查找内容"文本框中，输入要查找的数据，然后单击"查找下一个"按钮，Access 会从当前光标处向下查找匹配的记录。在"查找和替换"对话框里，还可以设置查找范围、匹配方式及查找方向。

类似地，可以在表中执行替换，在"查找和替换"对话框里选择"替换"选项卡，输入查找内容和替换后的内容，单击"替换"按钮。

4. 删除记录

1）打开数据库和表，在数据表视图中，单击记录左侧的"记录选定器"，选中需要删除的记录（可选中连续的多条记录，用鼠标拖动或按【Shift】键与鼠标同时操作）。

2）单击"开始" | "记录" | "删除"按钮，或者直接按【Delete】键。

3）正常情况下 Access 会弹出提示"您正准备删除 1 条记录"，"如果单击'是'，将无法撤销删除操作"。单击"是"按钮，记录被删除。

4）如果表之间建立了关系，设置了"实施参照完整性"，并且执行删除的记录在子表中被引用了，那么删除操作出错。Access 会弹出提示"不能执行层叠操作。由于相关记录存在于某表中，引用完整性规则将被破坏"。该记录只有在数据不再被其他表引用时才能被删除。

2.5.5　记录的排序

排序是组织数据的一种方式，排序根据当前数据表中的一个和多个字段的值，对整个表的所有记录重新排列顺序，以便于查看和浏览，排序可以按升序（从小到大）或降序（从大到小）操作。

1．排序规则

对于不同数据类型的字段，升序（或降序）的排序规则如下。

1）英文文本按英文字母排序，升序按 A 到 Z 排序，降序按 Z 到 A 排序。

2）中文文本按拼音字母顺序排序，升序按 A 到 Z 排序，降序按 Z 到 A 排序。

3）数字类型字段按数字的大小顺序排序，升序按从小到大排序，降序按从大到小排序。

4）日期和时间类型的字段，按日期的先后顺序排序，升序按日期从前到后排序，降序按日期从后到前排序。

在数据库应用中，文本类型字段也会保存数字，如"学号"字段，这时数字将作为字符串而不是数值，其排序方式是按数字字符文本的 ASCII 码顺序排序，而不是数值大小顺序。因此会出现 255 排在 5 前面的现象，解决方法是在不足位数的数字前面补足 0，如 005 按升序排在 255 前面。

2．排序操作

在 Access 中，可以按单个字段或多个字段排序。当按多个字段排序时，首先根据第一个字段按照指定的顺序进行排序。当第一个字段具有相同的值时，再按照第二个字段进行排序，依此类推，直到按全部指定字段排序。

【例 2-11】在"教学管理系统"数据库的"修课成绩"表中，先按"学号"字段升序排序，再结合"成绩"字段降序排序。

操作步骤如下。

1）打开"教学管理系统"数据库的"修课成绩"表。

2）选中"学号"字段列。

3）单击"开始"|"排序和筛选"|"升序"按钮，即实现按"学号"字段的升序排序。

4）在"开始"|"排序和筛选"|"高级"下拉按钮，在下拉列表中选择"高级筛选/

排序"命令，弹出"修课成绩筛选 1"布局窗口，窗口的下半部分是表格，第一行是"字段"，第二行是"排序"。由于在前面已按"学号"字段进行排序，因此第一列显示"学号""升序"（表示第一个排序条件），如图 2-26 所示。

图 2-26　排序条件

5）单击第二列第一个单元格，单击下拉按钮，在下拉列表中选择"成绩"字段。单击第二列第二个单元格，单击下拉按钮，在下拉列表中选择"降序"命令。至此，排序条件设置完毕。

6）单击"开始"|"排序和筛选"|"高级"下拉按钮，在下拉列表中选择"应用筛选/排序"命令。

7）回到"修课成绩表"视图，此时数据先按"学号"字段升序排序，再结合"成绩"字段降序排序。注意"学号"字段名称有↑符号，"成绩"字段名称有↓符号，如图 2-27 所示。

图 2-27　排序结果

8）在执行排序后，可单击"开始"|"排序和筛选"|"取消排序"按钮，返回普通状态。

2.5.6　记录的筛选

筛选数据是在所有记录中只显示满足某种条件的数据，而把不满足条件的记录暂时隐藏起来，满足用户查看特定部分记录而不是整个表的要求。为了达到筛选的目的，用户需要指定一些筛选条件。例如，在"学生基本资料"表中，筛选出"性别"为"男"的学生记录。

Access 2010 提供四种筛选操作方法：筛选器、选择筛选、按窗体筛选和高级筛选。

1. 筛选器

筛选器采用灵活多样的筛选操作方式。筛选器列出选定字段中的所有无重复的值，用户可在列表中选择需要显示的记录。另外，筛选器的"文本筛选器"，提供"等于""不等于""包含""不包含"等逻辑关系筛选方式。

【例 2-12】在"教学管理系统"数据库的"修课成绩"表中使用筛选器找出学号包含"0810100"的学生，然后在"等级"字段中找出"优良"的学生。

操作步骤如下。

1）打开"教学管理系统"数据库的"修课成绩"表，选中"学号"字段。

2）单击"开始"|"排序和筛选"|"筛选器"按钮，弹出筛选器菜单。

3）在菜单中选择"文本筛选器"命令，在弹出的右侧菜单中选择"包含"命令，弹出"自定义筛选"对话框。

4）在对话框中输入包含"0810100"，单击"确定"按钮。

5）"修课成绩"表只显示"学号"包含"0810100"的数据，在"学号"字段名称上显示 ▽ 图标，如图 2-28 所示。

修课成绩				
学号	课程代码	考试性质	成绩	等级
08101001	10110108	期末	97	优良
08101004	10110108	期末	85	优良
08101005	10110108	期末	87	优良
08101006	10110108	期末	86	优良
08101007	10110108	期末	88	优良
08101008	10110108	期末	87	优良

图 2-28　筛选器筛选结果

6）选中"等级"字段，单击"筛选器"按钮，在弹出的菜单中先选择"（全选）"命令，再选择"优良"命令，最后单击"确定"按钮。

7）"修课成绩"表只显示"学号"包含"0810100"且"等级"为"优良"的数据，如图 2-28 所示。

2. "选择"筛选

"选择"是按选定的单元格内容进行筛选，操作比较简单，另外，"选择"命令也提供"等于""不等于""包含""不包含"的逻辑关系筛选方式。

【例 2-13】在"教学管理系统"的"修课成绩"表中使用"选择"按钮，找出"课程代码"等于"10110108"的数据。

操作步骤如下。

1）打开"教学管理系统"数据库的"修课成绩"表，选中"课程代码"字段值为"10110108"的一个单元格。

2）单击"开始"|"排序和筛选"|"选择"按钮，弹出下拉菜单。

3）在菜单中选择"等于 10110108"命令。"修课成绩"表只显示"课程代码"等于"10110108"的记录。

3. 窗体筛选和高级筛选

窗体筛选和高级筛选适用于筛选条件比较复杂的场合，由于这两种方法不需要找到数据表的记录，因此适合数据量庞大的表筛选，而且允许同时用两个以上的字段条件进行筛选，但操作直观性不如前面介绍的方法。

窗体筛选和高级筛选这两种方法实现的效果类似，窗体筛选以字段的窗口的形式操作，高级筛选则更像一张表，且在设置筛选条件的同时，可以设置排序条件。下面着重介绍窗体筛选方法，并通过例子比较两种方法表现形式的差异。

使用"窗体筛选"可以方便地执行较为复杂的筛选，允许用户在"按窗体筛选"窗口中定义筛选条件。直接在某字段下的单元格中输入或选择一个值，作为该字段的筛选条件。若需要指定大于或小于等比较运算时，可输入">"">="、"<""<=""<>"做比较运算。另外，还可以输入"Like"表达包含的关系。

在"按窗体筛选"窗口底部默认显示两张选项卡（"查找"和"或"），在定义完"查找"选项卡和"或"选项卡后，系统自动增加新的"或"选项卡。每张选项卡中可指定若干筛选条件，同一张选项卡中的条件之间是"and"（与）的逻辑关系，不同选项卡之间的条件是"or"（或）的逻辑关系。

【例 2-14】在"教学管理系统"数据库的"修课成绩"表中，筛选出"学号"包含"08101"、课程号为"10110107"，或者"学号"包含"08101"、课程号为"10110108"的记录。

操作步骤如下。

1）打开"教学管理系统"数据库的"修课成绩"表。

2）单击"开始"|"排序和筛选"|"高级"按钮，弹出下拉菜单。

3）在菜单中选择"按窗体筛选"命令，"修课成绩"数据表视图切换到"修课成绩：按窗体筛选"窗口，如图 2-29 所示。

图 2-29　"按窗体筛选"视图

4）在字段名称下的单元格中输入筛选条件：在"学号"字段输入"Like *08101*"；在"课程代码"字段输入"10110107"（系统会自动加上引号），如图 2-29 所示。

5）单击窗口底部"或"选项卡，切换至"或"选项卡窗口，在"学号"字段输入

"Like *08101*";在"课程代码"字段输入"10110108"。

6）单击"开始"|"排序和筛选"|"切换筛选"按钮，系统切换回"修课成绩"表视图，并按照筛选条件列出符合条件的记录。

7）对比"高级筛选"设置形式。完成上述步骤后，可单击"开始"|"排序和筛选"|"高级"按钮。在弹出的下拉菜单中选择"高级筛选/排序"命令。

8）系统弹出"修课成绩筛选1"选项卡窗口，在窗口下半部分显示了"高级筛选"的条件设置形式，如图2-30所示。

图 2-30　"高级筛选"视图

4．清除筛选

在设置及使用筛选条件后，可以通过清除筛选条件，将表恢复到筛选前的状态。可以单字段逐个清除筛选条件，也可以快速清除所有筛选条件。

例如，在例 2-14 中已对"学号"字段定义了筛选条件，那么在"学号"字段的某个单元格上右击，在弹出的快捷菜单中选择"从'学号'中清除筛选器"命令，该字段的筛选条件将被清除。

另外，单击"开始"|"排序和筛选"|"切换筛选"按钮，可以快速清除所有筛选条件，将表恢复到筛选前的状态。如果再次单击"切换筛选"按钮，又会重新加载刚才清除的筛选条件。

若需要彻底清除筛选条件，单击"开始"|"排序和筛选"|"高级"按钮，在弹出的下拉菜单中选择"清除所有筛选器"命令，将所有设置的筛选条件全部清除。

2.5.7　数据的汇总

数据的汇总是对表中某一字段数据进行数学运算，得出用户需要的统计结果。Access 2010 提供了每个字段的汇总行来对数据表中的项目进行统计或计数。对于文本数据类型的字段提供记录"计数"统计，对于数字类型字段可进行合计、平均值、最大值等数学运算。

【例 2-15】对"教学管理系统"数据库的"修课成绩"表进行汇总统计。

操作步骤如下。

1）打开"教学管理系统"数据库的"修课成绩"表。

2）单击"开始"|"记录"|"Σ"（合计）按钮，在"修课成绩"表视图底部增加了一行"汇总"。

3）单击"汇总"行中需要汇总的字段，如"学号"字段，继续单击下拉按钮，选择"计数"命令，那么系统合计出该字段记录的总数。

4）单击"汇总"行的"成绩"字段，单击下拉按钮，选择平均值，那么系统计算出成绩字段所有数字的平均值，如图 2-31 所示。

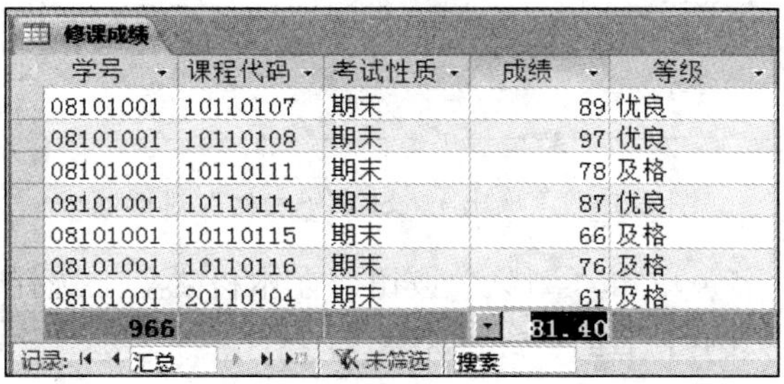

图 2-31　表的汇总

5）在做完汇总统计后，可再次单击"Σ"（合计）按钮，取消汇总。

2.5.8　数据的导入导出

在日常的数据库应用中，数据需要在不同数据库或文件之间传递，一种传统的传递方法就是把数据从原始数据库文件中导出，然后导入其他数据库中。Access 2010 提供的数据导出功能，可按照文本文件、Excel 文件等格式导出数据。同样，Access 2010 可接受的导入数据源也包括文本文件、Excel 文件和其他 Access 数据库文件等。由于数据的导入操作已在前面介绍如何创建表（2.3.2 节）时做了介绍，因此本部分仅介绍 Access 的数据导出操作。

【例 2-16】将"教学管理系统"数据库的"学生基本资料"表导出到 Excel 文件"学生基本资料.xlsx"中。

操作步骤如下。

1）打开"教学管理系统"数据库。

2）选中"学生基本资料"表。

3）单击"外部数据"|"导出"|"Excel"按钮，弹出"导出-Excel 电子表格"窗口，如图 2-32 所示。

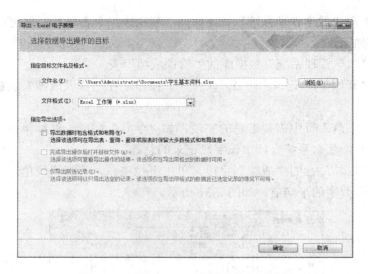

图 2-32 "导出-Excel 电子表格"对话框

4）指定目标文件名，单击"浏览"按钮，在本机磁盘上选择保存的目标路径和文件名，如"E:\数据库实例\学生基本资料.xlsx"。

5）文件格式用系统默认值。

6）单击"确定"按钮完成导出。

7）系统询问是否保存导出步骤，可单击"关闭"按钮。

2.5.9 管理链接表

链接表是数据库中一种特殊的表，链接表数据不是保存在数据库中，而是通过建立链接的方式，把外部数据文件的表结构和数据引入数据库。链接表的特点是数据可以读取和复制，但不能在数据库中直接删除和修改记录。

1. 建立链接表

建立链接表的步骤与 2.5.8 节介绍的导入数据基本一致，下面举例说明不同之处。

【例 2-17】将 Excel 文件"教师基本资料.xlsx"以链接表的方式导入"教学管理系统"数据库中。

操作步骤如下。

1）打开"教学管理系统"数据库。

2）单击"外部数据"|"导入并链接"|"Excel"按钮，弹出"获得外部数据-Excel电子表格"对话框。

3）在"指定数据源"处，单击"浏览"按钮，指定数据源文件的路径。另外，此处还要选中"通过创建链接表来链接到数据源"（系统默认是将数据源导入），单选按钮单击"确定"按钮。

4）系统弹出"链接数据表向导"对话框，单击"下一步"按钮。

5）选中"第一行包含列标题"复选框，单击"下一步"按钮。

6）填写将要建立的表名称"教师基本资料"，单击"完成"按钮。

7）系统提示链接表建立完成，单击"确定"按钮。

8）回到 Access 导航窗格中，可发现新建的"教师基本资料"链接表。可以注意到链接表的图标与普通表有所不同。

2. 链接表管理器

由于链接表里的数据并不保存在数据库，因此不能直接编辑表内的数据。修改或删除链接表的数据，只能在外部数据文件进行，而且此时链接表应该处于关闭状态。通常情况下，每次打开链接表时，Access 都会读取外部数据文件的当前数据，而且在链接表已经打开的状态下，如果外部数据文件发生变化，则 Access 也会在固定间隔时间刷新数据，以保持与外部数据文件的同步。

Access 还提供了一种手动更新链接表的工具——"链接表管理器"，其作用是手动操作确保链接表立即更新。另外，如果外部数据文件路径发生改变，也可在链接表管理器更新。其步骤如下。

1）单击"外部数据"|"导入并链接"|"链接表管理器"按钮。

2）在弹出窗口中选择需要更新的链接表名称，单击"确定"按钮，完成数据更新。

3）若需要更新外部数据文件路径，则在步骤 2）中选中"始终提示新位置"复选框，单击"确定"按钮，弹出本机文件路径选择对话框，找到外部文件的新位置，选中文件，单击"打开"按钮。系统提示"所有选择的链接表都已经成功地刷新了"。

3. 链接表转换为本地表

链接表可以转换到 Access 数据库的本地表，不再依赖外部数据文件。其步骤如下：在导航窗格中找到需要转换的链接表。右击链接表，在弹出的快捷菜单中选择"转换为本地表"命令即可。转换后链接表的图标变化为普通表的图标，且可以编辑修改表数据。

2.6 数据库的管理与安全策略

在创建数据库和数据表后，需要规划如何对数据库进行可靠性管理，以及实施安全策略。Access 2010 提供了一些基本的方法和工具保障数据库的安全运行，包括数据库的备份与还原、压缩与修复、安全保护、性能分析与优化等。

2.6.1 数据库的备份与还原

数据在数据库中保存、调用、运算是一个复杂的过程，尤其在数据量庞大、用户操作频繁的情况下，为了保证数据库及数据的完整性和可靠性，避免因意外情况对数据造成破坏，Access 2010 提供对数据库进行备份与还原的功能。备份可根据需求定时进行，如每周或每月，备份间隔时间越短，还原后的数据越接近失效前的状态。

1. 备份数据库

使用 Access 2010 提供的数据库备份功能可以完成数据库备份的工作。

【例 2-18】备份"教学管理系统"数据库。

方法 1：在 Windows 操作系统直接复制数据库文件到备份目录。例如，"教学管理系统"数据库文件的路径是"E:\数据库实例\教学管理系统.accdb"，那么在关闭数据库的状态下，把这个文件复制粘贴到备份目录，并在文件名上加上时间标签："E:\backup\教学管理系统_2016-08-09.accdb"。

方法 2：在 Access 中操作备份。

1）打开"教学管理系统"数据库。

2）选择"文件"|"数据库另存为"命令。

3）弹出"另存为"对话框。选择保存路径和文件名，如路径 E:\backup，文件名为"教学管理系统_2016-08-09.accdb"，单击"保存"按钮。

另外，Access 2010 中还有一种类似的操作方式。依次单击"文件"|"保存并发布"|"数据库另存为"|"备份数据库"|"另存为"按钮，弹出"另存为"对话框。重复步骤 3）操作。

以上两种方法都可实现 Access 数据库以文件形式进行备份的功能。

2. 还原 Access 数据库

如果在 Access 数据库系统受到磁盘故障破坏，或者需要把数据库转移到其他计算机上运行，那么可以使用还原方法恢复数据库。

当还原 Access 数据库系统时，根据需要选择备份文件进行还原，如选择最近的一次备份（也可能是特定日期），在 Windows 操作系统中，把备份文件从备份目录复制粘贴到工作目录并更改名称，如"E:\数据库实例\教学管理系统.accdb"，打开数据库文件，可以看到数据库还原到备份时间点的数据库状态。

2.6.2　数据库的压缩与修复

在 Access 数据库创建并经过长时间使用后，由于经常需要进行添加删除对象、插入删除记录等数据库操作，导致 Access 系统文件结构逐渐变得庞大而不连续。例如，当删除一条记录或一个对象时，Access 并不能自动把该记录或该对象所占用的磁盘空间释放出来，这样会造成数据库文件不断增大，以及数据库的操作性能下降等问题。

针对上述问题，Access 2010 提供了压缩与修复数据库的解决方法。压缩 Access 数据库文件，将重组数据库文件，释放已删除数据占用空间，消除数据库文件不连续的问题，优化 Access 数据库的运行性能。

压缩数据库有两种方式：自动压缩方式和手动压缩方式。

1. 设置关闭数据库时自动压缩

Access 提供了关闭数据库时自动压缩数据库文件的方法。

【例 2-19】设置关闭时自动压缩教学管理数据库。

操作步骤如下。

1）打开"教学管理系统"数据库。

2）选择"文件"|"选项"命令，弹出"Access 选项"对话框。

3）在左侧窗格中选择"当前数据库"命令，在右侧窗格中选中"关闭时压缩"复选框，然后单击"确定"按钮完成设置，如图 2-33 所示。设置完成后，每次关闭数据库时系统将自动压缩数据库文件。

2. 手工压缩和修复数据库

数据库在运行中遇到计算机意外断电等原因，造成数据库没有正常地关闭，这种情况可能会造成 Access 数据库无法再次启动。

图 2-33　设置自动压缩

Access 2010 提供"修复"数据库功能解决这类问题。在修复数据库文件的同时，Access 还进行了压缩操作。

操作步骤如下。

1）打开"教学管理系统"数据库。

2）选择"文件"|"信息"命令，在右侧窗格中单击"压缩和修复数据库"按钮，系统会自动完成压缩和修复数据库的工作。

2.6.3 数据库的安全保护

数据库的安全保护对象主要是数据库内的用户数据和数据库本身的表结构、窗体、报表等对象。Access 提供了基本的安全保护工具，这些安全措施能保护数据库不会轻易被破坏、偷窃，防止数据丢失。

1. 设置数据库密码

设置数据库开启密码，是实现数据库系统安全、简单、直接的方法。设置密码后，用户打开数据库时需要输入正确的密码，否则不能开启。设置 Access 数据库密码，必须以独占的方式打开数据库（Access 2010 数据库允许网络应用访问，存在多个用户同时使用一个数据库的情况）。

【例 2-20】设置、使用和撤销"教学管理系统"数据库密码。

操作步骤如下。

1）启动 Access 2010。

2）选择菜单栏"文件"选项卡，在左侧窗格中单击"打开"按钮，弹出"打开"对话框。

3）在磁盘中找到并选中"教学管理系统.accdb"文件，单击"打开"下拉按钮，选择"以独占方式打开"命令。

4）打开数据库后，选择"文件"|"信息"命令，在右侧窗格中单击"用密码进行加密"按钮，弹出"设置数据库密码"对话框，如图 2-34 所示。

图 2-34 设置数据库密码

5）在"密码"文本框中输入密码，在"验证"文本框中再次输入同一密码，然后单击"确定"按钮，系统提示"使用分组加密进行加密与行级别锁定不兼容。行级别锁定将被忽略"，可单击"确定"按钮。密码设置完成。

6）关闭数据库。重新打开"教学管理系统"数据库，系统自动弹出"要求输入密码"对话框。只有输入正确的密码才能打开数据库，否则系统提示密码无效。

7）设置密码后，也可以根据需要解除密码，操作步骤：选择"文件"|"信息"|"解密数据库"命令，在"撤销数据库密码"对话框中输入原密码，单击"确定"按钮完成撤销。（注意，撤销密码操作同样要求以独占方式打开数据库。）

2．数据库文件打包

如果数据库文件包含 Visual Basic for Applications（VBA）代码，那么当开发者把数据库文件分发给使用者时，通常希望隐藏并保护所创建的 VBA 代码不被修改或查看。Access 2010 提供为数据库文件打包的功能，把数据库文件转换成 ACCDE 格式，打包过程的实质是对数据库的 VBA 代码进行编译。编译成 ACCDE 文件后，用户将不能查看或修改数据库的 VBA 代码，也无法更改窗体或报表的设计，提高了数据库系统的安全性。

【例 2-21】将"教学管理系统"数据库系统打包成 ACCDE 文件。

操作步骤如下。

1）打开"教学管理系统"数据库。

2）选择"文件"|"保存并发布"命令，在右侧窗格选择"数据库另存为"|"生成 ACCDE"命令。

3）单击"另存为"图标，弹出"另存为"对话框。

4）在对话框中选择文件保存路径，输入文件名"教学管理系统.accde"，单击"保存"按钮。数据库打包完毕。

5）关闭数据库后，打开"教学管理系统.accde"数据库，测试是否能进入窗体的设计视图，不能进入则表明窗体不可修改。

2.6.4　数据库的性能分析与优化

数据库在经过长时间运行后，会出现性能下降的现象，其原因是多方面且复杂的，如表关系的设计不合理、表的冗余字段过多等。Access 2010 提供了对数据库性能进行分析和优化的功能，可根据性能分析结果，调整表和字段的设置，提高数据库的整体性能。

1．性能分析器

性能分析器可以对数据库的任意一个或全部对象进行性能分析，并根据分析结果提出改善性能的建议和方法。用户可以参考性能分析器的建议，根据实际应用的需求，实施提高数据库性能的措施。

【例 2-22】使用性能分析器对"教学管理系统"数据库进行性能分析。

操作步骤如下。

1）打开"教学管理系统"数据库，单击"数据库工具"|"分析"|"分析性能"按钮，弹出"性能分析器"对话框。

2）在对话框内选择"全部对象类型"选项卡。单击"全选"按钮，将全部对象选中。然后单击"确定"按钮，对全部对象进行分析。

3）分析完成后，切换到"分析结果"对话框，包含推荐、建议、意见和更正等类别的分析结果，如图 2-35 所示。

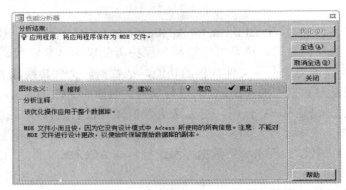

图 2-35　性能优化分析结果

　　性能分析完成后，开发者可以根据 Access 的分析结果采取相应的优化措施，某些类别的优化措施可直接在"分析结果"对话框中选中要优化的项，然后单击"优化"按钮，系统将运行该项优化操作命令。

　　2．表分析器

　　在设计数据库结构时通常要遵循某些范式，如第一、第二范式，否则可能带来冗余信息占用空间，甚至导致错误数据等问题。Access 2010 的表分析器检查表中的数据分布，分析是否存在大量的重复数据，并根据问题提出相应的拆分表的建议，开发者可参考其建议，决定是否进行优化。

　　操作步骤如下。

　　1）打开需要优化的数据库，单击"数据库工具"|"分析"|"分析表"按钮，弹出"表分析器向导"窗口。

　　2）"表分析器向导"在引导页举例介绍拆分表的作用，单击"下一步"按钮后，选中需要分析的表名，在下一步选中由向导决定是否拆分。

　　3）如果表数据没有过多重复，那么向导建议不对表进行拆分；反之，向导会给出拆分表的方案。若同意该方案，则指定拆分出来新表的名称，并指定主键字段。最后Access 还会判断表中数据是否存在错误，并提供修改建议和可选值。

　　4）单击"完成"按钮后，Access 打开拆分后新建的表，开发者可做检查。

　　Access 表分析器提供了一个方便的辅助工具，用于分析表结构和数据，开发者可以参考其分析结果，但也要结合实际应用需求做出判断，决定是否采纳其建议。

　　3．数据库文档管理器

　　Access 2010 数据库文档管理器为开发者提供了数据库中所有对象的资料文档管理功能，或者说是归档管理。通过数据库文档管理器，可以把一个对象（如表）的所有属性以文档的形式展示并保存下来，可以转换成 Word、PDF、Excel 等格式，如图 2-36 所示。

操作步骤如下。

1）打开"教学管理系统"数据库，单击"数据库工具"|"分析"|"数据库文档管理器"按钮，弹出"文档管理器"窗口。

2）在窗口中选择对象，如"表"|"班级资料"，单击"确定"按钮，生成对象定义文档。

3）在"打印预览"选项卡中，可选择"打印"命令把文档打印出来保存，也可以单击"数据"|"PDF 或 XPS"按钮，另存为 PDF 文档，如图 2-36 所示。

4）单击"打印预览"|"关闭预览"|"关闭打印预览"按钮，关闭文件管理器。

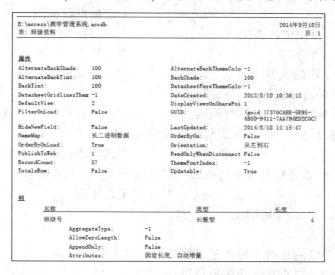

图 2-36　文件管理器转换的 PDF 文档

习题 2

单选题

（1）在 Access 2010 数据库中，任何事物都被称为（　　　）。

  A．方法　　　　　B．对象　　　　　C．属性　　　　　D．事件

（2）Access 2010 数据库文件默认的扩展名是（　　　）。

  A．docx　　　　　B．dotx　　　　　C．xlsx　　　　　D．accdb

（3）下列选项中不属于 Access 对象的是（　　　）。

  A．表　　　　　B．窗体　　　　　C．文件夹　　　　　D．查询

（4）Access 2010 数据库类型是（　　　）。

  A．层次数据库　　B．关系数据库　　　C．网状数据库　　D．圆状数据库

（5）Access 2010 是一个（　　　）系统。

    A．人事管理　　　　B．数据库　　　　　C．数据库管理　　D．财务管理

（6）在 Access 2010 中，表、查询、窗体、报表、宏、模块 6 个数据库对象都（　　　）独立数据库文件。

    A．可存储为　　　　　　　　　　　　B．不可存储为

    C．可部分存储为　　　　　　　　　　D．可部分不可存储为

（7）表的设计视图包括两个区域：字段输入区和（　　　）。

    A．格式输入区　　B．数据输入区　　C．字段属性区　　D．页输入区

（8）在 Access 2010 中，数据表有两种常用的视图：设计视图和（　　　）。

    A．报表视图　　　B．宏视图　　　　C．数据表视图　　D．页视图

（9）在数据表视图中，不能（　　　）。

    A．删除一个字段　　　　　　　　　　B．修改字段的名称

    C．修改字段的类型　　　　　　　　　D．删除一条记录

（10）表的组成内容包括（　　　）。

    A．查询和字段　　B．字段和记录　　C．记录和窗体　　D．报表和字段

（11）输入掩码是给字段输入数据时设置的（　　　）。

    A．初值　　　　　B．当前值　　　　C．输出格式　　　D．输入格式

（12）子表的概念是相对主表而言的，它是嵌在（　　　）中的表。

    A．从表　　　　　B．主表　　　　　C．子表　　　　　D．大表

（13）关于表的说法正确的是（　　　）。

    A．表是数据库

    B．表是记录的集合，每条记录又可划分成多个字段

    C．在表中可以直接显示图形记录

    D．在表中的数据中不可以建立超级链接

（14）在 Access 2010 中表和数据库的关系是（　　　）。

    A．一个数据库可以包含多个表　　B．一个表只能包含两个数据库

    C．一个表可以包含多个数据库　　D．一个数据库只能包含一个表

（15）下面对数据表的叙述有误的是（　　　）。

    A．数据表是 Access 2010 数据库中的重要对象之一

    B．表的设计视图的主要工作是设计表的结构

    C．表的数据表视图只用于显示数据

    D．可以将其他数据库的表导入当前数据库中

（16）数据类型是（　　　）。

    A．决定字段能包含哪类数据的设置

    B．字段的另一种说法

    C．一类数据库应用程序

D．一类用来描述 Access 表向导允许从中选择的字段名称

（17）在数据表视图中，不可以（　　）。

    A．设置表的主键　　　　　　　　　　B．修改字段的名称

    C．删除一个字段　　　　　　　　　　D．删除一条记录

（18）将表中的字段定义为（　　），其作用可使字段中的每条记录都必须是唯一的。

    A．索引　　　　　　B．主键　　　　　　C．必填字段　　　　D．有效性规则

（19）定义字段的默认值是指（　　）。

    A．不得使字段为空

    B．不允许字段的值超出某个范围

    C．在未输入数值之前，系统自动提供数值

    D．系统自动把小写字母转换为大写字母

（20）自动编号类型的字段，其字段大小可以是（　　）。

    A．字节　　　　　　B．整型　　　　　　C．长整型　　　　　D．单精度型

上机实验 2

1．创建数据库

在 G 盘的"上机实验"文件夹中创建一个名为"学生成绩管理系统.accdb"的数据库。

2．创建数据库中的表

1）根据上机实验 1 的设计文件"实验 1-2.doc"所设计的"学生成绩管理系统"逻辑模型，在"学生成绩管理系统"数据库中，创建下述表：

①　"院系资料"表，主键是院系代码。

②　"专业资料"表，主键是专业代码。

③　"班级资料"表，主键是班级号。

④　"学生基本资料"表，主键是学号。

⑤　"课程"表，主键是课程代码。

⑥　"修课成绩"表，主键是学年度+学期+课程代码+学号。

2）在"学生成绩管理系统"数据库中，使用"外部数据"选项卡"导入并链接"组中的"Excel"按钮，向表中导入数据（相应 Excel 文件存放在 G 盘）。

①　将"院系资料.xlsx"文件中的全部数据导入"院系资料"表。

②　将"专业资料.xlsx"文件中的全部数据导入"专业资料"表。

③　将"班级资料.xlsx"文件中的全部数据导入"班级资料"表。

④　将"学生基本资料.xlsx"文件中的全部数据导入"学生基本资料"表。

⑤ 将"课程.xlsx"文件中的全部数据导入"课程"表。

⑥ 将"修课成绩.xlsx"文件中的全部数据导入"修课成绩"表。

3）在"学生基本资料"表的"数据表视图"中，插入前面两个学生的相片，相片文件自备（提示：右击学生"相片"字段单元格，在弹出的快捷菜单中选择"插入对象"命令，然后在弹出的对话框中单击"由文件创建"单选按钮，单击"浏览"按钮，选择相片文件后，单击"确定"按钮即可）。

3. 设置表中的字段属性

1）在"学生基本资料"表的设计视图中，设置"学号"字段必须输入 8 个数字字符的输入掩码；设置"出生日期"字段的自定义格式为"****年**月**日"（提示："出生日期"字段的格式属性设为"yyyy\年 mm\月 dd\日"即可）；设置"学籍当前状态"字段的值列表选择范围为在校/毕业/结业/退学/休学/转出/开除/其他（提示：在"学籍当前状态"字段的"数据类型"列表框中，单击"查阅向导…"按钮，在弹出的"查阅向导"对话框中，选中"自行键入所需的值"单选按钮，并单击"下一步"命令按钮，在相应对话框中保持"列数"为 1，在第一行单元格中输入"在校"，在同列的第二行单元格中输入"毕业"，如此继续，…，直至所有项目输入完毕后，单击"完成"按钮即可）。

2）在"修课成绩"表设计视图中，设置"成绩性质"字段的默认值为"期末"；设置"成绩"字段的有效性规则为">=0 And <=100"；设置"成绩"字段的有效性文本为"输入的成绩错误，请重输！"；设置"等级"字段的数据类型为"计算"，并设置相应的计算表达式为"IIf([成绩]>=85,'优良',IIf([成绩]>=60,'及格','不及格'))"。

3）在"课程"表设计视图中，设置"课程类别"字段的值列表选择范围为"公共必修/专业必修/专业选修/任意选修"；设置"课程总学时"字段的数据类型为"计算"，并设置相应的计算表达式为"[周学时]*[上课周数]"。

4. 建立表之间的关系

在"学生成绩管理系统"数据库中，建立表之间的关系，如图 2-37 所示。

图 2-37 "学生成绩管理系统"表之间的关系

5. 导出数据

在"学生成绩管理系统"数据库中，将"学生基本资料"表的数据导出为文本文件，文件名为"导出的学生基本资料.txt"，要求存放至"G:\上机实验"文件夹下。

第3章 查 询

在 Access 2010 中，查询是一个重要的数据库对象，它是数据库应用程序开发的重要组成部分。利用查询可以对数据库表中的数据进行统计、分析、计算和排序，查询的结果可以作为窗体、报表等其他数据库对象的数据源，也可以通过查询向多个表中添加数据或编辑数据。

3.1 查 询 概 述

所谓查询，就是对数据库内的数据进行检索、创建、修改或删除的特殊请求。在 Access 数据库中，表是存储数据的最基本的数据库对象，它负责将数据根据规范化的要求进行分割存储，每张表均存储单一概念的数据；而查询对象则是对表中的数据进行检索、统计、分析、查看和更改的又一个非常重要的数据库对象，它可从不同的表中抽取数据，组合成一个动态数据表，即可以从多个表中查找到满足条件的记录，组成一个动态数据集，并以数据表视图的方式显示。

3.1.1 查询的特性与分类

1. 查询的特性

在 Access 中，一个查询对象本质上就是一个 SQL 命令。运行一个查询对象，其实就是执行该查询中规定的 SQL 语句。查询的结果是一个动态数据集，以数据表视图的形式呈现。

所谓视图，其实是一个虚拟表，从一个或多个表中导出，其内容由查询语句定义生成。表是视图的基础，数据库中的查询对象只存储了视图定义（即查询结构），而不存放视图所对应的数据（即查询结果），视图所对应的数据仍存放在视图所引用的基本表中，在引用视图时动态生成。当关闭查询的数据表视图时，保存的仅是查询结构，并不保存查询结果。

查询的数据源（也称记录源）是基本表或已创建的查询，可以有一个或多个数据表。若是多个数据表，则数据表之间必须创建关系，以保证查询结果的正确性。此外，查询结果还可以作为窗体或报表等对象的数据源。

2. 查询的分类

在 Access 2010 中，根据数据源操作方式和操作结果的不同，可以把查询分为 5 种类型，分别是选择查询、参数查询、交叉表查询、操作查询和 SQL 查询。

（1）选择查询

选择查询是指根据用户指定的条件，从一个或多个数据源中获取数据并显示结果，利用它也可以对记录进行分组、总计、计数、求平均值及其他计算。选择查询是 Access 中最常用的一种查询类型，其运行结果是一组数据记录，即动态数据集。

（2）参数查询

参数查询是利用对话框来提示用户输入查询数据，然后根据所输入的数据来检索记录。它是一种交互式查询，是选择查询的一种变通。选择查询所使用的条件值是固定的，而参数查询可以在每次运行查询时输入不同的条件值，因而可提高查询的灵活性。参数查询分为单参数查询和多参数查询两种形式。

（3）交叉表查询

交叉表查询实际上是一种对数据字段进行汇总计算的方法，计算的结果显示在一个二维的行列交叉表中。这类查询将表中的数据进行分组和统计计算，并将计算结果显示在行标题字段和列标题字段交叉的单元格中。例如，统计每个班级男女学生的人数，可以将"班级号"作为交叉表的行标题，"性别"作为交叉表的列标题，统计的人数显示在交叉表行与列的交叉位置。

（4）操作查询

操作查询与选择查询的相似之处是都需要指定查找记录的条件，但选择查询是检索符合条件的一组记录，而操作查询则是在一次性查询操作中对检索出来的记录进行操作。操作查询分为下述 4 种类型。

1）生成表查询：利用一个或多个表中符合条件的特定数据建立一个新表。提供了一种创建基本表的方法。

2）追加查询：将一个或多个表中符合条件的记录添加到另一个表的末尾。

3）更新查询：可以对指定表中的一个或多个符合条件的记录进行编辑和修改。

4）删除查询：将指定表中满足条件的记录删除，且删除后不可恢复。

（5）SQL 查询

在 Access 中，无论是创建选择查询、参数查询、交叉表查询还是操作查询，其实都是在构造一个用 SQL 语言编写的命令。当用户在前台使用查询"设计视图"这种可视化方式创建上述查询时，Access 便自动在后台将其构造成相应的 SQL 语句。而 SQL 查询则是用户直接使用 SQL 语句创建的一种查询。对于一些特定的查询，如联合查询、传递查询和数据定义查询等，在 Access 中无法使用查询的"设计视图"方式创建，必须直接使用 SQL 语句创建。

3.1.2　查询视图

Access 查询提供了 5 种不同的视图，分别是设计视图、数据表视图、SQL 视图、数据透视表视图和数据透视图视图。打开一个查询后，单击"开始"|"视图"下拉按钮，即可实现该查询各视图之间的切换，如图 3-1 所示。

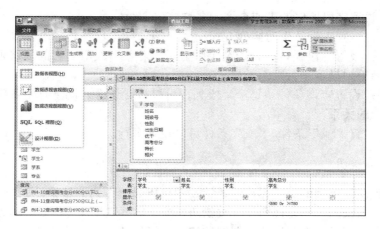

图 3-1　查询的视图

1. 设计视图

查询设计视图就是查询设计器，通过该视图可以设计除 SQL 特定查询之外的任何类型的查询。设计视图窗口主要由 3 个部分组成，分别是功能组区、导航窗格和设计视图区，如图 3-2 所示。其中，设计视图区由上下两部分组成，上半区为字段列表区，显示一个或多个数据源的字段信息，用于设计查询时选择需要的字段；下半区为设计网格区，用于设计查询所需要的字段、查询条件等。可以通过拖动各个分区之间的分隔条来改变各区域的大小。

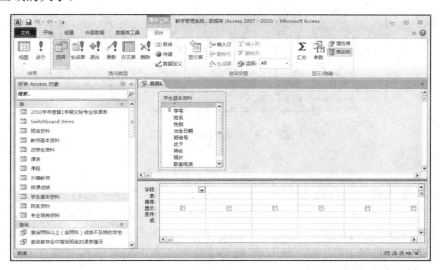

图 3-2　查询设计视图

设计网格区中各行的含义如下：

1）字段：设置查询所涉及的字段。

2）表：设置字段所属的表或查询的名称。

3）排序：设置查询结果的排列方式。

4）显示：设置字段是否在查询结果中显示。若某字段所对应的复选框被选中，则该字段将在结果中显示，否则不予显示。

5）条件：设置查询条件。每个字段列都可以设置条件，同一行上各字段所设置的条件是"与"的关系。

6）或：设置"或"条件。"或"条件可以设置多行。

2. 数据表视图

数据表视图是查询的浏览器，通过该视图可以显示查询的结果，如图 3-3 所示。当运行查询后，原来的"设计视图"区域就切换为"数据表视图"区域。若发现查询的结果不符合预期，可以切换至设计视图继续修改查询设计，再运行查询。如此往复，直到所设计的查询满足要求为止。

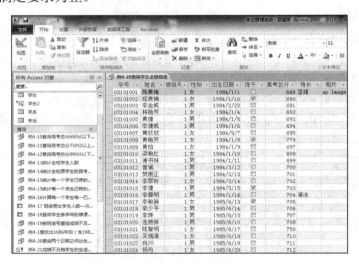

图 3-3　查询的数据表视图

3. SQL 视图

SQL 视图允许用户直接输入 SQL 语句来创建查询，是用于创建 SQL 查询的视图，如图 3-4 所示。实际上，用户在设计视图中创建或修改查询时，Access 会自动创建或修改与该程序对应的 SQL 语句，用户可以随时在设计视图中创建查询后，切换到"SQL视图"查看对应的 SQL 语句。SQL 查询是功能最强大、最灵活的一种查询方式，适合比较熟悉 SQL 语言的用户使用。

4. 数据透视表视图

数据透视表视图是一种对查询结果快速汇总和建立交叉列表的交互式视图，如图 3-5

所示。通过数据透视表可以方便地转换行和列，并以数据交叉列表方式来查看查询结果的不同汇总方式，也可以通过筛选字段来筛选数据，以及根据需要显示区域中的数据。此外，数据透视表可以根据需要进行分级汇总。

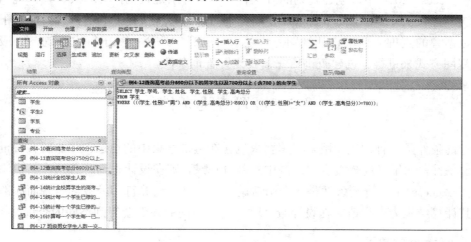

图 3-4 查询的 SQL 视图

学生

将筛选字段拖至此处

班级号	性别 男 性别 的计数	性别 女 性别 的计数	总计 性别 的计数
1	16	14	30
2	16	6	22
3	23	18	41
10	2	1	3
总计	57	39	96

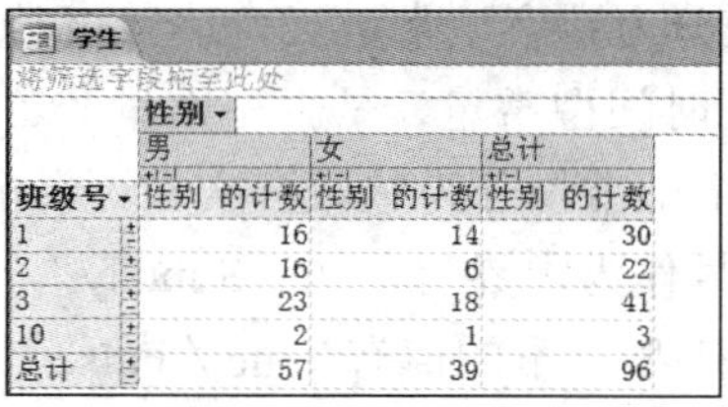

图 3-5 查询的数据透视表视图

5. 数据透视图视图

数据透视图视图是用图形方式来直观地显示数据透视表中数据的分析和汇总，如图 3-6 所示。

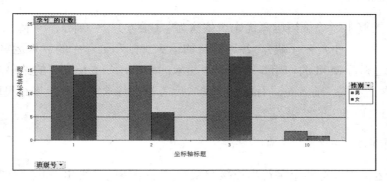

图 3-6 查询的数据透视图视图

3.1.3　创建查询的方法

在 Access 2010 中，创建查询的方法有 3 种，分别是查询向导方式、设计视图方式和 SQL 视图方式。对于简单查询，使用查询向导是一种快捷便利的方式；而对于涉及多个数据源的查询，使用设计视图方式是一种合适的选择；对于特定查询，则应使用 SQL 视图方式来进行。创建查询首先需要设置查询条件。

3.2　设置查询条件

查询条件是一种规则，用来标识要求包含在查询结果中的记录。并非所有查询都必须包含条件，如果仅选择查看记录源中的部分记录，则在设计查询时必须在其中添加条件。在 Access 中，查询条件是一个由常量、字段名、运算符和函数等组合而成的表达式，其计算结果为一个值。在设计查询时，使用不同的条件会得到不同的查询结果。

3.2.1　Access 的常量

在 Access 中，常量类型分为数字型常量（也称数值常量）、文本型常量（也称字符型常量或字符串常量）、日期时间型常量、是否型常量（逻辑常量），不同类型的常量有不同的表示方法。其中，数字型常量分为整数和实数，表示方法与数学中的表示方法类似。文本型常量用英文双引号作为定界符，如"Sunday"。日期时间型常量用"#"作为定界符，如#2016-7-21#。是否型常量的值有 True / False、Yes / No、-1 / 0。

3.2.2　运算符

Access 提供了算术运算符、字符串运算符、日期运算符、关系运算符和逻辑运算符 5 种运算符。

1. 算术运算符

Access 的算术运算符按运算优先级依次为^（乘方）、*（乘）、/（除）、\（整除）、Mod（求余）、+（加）、-（减）。各运算符的运算规则和数学中的算术运算规则相同。其中，求余运算符 Mod 的作用是求两个数相除的余数，如 5 Mod 3 的结果为 2。"/"与"\"的运算含义不同，前者是进行除法运算，后者是进行除法运算后将结果取整，如5/2 的结果为 2.5，而 5\2 的结果为 2。

2. 字符串运算符

字符串运算可以将两个字符串连接起来形成一个新的字符串，其运算符有"+"和

"&"。其中，"+"运算符要求连接的两个量必须是字符串。"&"运算符连接的两个量可以是字符、数值、日期/时间或逻辑型数据，当不是字符时，Access 先把它们转换成字符，再进行连接运算。例如，"总计："& 5*6 的结果是"总计：30"，True & False 的结果是"-10"。

3. 日期运算符

有关日期的运算符有"+"和"-"。具体运算如下：

1）一个日期型数据加上或减去一个整数（代表天数），将得到将来或过去的某个日期。例如，#2016-7-21# + 10 的结果是#2016-7-31#。

2）一个日期型数据减去另一个日期型数据将得到两个日期之间相差的天数。例如，#2014-7-21# - #2013-7-21#的结果是"365"。

4. 关系运算符

关系运算符表示两个量之间的比较，其值是逻辑量。关系运算符有<、<=、>、>=、=、<>。例如，"讲师"<"教授"的结果为 True。

在数据库操作中，经常还需用到一组特殊的关系运算，如表 3-1 所示。

表 3-1　特殊运算符及应用举例

运算符	功能	示例
Between A and B	判断左侧表达式的值是否介于 A 和 B 两值之间。如果是，则结果为 True；否则为 False	查询 1991 年出生的学生记录。出生日期 BETWEEN #1991-1-1# AND #1991-12-31#
In	判断左侧表达式的值是否在右侧的各个值中。如果是，则结果为 True；否则为 False	判断特长是否为"足球""篮球""排球""网球"中的一个。特长 In("足球","篮球","排球","网球")
Like	判断左侧表达式的值是否符合右侧指定的模式。如果符合，则结果为 True；否则为 False	查询所有姓李的学生记录姓名　Like　"李*"
Is Null	判断字段是否为空（空值 Null 表示未定义值，而不是空格）。如果是，则结果为 True；否则为 False	
Is Not Null	判断字段是否非空。如果是，则结果为 True；否则为 False	

5. 逻辑运算符

逻辑运算符可将逻辑型数据连接起来表示更复杂的条件，其值仍是逻辑值。逻辑运算符的优先级从高到低依次是 Not、And、Or，其运算规则及应用实例如表 3-2 所示。

数据库系统与应用

表 3-2　逻辑运算符及应用举例

运算符	功能	示例
Not	"逻辑否"运算符是单目运算符。若操作数为 True，则返回值为 False；若操作数为 False，则返回值为 True	查询男生记录：Not (性别 ="女")
And	"逻辑与"运算符是将两个逻辑量连接起来，只有当两个逻辑量同时为 True 时，返回值为 True；否则为 False	查询成绩在 90 分以上（含 90 分）的女生记录：成绩>=90 And 性别="女"
Or	"逻辑或"运算符是将两个逻辑量连接起来，只有当两个逻辑量同时为 False 时，返回值为 False；否则为 True	查询具有"篮球"或"网球"特长的学生记录：特长="篮球" Or 特长="网球"

3.2.3　系统内置常用函数

Access 提供了大量的标准函数，包括算术函数、字符串函数、日期时间函数，这些函数为进行数据的统计、计算和处理提供了有效的方法，如表 3-3～表 3-5 所示。

1. 常用算术函数

表 3-3　常用算术函数

函数	功能	示例
Abs(数值表达式)	返回数值表达式的绝对值	Abs(−1)返回值为 1
Fix(数值表达式)	返回数值表达式值的整数部分（即去掉小数部分）	Fix(2.5) 返回值为 2 Fix(−2.5) 返回值为−2
Int(数值表达式)	返回不大于数值表达式值的最大整数	Int(2.5) 返回值为 2 Int(−2.5) 返回值为−3
Round(数值表达式,n)	返回对数值表达式的值按指定的小数位数 n 进行四舍五入	Round(2.5,0) 返回值为 3

2. 常用字符串函数

表 3-4　常用字符串函数

函数	功能	示例
Left(字符串表达式，数值表达式)	返回从字符串左侧算起的指定数量的字符	Left([姓名],1)="林"的返回值为林姓同学记录
Right(字符串表达式，数值表达式)	返回从字符串右侧算起的指定数量的字符	Right([姓名],2)="小芳"的返回值为名字为小芳的同学记录
Mid(字符串表达式, 开始字符位置[,数值表达式])	返回包含某个字符串中从指定位置开始，指定数量的字符	Mid("中山大学新华学院",5,2)的返回值为"新华"
Len(字符串表达式)	返回该字符串的字符个数	设 s="中山大学"，则 len(s)的返回值为整数 4

续表

函数	功能	示例
Ltrim(字符串表达式)	删除字符串前面的空格	
Rtrim(字符串表达式)	删除字符串后面的空格	
Trim(字符串表达式)	删除字符串前、后的空格	

3. 常用日期时间函数

表 3-5 常用日期时间函数

函数	功能	示例
Date( )	返回当前系统日期	
Time( )	返回当前系统时间	
Now()	返回系统日期和时间	
Year(<日期表达式>)	返回"日期表达式"的年份，返回值数据类型为整型	设今天日期为 2016-7-23，则 Year(date())返回值为 2016
Month(<日期表达式>)	返回"日期表达式"的月份，返回值数据类型为整型	设今天日期为 2016-7-23，则 Month(date())返回值为 7
Day(<日期表达式>)	返回"日期表达式"所对应月份的日期，即该月的第几天	设今天日期为 2016-7-23，则 Day(date())返回值为 23
Hour(<日期时间表达式>)	返回 0~23 的整数（表示一天中某个小时）	设当前时间为 20:10:30，则 Hour(time())返回值为 20
Weekday(<日期时间表达式>)	返回一个整数，表示一周内的某日。1 表示星期日，2 表示星期一，…	

3.2.4 查询条件举例

在对数据进行查询时，常常要表达各种操作，即对满足条件的记录进行操作，此时就要综合运用 Access 各种数据对象的表示方法，写出条件表达式。表 3-6 列举了一些查询条件示例。

表 3-6 查询条件示例

字段名	条件	功能
出生日期	Year(date())-year([出生日期])<=20	查询 20 岁以下（含 20 岁）的学生记录
	Year(date())-year([出生日期])=17 Or Year(date())-year([出生日期]) =18	查询 17~18 岁的学生记录
性别、特长	性别="男"And 特长 Is Not Null	查询有特长的男生记录
班级号、优干	班级号=1 And 优干=True Or 班级号=3 And 优干=true	查询 1 班和 3 班的优干学生记录

在函数中，字段名要用方括号括起来，表示字段名而非字符。而当输入字符时，如果没有加双引号，则 Access 会自动加上。

3.3 选 择 查 询

选择查询的功能是从一个或多个数据源中检索数据，并在"数据表视图"中显示结果。创建选择查询的方法有 3 种，即"查询向导"方式、"查询设计"方式和"SQL 视图"方式。其中，"查询向导"方式操作简单方便，能提示并引导用户快速创建简单的查询；"查询设计"方式功能丰富灵活，不仅可以创建复杂查询，还可以修改已有查询，是 Access 中常用的创建选择查询的方法。本节仅介绍"查询向导"和"查询设计"两种方式，"SQL 视图"方式在 3.7 节再做介绍。

3.3.1 使用查询向导创建选择查询

使用查询向导创建查询比较简单，用户可以在向导提示下选择显示表和表中的字段，但不能设置查询条件，适用范围有限。

【例 3-1】在"教学管理系统"数据库中创建一个查询，查找并显示"学号""姓名""性别""出生日期""特长"和"班级名称"信息，所建查询保存为"例 3-1 学生资料查询"。

操作步骤如下：

1）打开"教学管理系统"数据库，单击"创建"|"查询"|"查询向导"按钮，弹出"新建查询"对话框。

2）在"新建查询"对话框中选择"简单查询向导"命令，单击"确定"按钮后弹出"简单查询向导"对话框。

3）在"简单查询向导"对话框中，单击"表/查询"组合框右侧的下拉按钮选择数据源，本例选择"学生基本资料"表。此时，"学生基本资料"表中的所有字段将显示在"可用字段"列表框中。

4）在"可用字段"列表框中选定"学号"字段，单击">"按钮，将其添加到"选定字段"列表框中（若单击">>"按钮，则可将所有可用字段添加到"选定字段"列表框中）。利用相同方法将"姓名""性别""出生日期"等字段添加到"选定字段"列表框。

5）再次单击"表/查询"组合框右侧的下拉按钮，选择"班级资料"。此时，"班级资料"中的所有字段显示在"可用字段"列表框中，选定"班级名称"字段，单击">"按钮，将其添加到"选定字段"列表框中，如图 3-7 所示。若单击"<"按钮，则撤销某个选定字段；而单击"<<"按钮，将撤销所有选定字段。

6）单击"下一步"按钮，在"请为查询指定标题"文本框中输入查询名称"例 3-1 学生资料查询"，如图 3-8 所示。选中"打开查询查看信息"单选按钮，单击"完成"按钮，查询结果如图 3-9 所示。

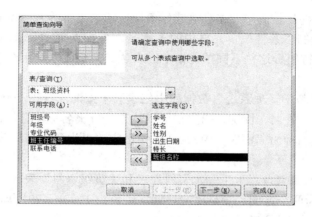

图 3-7 字段选择对话框

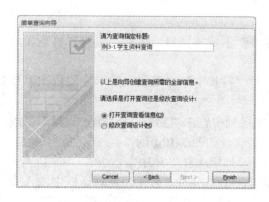

图 3-8 输入查询名称对话框

学号	姓名	性别	出生日期	特长	班级名称
09103002	钱小潇	男	1991/9/25		09级经贸英语A班
09103003	钱字鹭	男	1991/9/26		09级经贸英语A班
09103004	钱明如	男	1990/11/9		09级经贸英语A班
09103005	钱炜君	女	1990/11/10		09级经贸英语A班
09103006	田琰平	男	1990/11/11		09级经贸英语A班
09103007	田红	女	1990/11/12		09级经贸英语A班
09103008	田旭	女	1990/11/13		09级经贸英语A班
09103009	田默	男	1990/11/14		09级经贸英语A班
09103010	田峰	男	1990/11/15		09级经贸英语A班
09103011	乔沐阳	男	1990/11/16		09级经贸英语A班
09103012	乔君皓	男	1991/11/13		09级经贸英语A班
09103013	乔威	男	1991/11/14		09级经贸英语A班
09103014	乔冰	女	1991/11/15		09级经贸英语A班
10101001	乔蓓	女	1992/1/31		10级汉语（文秘）A班
10101002	乔飞	男	1992/1/16		10级汉语（文秘）A班
10101003	刘炳坤	男	1992/2/23		10级汉语（文秘）A班
10101004	纪晓娆	男	1992/1/4		10级汉语（文秘）A班
10101005	王国藏	男	1992/1/5		10级汉语（文秘）A班
10101006	刘志杰	男	1992/1/6		10级汉语（文秘）A班

图 3-9 查询结果

注意：查询的数据可以来自一个或多个表或查询，若查询的数据源不止一个，则这些数据源在创建查询之前必须先建立关系；否则，无法保证查询结果的正确性。

3.3.2 使用查询设计视图创建选择查询

尽管查询向导能够方便地创建查询，但其功能极为有限。例如，查询向导在创建查询时不能附加查询条件，无法实现记录的筛选。而采用设计视图方式，由用户自主设计查询，既可以创建不带条件的查询，也可以创建具有条件的查询，还可以对已建查询进行修改，是一种很灵活的创建查询方法。查询设计视图方式是 Access 中建立和修改查询的主要方法。

1. 创建选择查询

若要在查询中设置条件，则必须进入查询设计视图，找到要设置条件的字段列，在"条件"行中输入条件表达式。在查询的设计网格区，用户可以在多个字段的"条件"

单元格（包括"条件"行的单元格和"或"条件行的单元格等）中设置查询条件的表达式。对于多个字段的"条件"单元格中的表达式，Access 数据库系统会自动使用 And 运算符或 Or 运算符组合这些不同单元格中的表达式，构成一个组合条件，以满足复杂查询的需要。

【例 3-2】在"教学管理系统"数据库中创建一个查询，查找 1990～1991 年出生的男生，并显示学号、姓名、性别、出生日期、特长、班级名称信息，查询结果要求按学号升序排序。查询名称为"例 3-2 1990-1991 年出生的男生资料"。

分析：

1）查询的数据源来自"学生基本资料"表和"班级资料"表。

2）查询条件为两个方面：一是出生日期字段值为 1990～1991 年的学生，二是性别字段的值为"男"，并且两者是"与"运算关系。

3）检索出来的信息需按学号字段的升序排序。

操作步骤如下。

1）在该查询的"设计视图"窗口中，将"学生基本资料"表和"班级资料"表添加到字段列表区中。

2）将"学号""姓名""性别""出生日期""特长"和"班级名称"字段依次添加到设计网格区的"字段"行中。

3）在设计网格区"条件"行的"性别"字段列中输入"男"，在"出生日期"字段列中输入"Between #1990-1-1# And #1991-12-31#"，如图 3-10 所示。

4）在设计网格区"排序"行的"学号"字段列中选择"升序"。

5）单击快速访问工具栏上的"保存"按钮，在弹出的"另存为"对话框中输入查询名称："例 3-2 1990-1991 年出生的男生资料"，并单击"确定"按钮，保存查询。

6）单击"结果"组的"运行"按钮运行查询（或切换到数据表视图），结果如图 3-11 所示。

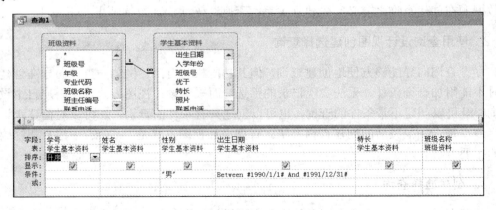

图 3-10 设计网格区中例 3-2 查询条件设置

例3-2 1990-1991年出生的男生资料查询

学号	姓名	性别	出生日期	特长	班级名称
08101003	李金威	男	1990/2/23		08级汉语（文秘）A班
08101005	黄健	男	1990/1/5		08级汉语（文秘）A班
08101006	李健威	男	1990/1/6		08级汉语（文秘）A班
08101011	谢书林	男	1990/1/11		08级汉语（文秘）A班
08101012	曾诚	男	1990/3/12		08级汉语（文秘）A班
08101013	樊刚正	男	1990/3/13		08级汉语（文秘）A班
08101015	李健	男	1990/3/15		08级汉语（文秘）A班
08101016	李霖明	男	1990/1/16	游泳	08级汉语（文秘）B班
08101018	李少平	男	1991/6/14		08级汉语（文秘）B班
08101019	李烨	男	1991/6/15		08级汉语（文秘）B班
08101020	连燕妹	男	1991/6/16		08级汉语（文秘）B班
08103003	肖川	男	1991/6/19		08级经贸英语A班
08103007	杨琪	男	1991/6/23		08级经贸英语A班
08103008	张广锋	男	1991/6/24		08级经贸英语A班
08103009	张明睿	男	1991/6/25		08级经贸英语A班
08103010	张翔	男	1991/6/6		08级经贸英语A班
08103013	叶大勋	男	1991/6/9		08级经贸英语A班
08103017	杨路鸿	男	1991/6/3		08级经贸英语A班

图 3-11　例 3-2 运行结果

上述操作中需要提醒的有以下两点：

① 当设置查询条件时，若某列的宽度不足以显示其完整内容，则可以将鼠标指针移动到设计网格区中“字段”行上方的两列分界处，当鼠标指针变成水平双向箭头时，按住鼠标左键并拖动鼠标来改变某列的宽度。

② 若两个或两个以上的查询条件之间是“与”关系，则所有条件表达式都应输入在“条件”所在行的对应字段列位置，即所有条件均在同一条件行；若查询条件之间是“或”关系，则“或”的条件表达式应在不同的“或”行。Access 会自动用相应的“And”或“Or”运算符组合这些条件行中的不同单元格的条件表达式，构成数据的组合筛选条件。

请思考，例 3-2 设计网格区中查询条件的表达方式除上述方式外，还有哪些其他表达方式？

2. 修改查询设计

修改查询设计的操作可通过查询的“设计视图”方式进行。

【例 3-3】在“教学管理系统”数据库中，通过复制和修改查询对象“例 3-2 1990-1991 年出生的男生资料”，产生一个新的查询，其名称为“例 3-3 1990-1991 年出生的所有学生资料”。在该查询中，要求查找 1990～1991 年出生的所有学生，并显示学号、姓名、性别、出生日期、特长、班级名称信息，查询结果要求按班级号升序排序。

修改点分析如下：

1）此查询的数据源不变，仍来自“学生基本资料”表和“班级资料”表。

2）查询条件改为仅是出生日期字段值为 1990～1991 年的学生即可。

3）检索出来的信息改为按班级号字段的升序排序，设计网格区的“字段”行需添加“班级号”字段，并将此字段设为不显示状态。

操作步骤如下：

1）单击"教学管理系统"数据库导航窗格的"查询"对象，在展开的查询对象列表中，选择"例 3-2 1990-1991 年出生的男生资料"查询对象后右击，在弹出的快捷菜单中选择"复制"命令后粘贴，在"粘贴"对话框中将查询对象名改为"例 3-3 1990-1991 年出生的所有学生资料"，并单击"确定"按钮，产生新的查询对象"例 3-3 1990-1991 年出生的所有学生资料"。

2）在设计网格区中进行下述操作：①在"字段"行中添加"班级号"字段，并将其显示复选框的"√"去掉，设为不显示；②将"条件"行中"性别"字段列的条件去除；③将"排序"行的"学号"字段列的"升序"去除，改为在"班级号"字段列设置"升序"。

3）单击快速访问工具栏上的"保存"按钮，保存修改后的查询对象"例 3-3 1990-1991 年出生的所有学生资料"。

4）单击"结果"组的"运行"按钮（或切换到数据表视图）运行查询。

以上介绍了创建选择查询的两种方法，通过这些方法可以筛选出用户需要的各种数据。那么，如何在查询中加入计算元素，对查询数据进行各种统计分析？下面继续这方面的学习。

3.3.3　在查询中进行计算

通过上述创建查询的方法，可以获得符合条件的记录集。但是这一步仅实现了数据抽取的功能。如果需要对抽取后的数据进行统计和分析，往往需要对查询结果进行计算，如求和、计数、求最大值、最小值和平均值等。Access 支持两种类型的计算：①在查询中利用设计视图的"总计"行进行各种统计，即预定义计算；②通过创建计算字段进行任意类型的计算，即自定义计算。

1. 查询中的计算功能

在学习预定义计算和自定义计算之前，首先需要了解 Access 所提供的计算功能。Access 查询设计视图中设计网格区的"总计"行提供了各种计算功能，如表 3-7 所示。

表 3-7　查询视图设计网格区总计行中各选项的名称及作用

	选项名称	作用
函数	合计（Sum）	计算字段中所有记录值的总和
	平均值（Avg）	计算字段中所有记录值的平均值
	最小值（Min）	计算字段中所有记录值的最小值
	最大值（Max）	计算字段中所有记录值的最大值
	计数（Count）	计算字段中非空记录值的个数
	标准差（StDev）	计算字段记录值的标准偏差
	变量（Var）	计算字段记录值的变量

续表

选项名称		作用
其他选项	分组（Group By）	将当前字段设置为分组字段
	第一条记录（First）	找出表或查询中第一条记录的字段值
	最后一条记录（Last）	找出表或查询中最后一条记录的字段值
	表达式（Expression）	创建一个用表达式产生的计算字段
	条件（Where）	设置分组条件以便选择记录

2. 设置查询的预定义计算

预定义计算是 Access 系统提供的用于对查询结果中记录进行的计算。其创建方法是，单击"查询工具/设计"|"显示/隐藏"|"Σ（汇总）"按钮，使得在设计网格区中显示出"总计"行。利用"总计"行对设计网格区需统计字段选择计算选项，以对查询中的全部记录/指定记录/记录分组进行计算。

【例 3-4】在"教学管理系统"数据库中创建一个查询，计算"中国语言文学系"的"文秘"专业各班级学生人数。要求在计算结果中显示"班级号""班级名称"和"学生人数"，并按班级号升序排序。查询名称为"例 3-4 计算文秘专业各班级的学生人数"。

分析：

1）数据源："学生基本资料"表、"班级资料"表和"专业培养资料"表。

2）数据的筛选条件（即查询条件）：专业名称="文秘"。

3）在筛选出来的数据中，按班级号分组统计各班级的学生人数，统计结果按班级号字段的升序排序。

操作步骤如下：

1）在该查询的"设计视图"窗口，将"学生基本资料"表、"班级资料"表和"专业培养资料"表添加到字段列表区中。

2）将"专业名称""班级号""班级名称"和"学号"字段依次添加到设计网格区的"字段"行中。

3）在设计网格区"条件"行的"专业名称"字段列中输入"文秘"，并设置"排序"行的"班级号"字段列为"升序"。

4）单击"查询工具/设计"|"显示/隐藏"|"Σ（汇总）"按钮，使得"设计网格"区中出现"总计"行，设置该行的"专业名称"字段列为"Where"，设置"班级号"字段列为"Group By"，设置"班级名称"字段列为"First"，设置"学号"字段列为"计数"。

5）右击设计网格区"字段"行中的"学号"字段，在弹出的快捷菜单中选择"属性"命令；然后在弹出的"属性表"的"标题"项中填入"学生人数"，使得"学生人数"取代"学号"标题，如图 3-12 所示。同样，右击设计网格区"字段"行中的"班级名称"字段，在该字段"属性表"的"标题"项中填入"班级名称"。

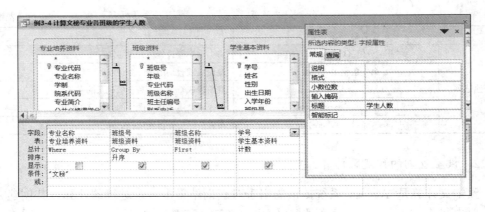

图 3-12　例 3-4 的设计网格区查询设置

6）单击快速访问工具栏上的"保存"按钮，在弹出的"另存为"对话框中输入查询名称："例 3-4 计算文秘专业各班级的学生人数"，并单击"确定"按钮，保存查询。

7）单击"结果"组的"运行"按钮运行查询（或切换到数据表视图），计算结果如图 3-13 所示。

班级号 ▾	班级名称 ▾	学生人数 ▾
1	08级汉语（文秘）A班	15
2	08级汉语（文秘）B班	5
20	09级汉语（文秘）A班	15
21	09级汉语（文秘）B班	15
39	10级汉语（文秘）A班	30
40	10级汉语（文秘）B班	30

图 3-13　例 3-4 运行结果

3. 设置查询的自定义计算

自定义计算是指使用一个或多个字段中的数据在每条记录上执行计算。其创建方法是，直接在设计网格区"字段"行的空字段列中输入表达式，从而创建一个新的计算字段，以输入的表达式值作为新字段的值。

【例 3-5】在"教学管理系统"数据库中创建一个查询，计算每个学生每一已修课程的成绩绩点。计算规则为，只有及格的课程成绩才允许计算该门课程的成绩绩点数。要求在查询结果中显示学号、课程名称、成绩和绩点，并按学号的升序排序，同一学号则按课程代码的升序排序。绩点的计算公式为[成绩]/10-5。所建查询名称为"例 3-5 计算每个学生每一已修课程的成绩绩点"。

分析：

1）数据源："修课成绩"表与"课程"表。

2）"绩点"字段：通过公式[成绩]/10-5 得出。绩点的设置方法是，在设计网格区空白的"字段"单元格添加一个计算字段，并输入"绩点：[成绩]/10-5"。

3）记录筛选条件：成绩>=60。

4）排序："学号"及"课程代码"字段升序排序，"课程代码"字段无须显示。

操作步骤如下：

1）在该查询的"设计视图"窗口，将"课程"表和"修课成绩"表添加到字段列表区中。

2）将"学号""课程代码""课程名称"和"成绩"字段依次添加到设计网格区的"字段"行中，并将"课程代码"字段设为不显示；在"字段"行空字段列中输入"绩点：[成绩]/10-5"，如图 3-14 所示。

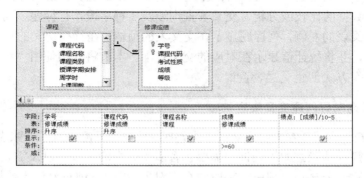

图 3-14 "设计网格"区中添加了"绩点"计算字段

3）在设计网格区"条件"行的"成绩"字段列中输入">=60"。

4）设置"排序"行的"学号"和"课程代码"字段列为"升序"。

5）单击快速访问工具栏上的"保存"按钮，在弹出的"另存为"对话框中输入查询名称"例 3-5 计算每个学生每一已修课程的成绩绩点"并单击"确定"按钮，保存该查询。

6）单击"结果"组的"运行"按钮运行查询（或切换到数据表视图），计算结果如图 3-15 所示。

学号	课程名称	成绩	绩点
08101001	中国古代文学史三	89	3.9
08101001	外国文学	97	4.7
08101001	文学评论与写作	78	2.8
08101001	公文与实用文书写作	87	3.7
08101001	秘书学	66	1.6
08101001	演讲与口才	76	2.6
08101001	汉字学与汉语正字	61	1.1
08101001	公共关系学	71	2.1
08101001	唐宋名家诗导读	86	3.6
08101001	影视剧作探讨	63	1.3
08101001	岭南文学概况	67	1.7
08101001	广东作家作品选讲	71	2.1
08101002	中国古代文学史三	68	1.8
08101002	外国文学	84	3.4
08101002	文学评论与写作	89	3.9
08101002	公文与实用文书写作	97	4.7
08101002	秘书学	78	2.8
08101002	演讲与口才	69	1.9

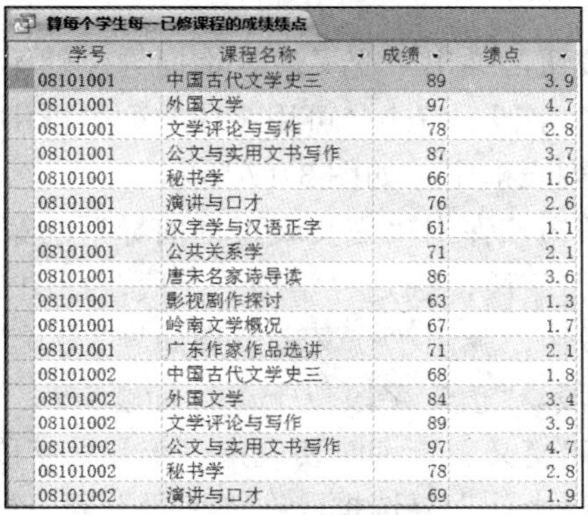

图 3-15 例 3-5 查询运行结果

请思考，若需要将例 3-4 要解决的问题改为"计算文秘专业各班级的男女学生人数"，可否采用上述选择查询的方法来实现？

3.4　交叉表查询

交叉表查询是一种常用的两个维度统计表格。尽管选择查询提供了统计计算功能，但这些计算功能并不能完全满足实际应用的需求。交叉表查询在某种程度上弥补了选择查询运算能力不足的问题，它可以对数据进行更加复杂的运算，使统计数据的显示更加直观，也便于数据的比较或分析。交叉表查询涉及 3 种字段：行标题、列标题和值。行标题显示在交叉表的左侧，列标题显示在交叉表的顶端，在行列交叉的位置对数据进行各种统计计算，并将统计值显示在对应的交叉点上。本节将介绍使用"查询向导"方式和"查询设计"方式创建交叉表查询。

3.4.1　使用查询向导创建交叉表查询

当使用"查询向导"方式创建交叉表查询时，数据源只能来自于一张表或一个查询，且不具备数据筛选功能。如果查询中需要包含多个表中的字段，以及需要做数据筛选，则首先需要创建一个含有全部所需字段的查询对象，以此查询对象作为数据源，使用"查询向导"方式创建交叉表查询。

【例 3-6】在"教学管理系统"数据库中，使用"交叉表查询向导"对"教师基本资料"表创建交叉表查询，分析各院系教师的学历结构。该查询的名称为"例 3-6 各院系教师学历结构统计表"。

操作步骤如下：

1）单击"查询"|"查询向导"按钮，弹出"新建查询"对话框，选择"交叉表查询向导"命令，单击"确定"按钮，弹出"交叉表查询向导"的第 1 个对话框，选中"视图"|"表"（系统默认选择）单选按钮，并选择"教师基本资料"表作为交叉表查询的数据源，如图 3-16 所示。

2）单击"下一步"按钮，弹出"交叉表查询向导"的第 2 个对话框，该对话框用于设置交叉表的"行标题"字段。双击"可用字段"列表框中的"所属院系代码"字段，将其添加到"选定字段"列表框中，如图 3-17 所示。

3）单击"下一步"按钮，弹出"交叉表查询向导"的第 3 个对话框，该对话框用于设置交叉表的"列标题"字段，选定"学历"字段，如图 3-18 所示。

4）单击"下一步"按钮，弹出"交叉表查询向导"的第 4 个对话框，该对话框用于设置交叉表的"值"字段。"值"字段位于"行标题"和"列标题"交叉的位置，也称为"统计"字段。在创建交叉表查询时要确定"统计"字段和统计函数，在该对话框中取消选中"是，包括各行小计"复选框，在"字段"列表框中选择"教师编号"作为统计字段，在"函数"列表框中选择"Count"作为统计函数，如图 3-19 所示。

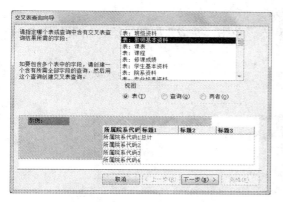

图 3-16 指定数据源

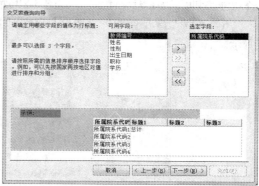

图 3-17 选定行标题

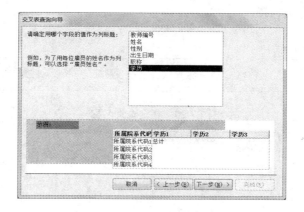

图 3-18 选定列标题

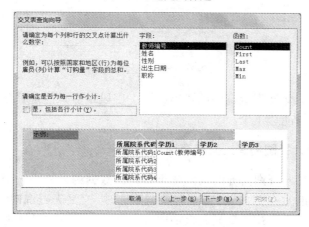

图 3-19 指定统计函数 Count

5）单击"下一步"按钮，在"请指定查询的名称"文本框中输入查询的名称"例 3-6

各院系教师学历结构统计表”，如图 3-20 所示。

6）确保“查看查询”复选框处于选中状态，单击“完成”按钮，运行结果如图 3-21 所示。

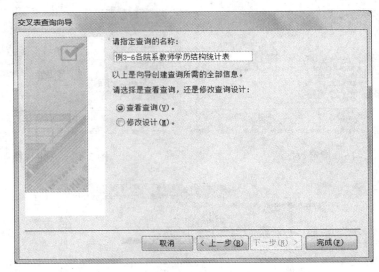

图 3-20　指定查询名称

例3-6各院系教师学历结构统计表

所属院系代	博士	硕士	学士
01	2	5	3
02		4	1
03			1
04	1	7	1
06	1	3	
08		3	2
09		1	
10		3	1
11	1	4	
12	1	2	1

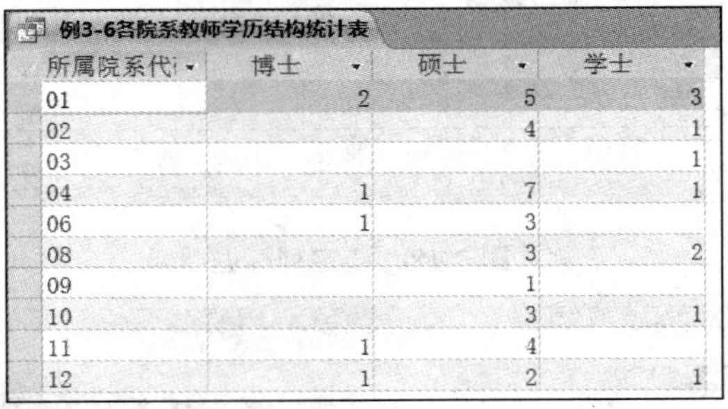

图 3-21　例 3-6 运行结果

需要说明的是，交叉表查询中的“行标题”字段最多只能选择 3 个，而“列标题”字段和“值”字段只能选 1 个。

3.4.2　使用查询设计视图创建交叉表查询

如前所述，交叉表查询向导的缺陷在于查询的数据源只能是一个，当查询所需要的字段来自多个不同的数据源，或者需要对数据筛选时，交叉表查询向导用起来极不方便，而“设计视图”方式就弥补了交叉表查询向导的不足。在查询设计视图中可以直接选取多个数据源来创建交叉表查询。

【例 3-7】在“教学管理系统”数据库中，使用“设计视图”方式创建名为“例 3-7

中国语言文学系教师的学历-性别结构统计"的交叉表查询。要求统计并显示该院系中各种学历的教师人数分布情况。

分析：

1）数据源："院系资料"表与"教师基本资料"表。

2）记录筛选条件：院系名称="中国语言文学系"。

3）对筛选出来的中文系教师资料进行两个维度的分组统计，首先按学历分组（行标题），其次按性别分组（列标题），行列交叉点统计值为该院系各种学历的男/女教师人数，即 Count（教师编号）。

操作步骤如下：

1）将"教师基本资料"表和"院系资料"表作为数据源添加到查询"设计视图"窗口的字段列表区中，并将"院系名称""学历""性别"和"教师编号"字段依次添加到设计网格区的"字段"行中。

2）单击"查询工具/设计"|"查询类型"|"交叉表"按钮后，Access 会自动在设计网格区中添加"总计"行和"交叉表"行。

3）在设计网格区的"总计"行中，设置该行的"院系名称"字段列为"Where"，"学历"字段列为"Group By"，"性别"字段列为"Group By"，"教师编号"字段列为"计数"。

4）在设计网格区的"交叉表"行中，设置该行的"院系名称"字段列为"（不显示）"，"学历"字段列为"行标题"，"性别"字段列为"列标题"，"教师编号"字段列为"值"。

5）在设计网格区的"条件"行中，设置该行的"院系名称"字段列为"中国语言文学系"，如图 3-22 所示。

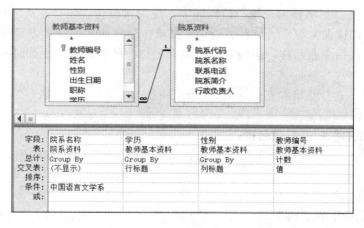

图 3-22　交叉表查询的"设计视图"

6）单击快速访问工具栏上的"保存"按钮，在弹出的"另存为"对话框中输入查询名称"例 3-7 中国语言文学系教师的学历-性别结构统计"，并单击"确定"按钮保存查询。

7）单击“结果”组的“运行”按钮运行查询（或切换到数据表视图），计算结果如图 3-23 所示。

例3-7中国语言文学系教师的学历-性别结构统计

学历	男	女
博士	2	
硕士	1	4
学士	2	1

图 3-23　例 3-7 的运行结果

3.5　参 数 查 询

参数查询是一种在运行时自动打开输入对话框，提示用户输入查询参数，然后在指定的数据源中查找与输入参数相符合的记录的查询方式。Access 中有两种形式的参数查询：单参数查询和多参数查询。

3.5.1　在设计视图中创建单参数查询

所谓单参数查询，是指在一个字段上指定查询参数，运行查询时只需输入一个参数值。设计参数查询时，需要给出输入参数提示信息，提示信息的内容由设计者决定，放置在某个字段的“条件”行所在的单元格中，提示信息必须用英文方括号括起来，形如“[参数提示信息]”。

【例 3-8】在“教学管理系统”数据库中，使用“设计视图”方式创建名为“例 3-8 按专业名称查询排课情况”的单参数查询。要求按照专业名称检索该专业的排课表。需要显示的内容包括专业名称、班级名称、课程名称、任课教师、授课时间和授课地点。

分析：

1）数据源：“专业培养资料”表、“班级资料”表、“课表”表、“课程”表和“教师基本资料”表。

2）需输入的参数：专业名称。

3）可考虑查询结果按“班级号”排序，将“班级号”字段加入列表并设为不显示状态。

操作步骤如下：

1）将“专业培养资料”表、“班级资料”表、“课表”表、“课程”表和“教师基本资料”表作为数据源添加到“设计视图”窗口的字段列表区中。

2）将“专业名称”“班级名称”“课程名称”“姓名”“授课时间”“授课地点”和“班级号”字段依次添加到设计网格区的“字段”行中，并设置“班级号”字段列不显示。为了使得字段标题的表达更为清晰，在“字段”行中需要将“教师基本资料”表中“姓名"字段列的标题改为"任课教师"。

3）在"专业名称"字段的"条件"行单元格中输入"[请输入专业名称：]"，如图 3-24 所示。在"排序"行设置"班级号"字段列为升序。

图 3-24　含单个参数查询的"设计视图"设置

4）单击快速访问工具栏上的"保存"按钮，在弹出的"另存为"对话框中输入查询名称"例 3-8 按专业名称查询排课情况"，并单击"确定"按钮保存查询。

5）单击"结果"|"运行"按钮运行查询（或切换到数据表视图），运行查询后，Access 首先显示图 3-25 所示的"输入参数值"对话框。当用户输入参数值并单击"确定"按钮后，Access 就将输入的参数作为查询条件去检索记录。本例中输入的专业是"文秘"，其检索结果如图 3-26 所示。

图 3-25　"输入参数值"对话框

需要说明的是：

1）可以用"参数查询"对话框来限定参数输入的数据类型，避免用户随意输入参数值。单击"显示/隐藏"|"参数"按钮，即可打开"查询参数"对话框做相应设置。"查询参数"对话框可以设置参数提示的名称和参数的数据类型，如果用户输入了错误类型的数据，那么 Access 会给出明确的帮助信息。

2）参数提示信息可以是一个常量字符串，也可以是一个字符串表达式，还可以引用指定控件的值。若参数提示信息是一个常量字符串，则字符串不能使用句号（.）和叹号（!），并设置在"条件"行所在的单元格中。

3）查询设计视图中"条件"行的"参数提示信息内容"必须与"查询参数"对话框中的"参数名称"对应相同；否则，"查询参数"中的设置无效。

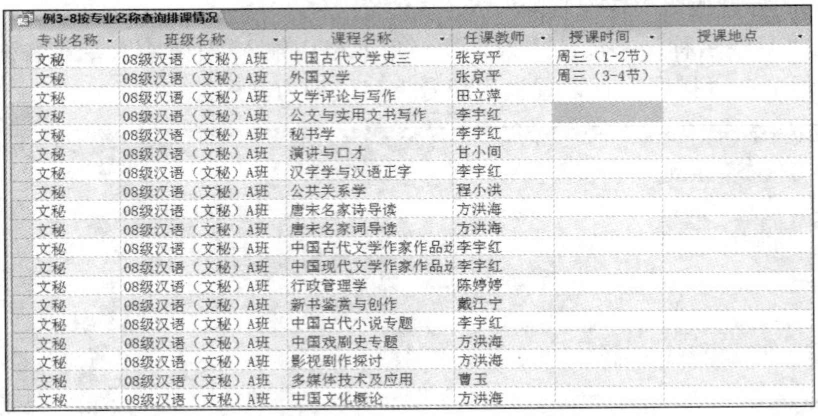

例3-8按专业名称查询排课情况

专业名称	班级名称	课程名称	任课教师	授课时间	授课地点
文秘	08级汉语（文秘）A班	中国古代文学史三	张京平	周三（1-2节）	
文秘	08级汉语（文秘）A班	外国文学	张京平	周三（3-4节）	
文秘	08级汉语（文秘）A班	文学评论与写作	田立萍		
文秘	08级汉语（文秘）A班	公文与实用文书写作	李宇红		
文秘	08级汉语（文秘）A班	秘书学	李宇红		
文秘	08级汉语（文秘）A班	演讲与口才	甘小间		
文秘	08级汉语（文秘）A班	汉字学与汉语正字	李宇红		
文秘	08级汉语（文秘）A班	公共关系学	程小洪		
文秘	08级汉语（文秘）A班	唐宋名家诗导读	方洪海		
文秘	08级汉语（文秘）A班	唐宋名家词导读	方洪海		
文秘	08级汉语（文秘）A班	中国古代文学作家作品选	李宇红		
文秘	08级汉语（文秘）A班	中国现代文学作家作品选	李宇红		
文秘	08级汉语（文秘）A班	行政管理学	陈婷婷		
文秘	08级汉语（文秘）A班	新书鉴赏与创作	戴江宁		
文秘	08级汉语（文秘）A班	中国古代小说专题	李宇红		
文秘	08级汉语（文秘）A班	中国戏剧史专题	方洪海		
文秘	08级汉语（文秘）A班	影视剧作探讨	方洪海		
文秘	08级汉语（文秘）A班	多媒体技术及应用	曹玉		
文秘	08级汉语（文秘）A班	中国文化概论	方洪海		

图 3-26　例 3-8 的运行结果

3.5.2　在设计视图中创建多参数查询

多参数查询是指在多个不同的字段上或同一字段上设置多个参数提示，运行查询时，需要依次输入多个参数值。多参数查询的参数设置方法与单参数查询设置方法相同。

【例 3-9】在“教学管理系统”数据库中，使用“设计视图”方式创建名为“例 3-9 查询指定范围的学生成绩”的多参数查询。要求按照指定的成绩范围显示学生的成绩情况。需要显示的内容包括班级名称、学号、姓名、课程名称和成绩。查询结果按成绩的降序排序。

分析：

1）数据源：“班级资料”表、“学生基本资料”表、“修课成绩”表和“课程”表。

2）需输入的参数：Between [请输入成绩下限：]And[请输入成绩上限：]。

3）查询结果按“成绩”降序排序。

操作步骤如下：

1）将“班级资料”表、“学生基本资料”表、“修课成绩”表和“课程”表作为数据源添加到“设计视图”窗口的字段列表区中。

2）将“班级名称”“学号”“姓名”“课程名称”和“成绩”字段依次添加到设计网格区的“字段”行中。

3）在“成绩”字段的“条件”行单元格中输入“Between[请输入成绩下限：]And[请输入成绩上限：]”，如图 3-27 所示。在“排序”行设置“成绩”字段列为降序。

4）单击快速访问工具栏上的“保存”按钮，在弹出的“另存为”对话框中输入查询名称“例 3-9 查询指定范围的学生成绩”，并单击“确定”按钮保存查询。

5）单击“结果”组的“运行”按钮运行查询（或切换到数据表视图），运行查询后，屏幕会先提示输入成绩下限，如输入“85”后单击“确定”按钮，在下一个输入对话框中输入成绩上限“100”，单击“确定”按钮，检索结果如图 3-28 所示。

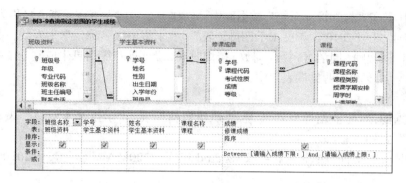

图 3-27　含多个参数查询的"设计视图"设置

班级名称	学号	姓名	课程名称	成绩
08级汉语（文秘）A班	08101001	陈素梅	外国文学	97
08级汉语（文秘）A班	08101002	程美娟	广东作家作品选讲	97
09级汉语（文秘）B班	09101028	莫小威	古代汉语	97
10级汉语（文秘）B班	10101039	林海英	中国近现代史纲要	97
09级汉语（文秘）B班	09101025	罗云	马克思主义哲学原理	97
09级汉语（文秘）B班	09101022	李冰	马克思主义哲学原理	97
08级汉语（文秘）A班	08101013	樊刚正	外国文学	97
10级汉语（文秘）A班	10101015	汪彩霞	计算机应用基础	97
08级汉语（文秘）A班	08101006	李建威	唐宋名家诗导读	96
10级汉语（文秘）B班	10101052	林凌	现代汉语基础	96
10级汉语（文秘）B班	10101057	邹岳	现代汉语基础	96
10级汉语（文秘）A班	10101025	林亮	计算机应用基础	96
09级汉语（文秘）B班	09101019	孙沛阳	马克思主义哲学原理	96
08级汉语（文秘）B班	08101016	李霏明	外国文学	96
10级汉语（文秘）A班	10101022	钟华	中国近现代史纲要	96
09级汉语（文秘）A班	09101006	洪婧	60篇古文阅读	96

图 3-28　例 3-9 的运行结果

3.6　操 作 查 询

选择查询、参数查询和交叉表查询具有一个共同的特点是，仅可以查看和浏览满足检索条件的记录，并对数据进行需要的计算，但它们都无法对这些记录进行编辑。而操作查询不仅可以查看、浏览满足检索条件的记录，以及对数据进行需要的计算；更重要的是，可以将这些满足条件的记录在数据库中生成新表，也可以将这些记录向数据库中指定的表进行追加、修改或删除操作。操作查询一次能操作多条记录，通过生成表查询、追加查询、删除查询和更新查询的方式来实现。

3.6.1　生成表查询

生成表查询就是从一个或多个表中检索数据，形成动态数据视图，然后将动态数据视图的内容（即查询结果）生成到一个新表中。用户既可以在当前数据库中创建新表，也可以在另外的数据库中生成该表。这种由表产生查询，再由查询生成表的方法，使得数据的组织更加灵活、方便。生成表查询所创建的表继承源表的字段数据类型，但不继承源表字段的其他属性和主键设置。

【例 3-10】在"教学管理系统"数据库中，创建一个生成表查询，查询名称为"例 3-10 生成文秘专业 08 级 2010 学年度 1 学期排课表"，要求将班级名称、学生人数、课程名称、课程类别、任课教师、周学时、授课周数、授课时间、上课地点等信息生成到一个新表"2010 学年度第 1 学期文秘专业排课表"中。

分析：

1）数据源："专业培养资料"表、"班级资料"表、"学生基本资料"表、"课程"表、"课表"表和"教师基本资料"表。

2）数据筛选条件：专业名称="文秘"And 年级="2008"And 学年度="2010"And 学期="一"。

3）筛选结果需要进行的计算：按"班级名称"+"课程名称"分组计算学生人数。

4）将计算结果生成到一个新表，表名为"2010 学年度第 1 学期文秘专业排课表"。

操作步骤如下：

1）将"专业培养资料"表、"班级资料"表、"学生基本资料"表、"课程"表、"课表"表和"教师基本资料"表作为数据源，添加到"设计视图"窗口的字段列表区中。

2）将"专业名称""年级""学年度""学期""班级名称""学号""课程名称""课程类别""（教师）姓名""上课周数""周学时""授课时间"和"上课地点"字段依次添加到设计网格区的"字段"行中。

3）单击"查询工具/设计"|"显示/隐藏"|"Σ（汇总）"按钮，使得设计网格区中出现"总计"行。

4）对"总计"行进行下述设置：将"专业名称""年级""学年度"和"学期"字段列均设为"Where"，将"班级名称"和"课程名称"字段列设为"Group By"，将"学号"字段列设为"计数"，将"课程类别""任课教师""周学时""上课周数""授课时间"和"上课地点"字段列设为"First"。

5）对"条件"行进行下述设置：在"专业名称"字段列输入"文秘"，在"年级"字段列输入"2008"，在"学年度"字段列输入"2010"，在"学期"字段列输入"一"。

6）对"字段"行进行下述设置：将"学号"字段列内容改为"学生人数：学号"，将"课程类别"字段列内容改为"课程类别：课程类别"，将"姓名"字段列内容改为"任课教师：姓名"。

7）单击"查询类型"|"生成表"按钮，弹出"生成表"对话框，在"表名称"文本框中输入"2010 学年度第 1 学期文秘专业排课表"后，单击"确定"按钮，如图 3-29 所示。

8）将所创建的查询保存为"例 3-10 生成文秘专业 08 级 2010 学年度 1 学期排课表"。

9）单击"结果"|"运行"按钮运行查询，Access 会弹出一个向新表添加记录的对话框，单击"是"按钮，此时在 Access 的"导航窗格"中可看到新建表对象"2010 学年度第 1 学期文秘专业排课表"，双击该表即可查看其内容，如图 3-30 所示。

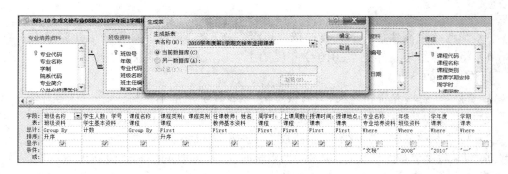

图 3-29　生成表查询的设计视图的设置

班级名称	学生人数	课程名称	课程类别	任课教师	周学时	上课周数	授课时间	授课地点
08级汉语（文秘）A班	15	影视剧作探讨	公共选修	方洪海	2	16		
08级汉语（文秘）A班	15	广东作家作品选讲	公共选修	戴江宁	2	18		
08级汉语（文秘）A班	15	岭南文学概况	公共选修	张京平	2	18		
08级汉语（文秘）A班	15	人际关系与社交技巧	公共选修	戴江宁	2	18		
08级汉语（文秘）A班	15	多媒体技术及应用	公共选修	曹玉	2	18		
08级汉语（文秘）A班	15	公文与实用文书写作	专业必修	李宇红	2	18		
08级汉语（文秘）A班	15	秘书学	专业必修	李宇红	3	15		
08级汉语（文秘）A班	15	外国文学	专业必修	张京平	2	36	周三（3-4节）	
08级汉语（文秘）A班	15	文学评论与写作	专业必修	田立萍	1	18		
08级汉语（文秘）A班	15	演讲与口才	专业必修	甘小同	2	18		
08级汉语（文秘）A班	15	中国古代文学史1	专业必修	张京平	3	15	周三（1-2节）	
08级汉语（文秘）A班	15	新书鉴赏与创作	专业选修	戴江宁	2	18		
08级汉语（文秘）A班	15	公共关系学	专业选修	程小洪	2	18		
08级汉语（文秘）A班	15	汉字学与汉语正字	专业选修	李宇红	2	18		
08级汉语（文秘）A班	15	行政管理学	专业选修	陈婷婷	2	18		
08级汉语（文秘）A班	15	唐末名家诗导读	专业选修	方洪海	2	18		
08级汉语（文秘）B班	15	广东作家作品选讲	公共选修	戴江宁	2	18		
08级汉语（文秘）B班	5	影视剧作探讨	公共选修	方洪海	2	16		

图 3-30　"2010 学年度第 1 学期文秘专业排课表"的数据表视图

说明：所有操作查询的执行不可撤销，在真正运行查询之前，最好切换到数据表视图，预览其结果是否符合要求。若符合要求，则回到设计视图，单击"结果"|"运行"按钮；否则，重新修改查询设计，直到满足要求为止。

3.6.2　追加查询

追加查询是指将获取的数据追加至某个指定表的尾部，这个表可以是当前数据库的某个表，也可以是其他数据库中指定的表。

【例 3-11】在"教学管理系统"数据库中，创建一个追加查询，查询名称为"例 3-11 追加文秘专业 09 级 2010 学年度 1 学期排课资料"，要求将班级名称、学生人数、课程名称、课程类别、任课教师、周学时、上课周数、授课时间、授课地点等信息追加到"2010 学年度第 1 学期文秘专业排课表"中。

分析：

1）数据源："专业培养资料"表、"班级资料"表、"学生基本资料"表、"课程"表、"课表"表和"教师基本资料"表。

2）数据筛选条件：专业名称="文秘"And 年级="2009"And 学年度="2010"And 学

数据库系统与应用

期="一"。

3）筛选结果需要进行的计算：按"班级名称"＋"课程名称"分组计算学生人数。

4）将计算结果追加到"2010 学年度第 1 学期文秘专业排课表"中。

操作步骤如下：

1）将"专业培养资料"表、"班级资料"表、"学生基本资料"表、"课程"表、"课表"表和"教师基本资料"表作为数据源，添加到"设计视图"窗口的字段列表区中。

2）将"专业名称""年级""学年度""学期""班级名称""学号""课程名称""课程类别""（教师）姓名""上课周数""周学时""授课时间"和"授课地点"字段依次添加到设计网格区的"字段"行中。

3）单击"查询工具/设计"｜"显示/隐藏"｜"Σ（汇总）"按钮，使得设计网格区中出现"总计"行。

4）对"总计"行进行下述设置：将"专业名称""年级""学年度"和"学期"字段列均设为"Where"，将"班级名称"和"课程名称"字段列设为"Group By"，将"学号"字段列设为"计数"，将"课程类别""任课教师""周学时""上课周数""授课时间"和"授课地点"字段列设为"First"。

5）对"条件"行进行下述设置：在"专业名称"字段列输入"文秘"，在"年级"字段列输入"2009"，在"学年度"字段列输入"2010"，在"学期"字段列输入"一"。

6）对"字段"行进行下述设置：将"学号"字段列内容改为"学生人数：学号"，将"课程类别"字段列内容改为"课程类别：课程类别"，将"姓名"字段列内容改为"任课教师：姓名"。

7）单击"数据表视图"按钮，预览将要追加的记录，单击"设计视图"按钮则返回设计视图。若预览结果不符合要求，则需要修改查询设计。

8）单击"查询类型"｜"追加"按钮，Access 会打开一个如图 3-31 所示的"追加"对话框。单击"表名称"下拉按钮，在弹出的下拉列表中选择"2010 学年度第 1 学期文秘专业排课表"选项，单击"确定"按钮。若被追加的目标表不在当前数据库中，则选中"另一数据库"单选按钮后，单击"浏览"按钮，找到目标数据库文件并打开它，然后单击"表名称"下拉按钮，选择表对象。

图 3-31　"追加"对话框

9）将所创建的查询保存为"例 3-11 追加文秘专业 09 级 2010 学年度 1 学期排课资料"。

118

10）单击"结果"|"运行"按钮运行查询，Access 会弹出一个向指定表追加记录的对话框（图 3-32），单击"是"按钮，Access 即将刚才预览到的一组记录追加到指定表中。此时，打开"2010 学年度第 1 学期文秘专业排课表"表，即可查阅到刚追加的记录，如图 3-33 所示。

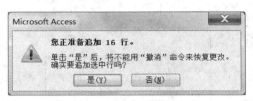

图 3-32　确实要追加选中记录的对话框

班级名称	学生人数	课程名称	课程类别	任课教师	周学时	上课周数	授课时间	授课地点
08级汉语（文秘）B班	5	行政管理学	专业选修	陈婷婷	2	18		
08级汉语（文秘）B班	5	公共关系学	专业选修	程小洪	2	18		
08级汉语（文秘）B班	5	唐宋名家诗导读	专业选修	方洪海	2	18		
09级汉语（文秘）A班	15	大学英语3	公共必修	何立立	4	18	周一（1-2节）	第三教学楼A40
09级汉语（文秘）A班	15	马克思主义哲学原理	公共必修	潘翔明	2	18	周一（3-4节）	第三教学楼A40
09级汉语（文秘）A班	15	广东民俗研究	公共选修	戴江宁	2	18		
09级汉语（文秘）A班	15	中国古代文学史一	公共必修	甘小同	2	18	周二（3-4节）	
09级汉语（文秘）A班	15	古代汉语	专业必修	甘小同	3	30	周二（1-2节）	第三教学楼A40
09级汉语（文秘）A班	15	新闻写作	专业选修	李宇红	2	18		
09级汉语（文秘）A班	15	60篇古文阅读	专业选修	甘小同	2	18		
09级汉语（文秘）A班	15	写作二（书评6篇）	专业选修	甘小同	2	16		
09级汉语（文秘）B班	15	大学英语3	公共必修	何立立	4	18	周一（3-4节）	第三教学楼A40
09级汉语（文秘）B班	15	马克思主义哲学原理	公共必修	潘翔明	2	18	周一（1-2节）	第三教学楼A40
09级汉语（文秘）B班	15	广东民俗研究	公共选修	戴江宁	2	18		

图 3-33　追加记录后的"数据表视图"

3.6.3　更新查询

在数据库操作中，对于批量数据的修改可采用更新查询的方法。更新查询能够一次性修改指定表中的所有记录，或满足条件记录中的指定字段值。

【例 3-12】在"教学管理系统"数据库中创建一个更新查询，若"教师基本资料"表中的"学历"字段值为"学士"，则替换为"本科"。该查询名为"例 3-12 更新学历值"。

分析：本查询的数据源是"教师基本资料"表，被更新的字段是"学历"，更新的条件是"学历"字段的值为"学士"，更新的内容为"本科"。

操作步骤如下：

1）将"教师基本资料"表作为数据源，添加到"设计视图"窗口的字段列表区。

2）单击"查询类型"|"更新"按钮，Access 会在设计网格区中增加一个"更新到"行来替换原来的"显示"行和"排序"行。

3）将"学历"字段添加到设计网格区的"字段"行中。

4）在"学历"字段列的"更新到"行所在的单元格中输入"本科"。

5）在"学历"字段列的"条件"行所在的单元格中输入"学士"，如图 3-34 所示。

6）将所创建的查询保存为"例 3-12 更新学历值"。

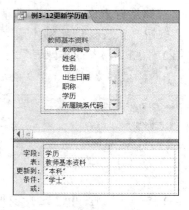

图 3-34 更新查询的"设计视图"

由于操作查询的运行会修改数据源，为了提醒用户，Access 导航窗格中所有操作查询的图标后面都显示了一个感叹号，警示用户不要随意运行操作查询。

3.6.4 删除查询

删除查询可以从一个或多个表中删除符合条件的记录。如果删除的记录来自多个表，必须先定义相关表之间的联系，并且在"关系"窗口选中"实施参照完整性"复选框和"级联删除相关记录"复选框，这样方可在相关联的表中删除记录（注意：删除的记录不可恢复）。

【例 3-13】创建一个查询，删除"2010 学年度第 1 学期文秘专业排课表"中的 09 级排课记录。查询名称为"例 3-13 删除 09 级的排课记录"。

分析：本查询的数据源是"2010 学年度第 1 学期文秘专业排课表"，查询的条件字段是"left([班级名称],2)="09""。

操作步骤如下：

1）打开查询设计视图，将"2010 学年度第 1 学期文秘专业排课表"添加到字段列表区。

2）单击"查询类型"|"删除"按钮，Access 会在设计网格区中增加一个"删除"行。

3）在设计网格区的"字段"行中依次添加"2010 学年度第 1 学期文秘专业排课表"的"*"字段（注：通配符"*"代表该表全部字段）和"班级名称"字段。

4）在"条件"行的"班级名称"字段列单元格中输入"left([班级名称],2)= "09""，如图 3-35 所示。

5）保存查询，查询名称为"例 3-13 删除 09 级的排课记录"。

6）单击"结果"|"数据表视图"按钮，预览将要删除的记录。本例中 09 级的所有排课记录均已选中，说明查询条件正确，此时单击"设计视图"按钮，返回设计视图（若预览结果不符合要求，则需要修改查询设计）。

图 3-35　删除查询的"设计视图"的设置

7）单击"运行"按钮运行查询，此时，Access 会弹出一个如图 3-36 所示的信息提示对话框，单击"是"按钮，Access 将刚才预览的一组记录从指定表中删除。此时，打开"2010 学年度第 1 学期文秘专业排课表"表，会发现所有的 09 级排课记录均已删除。

图 3-36　确认删除选中记录的信息提示对话框

3.7　SQL 查询

结构化查询语言（Structured Query Language，SQL）是通用的关系数据库标准语言，是数据库领域中应用最广泛的数据库查询语言。目前流行的关系数据库管理系统均支持 SQL。Access 也是使用 SQL 语句来实现数据的查询与管理。

从 SQL 的通用性和在数据库的核心地位上来讲，我们有必要系统地学习 SQL 的基本应用。

3.7.1　SQL 在 Access 中的应用

1. SQL 概述

SQL 在 20 世纪 70 年代由 IBM 公司开发，并被应用于 IBM 的产品"DB2 关系数据库系统"。SQL 提出以后，由于它具有功能丰富、使用灵活、语言简洁易学等突出优点，在技术界和计算机用户中备受欢迎。1986 年 10 月，美国国家标准协会（ANSI）的数据委员会批准了将 SQL 作为关系数据库语言的美国标准。1987 年 6 月，国际标准化组织（ISO）将其采纳为国际标准，使得 SQL 作为标准关系数据库语言的地位得到了巩固。目前流行的关系数据库管理系统，如 Oracle、DB2、SQL Server、Sybase 等均采用了 SQL 标准。

尽管 SQL 的设计初衷是应用于查询，数据查询是其重要的功能之一，但 SQL 不仅仅是一个查询工具。SQL 语言具有下述四大特点：①SQL 是一种一体化语言，包括数据定义、数据查询、数据操纵和数据控制等方面的功能，可以完成数据库活动中的全部工作；②SQL 是一种高度非过程化语言，只需描述"做什么"，无须说明"怎么做"；③SQL 是一种非常简单的通用语言，接近自然语言的表达；④SQL 是一种共享语言，支持跨平台操作。

Access 支持 SQL 的数据查询、数据操纵和数据定义功能，但由于 Access 自身在安全控制方面存在缺陷，故没有提供数据控制功能。Access 支持的 SQL 语句如表 3-8 所示。

表 3-8　Access 中的 SQL 语句功能

功能分类	命令动词	作用
数据查询	SELECT	数据查询
数据操纵	INSERT	插入数据
	UPDATE	更新数据
	DELETE	删除数据
数据定义	CREATE	创建表对象
	DROP	删除表对象
	ALTER	修改表对象

2. SQL 视图与 SQL 查询

在 Access 中，无论是选择查询、交叉表查询、参数查询还是操作查询，每一个查询都会对应一个 SQL 语句。Access 数据库的查询对象，本质上是一个用 SQL 语言编写的命令，当用户在前台使用"查询设计视图"或"查询向导"这些可视化方式创建一个查询时，Access 便自动在后台把它构造成相应的 SQL 语句。而 SQL 查询是用户可直接使用 SQL 语句创建的一种查询。

在"查询设计视图"中，为了能够看到查询对象相应的 SQL 语句，或者直接对 SQL 语句进行编辑，用户可以从"设计视图"切换到"SQL 视图"。方法是单击"查询工具/设计"|"结果"|"视图"下拉按钮，在弹出的下拉菜单中选择"SQL 视图"命令将其打开（图 3-37），在打开的 SQL 视图中便可直接编写或修改 SQL 语句。

在 Access 中，某些 SQL 查询称为"SQL 特定查询"，包括联合查询、传递查询、数据定义查询和子查询。其中，联合查询、传递查询、数据定义查询都是使用 SQL 语句编写的高级查询，不能直接在"查询设计视图"中创建；子查询则可以在查询设计视图设计网格的"字段"行或"条件"行中输入 SQL 语句，来产生一个包含在现存结果中的查询。

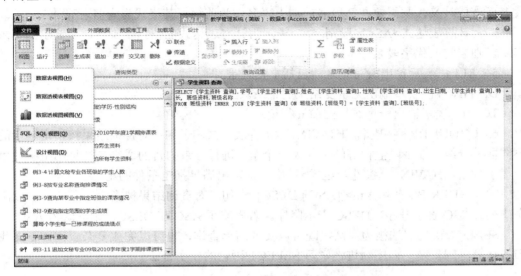

图 3-37　查询的"SQL 视图"示例

3.7.2　SQL 数据查询

SQL 语言的核心是查询，SQL 数据查询是通过 SELECT 语句实现的，该语句支持对数据的筛选、投影和连接操作，并可以实现筛选字段的重命名、多数据源数据组合、分类汇总和排序等具体操作。

SELECT 语句的基本语法格式如下：

```
SELECT[ALL|DISTINCT|TOP n]*|<字段名>|<计算表达式>[AS 别名][<字段名>|<计算
表达式>[AS 别名]][,…]
FROM<表名 1>[,<表名 2>][,…]
[WHERE<条件表达式>]
[GROUPBY<字段名>或<表达式>[,<字段名>或<表达式>][,…][HAVING<条件表达式>]]
[ORDERB <字段 m>[ASC|DESC][,<字段 n>[ASC|DESC]][,… [ASC|DESC]]];
```

参数说明：

1）"<>"中的内容是必选项。"[]"中的内容是可选项。"|"表示多个选项中只能选择其中之一。"；"是 SQL 语句的结束符。

2）FROM 子句指定要查询的表对象，当指定多个表时，表名之间需用英文逗号分隔。WHERE 子句则指定查询条件。基本语句 SELECT…FROM…WHERE 的含义是，从 FROM 子句所指定的表中返回一个满足 WHERE 子句所指定条件的记录集，该记录集中只包含 SELECT 语句所指定的字段。

3）当指定多个字段时，字段名之间需用英文逗号分隔。当指定表中所有字段时，可以使用通配符"*"表示。如果查询涉及多个表，为避免由于表中可能存在相同的字段名而造成歧义，则需要在字段名前加上表名作为前缀，其格式为表名.字段名。

4）<计算表达式>AS<字段别名>：表示为计算表达式的值指定别名，在输出的记录集中，别名将取代字段名。

5）ALL：表示输出所有记录，包括重复记录。

DISTINCT：表示输出无重复结果的记录。

TOP n：表示输出查询结果的前 n 行记录。

6）GROUP BY <字段名> [HAVING <条件表达式>]子句：对查询结果按指定字段的不同取值分组，该字段值相等的记录为一个组。进行分组的目的通常是在每个组中使用聚集函数值。HAVING <条件表达式>可用于筛选出满足指定条件的组。

7）ORDER BY <字段 m> [ASC | DESC] 子句：对查询结果按指定字段的升序或降序排列。ASC 表示升序，DESC 表示降序。若省略了 ASC 和 DESC，则默认为 ASC。

SELECT 语句用法极为灵活，既可以实现简单查询，也可以完成复杂查询。下面我们就从简单到复杂，循序渐进地学习 SELECT 语句的使用方法。

1. 简单查询

简单查询是指不带任何子句的单表查询。

（1）查询全部列

【例 3-14】在"教学管理系统"中使用 SQL 视图，创建一个名为"例 3-14 查询全体学生详细记录"的查询对象，查看"学生基本资料表"中的所有记录。

在该查询的 SQL 视图中应输入的 SQL 语句如下：

```
SELECT * FROM学生基本资料;
```

等价于

```
SELECT 学号,姓名,性别,出生日期,班级号,优干,特长,照片,联系电话,
       学籍当前状态 FROM 学生基本资料;
```

（2）查询指定列

【例 3-15】在"教学管理系统"中使用 SQL 视图，创建一个名为"例 3-15 查询全体学生的所在班级、学号、姓名、出生日期"的查询对象，查询结果按班级号的升序排序，同一班级的学生按出生日期的降序排序。

在该查询的 SQL 视图中应输入的 SQL 语句如下：

```
SELECT 班级号,学号,姓名,出生日期
FROM 学生基本资料
ORDER BY 班级号,出生日期 DESC ;
```

（3）查询经过计算的值

【例 3-16】在"教学管理系统"中使用 SQL 视图，创建一个名为"例 3-16 查询全体学生的所在班级、学号、姓名、年龄"的查询对象，查询结果按学号的升序排列。查询的运行结果如图 3-38 所示。

在该查询的 SQL 视图中应输入的 SQL 语句如下：

```
SELECT 班级号,学号,姓名,Year(Date()) - Year([出生日期]) AS 年龄
FROM 学生基本资料
ORDER BY 学号 ASC;
```

例3-16查询全体学生的所在班级、学号、姓名、年龄			
班级号	学号	姓名	年龄
1	08101001	陈素梅	18
1	08101002	程美娟	18
1	08101003	李金威	18
1	08101004	林艳芳	18
1	08101005	黄健	18
1	08101006	李健威	18
1	08101007	黄欣欣	18
1	08101008	黄艳芳	18
1	08101009	黄怡	18
1	08101010	梁敏红	18
1	08101011	谢书林	18
1	08101012	曾诚	18
1	08101013	樊刚正	18
1	08101014	李翠玲	18
1	08101015	李健	18
2	08101016	李霖明	18
2	08101017	李敏颖	17
2	08101018	李少平	17

图 3-38　例 3-16 运行结果

2. 带有 WHERE 子句的查询

用户可以通过 WHERE 子句实现查询满足指定条件的记录。

【例 3-17】在"教学管理系统"中使用 SQL 视图，创建一个名为"例 3-17 查询博士学历且职称是'教授'和'副教授'的教师资料"的查询对象，要求显示的内容包括教师编号、姓名、性别、出生日期、职称、来校入职年份，查询结果按出生日期的升序排序。查询的运行结果如图 3-39 所示。在该查询的 SQL 视图中应输入的 SQL 语句如下：

```
SELECT 教师编号,姓名,性别,出生日期,职称,left([教师编号],2) AS 来校入职年份
FROM 教师基本资料
WHERE 学历 = "博士" And 职称 In("教授","副教授")
ORDER BY 出生日期 ASC;
```

例3-17查询博士学历且职称是"教授"和"副教授"的教师资料

教师编号	姓名	性别	出生日期	职称	来校入职年份
980003	陈敏仪	女	1965/10/6	教授	98
010006	刘一丹	女	1966/4/10	教授	01
970001	常晓明	男	1967/4/30	教授	97
010001	方洪海	男	1969/4/30	教授	01
080001	戴江宁	男	1975/6/26	副教授	08

图 3-39　例 3-17 运行结果

3. 多表查询

前面的查询都是针对一个表来进行的。若一个查询同时涉及两个以上的表，则称为多表查询，多表查询是关系数据库中最主要的查询。在多表查询中，如果要引用不同关系中的同名属性，则需要使用在属性名前加关系名（即"表名.字段名"）的形式表示。多表查询分为连接查询和嵌套查询两种类型。嵌套查询又称为子查询。

（1）连接查询

【例 3-18】在"教学管理系统"数据库中使用 SQL 视图，创建一个名为"例 3-18 查询 10 级专业编码为'101'专业的所有特长生资料"的查询对象，查看内容包括班级名称、学号、姓名、性别、出生日期、特长，查询结果按班级号的升序排列，同班级学生中相同特长的学生排在一起。查询的运行结果如图 3-40 所示。

在该查询的 SQL 视图中应输入的 SQL 语句如下：

```
SELECT 班级资料.班级名称, 学生基本资料.学号, 学生基本资料.姓名,
学生基本资料.性别,学生基本资料.出生日期, 学生基本资料.特长
FROM 班级资料, 学生基本资料
WHERE 班级资料.班级号=学生基本资料.班级号 And 班级资料.年级="2010"
 And 学生基本资料.特长 Is Not Null And mid([学生基本资料.学号],3,3)="101"
ORDER BY 班级资料.班级号, 学生基本资料.特长;
```

班级名称	学号	姓名	性别	出生日期	特长
10级汉语（文秘）A班	10101023	莫清丝	女	1992/6/19	篮球
10级汉语（文秘）A班	10101027	黄燕平	女	1992/6/23	网球
10级汉语（文秘）A班	10101022	钟华	男	1992/6/18	足球前锋
10级汉语（文秘）B班	10101040	王东华	男	1992/9/28	篮球
10级汉语（文秘）B班	10101045	刘飞	男	1992/1/16	足球后卫
10级汉语（文秘）B班	10101038	李明	男	1992/12/25	足球前锋

图 3-40　例 3-18 的运行结果

实际上，SQL 可以用两种方式实现连接查询的操作：①例 3-18 中采用的 FROM…WHERE 子句，这是早期的 SQL 连接查询语句，连接条件在 WHERE 子句的逻辑表达式中；②采用 ANSI 连接查询语句，其在 FROM 子句中使用 JOIN…ON 关键字，连接条件在 ON 之后。ANSI 连接查询的方式分为内连接和外连接，其中外连接又分为左外连接、右外连接、全外连接。下面仅介绍 ANSI 连接查询语句中的内连接语法格式：

```
SELECT …
FROM <表 1> INNER JOIN <表 2> ON <连接条件表达式>[,…]
…
```

内连接是一种常用的连接方式。所谓内连接就是从两个表的笛卡儿积中选出符合条件的元组（记录），它使用 INNER JOIN 连接运算符，并且使用 ON 关键字指定连接条件。

【例 3-19】在“教学管理系统”数据库中使用 SQL 视图，创建一个名为“例 3-19 查询 10 级在‘计算机应用基础’课程学习中成绩前 10 名的学生”的查询对象，查看内容包括学号、姓名、性别、班级号、课程名称、成绩，查询结果按成绩的降序排列，成绩相同则按学号升序排列。查询的运行结果如图 3-41 所示。

分析：

1）由于学号、姓名、性别来自“学生基本资料”表，课程名称来自“课程”表，成绩来自“修课成绩”表，因此本查询实际上涉及上述 3 个表。其中，“学生基本资料”表与“修课成绩”表之间的联系，是通过两个表的公共属性“学号”实现的；而“修课成绩”表与“课程”表之间的联系，是通过公共属性“课程代码”实现的。

2）查询需要满足的条件：Left([学生基本资料.学号],2)="10" And 课程.课程名称="计算机应用基础"。

3）由于要求输出的是满足条件的成绩前 10 名的学生，因此需要对查询结果按成绩的降序排列，在此基础上输出前 10 个元组（记录）的学生资料。

综合上述分析，在该查询的 SQL 视图中应输入的 SQL 语句如下：

```
SELECT TOP 10 学生基本资料.学号,学生基本资料.姓名,学生基本资料.性别,
 学生基本资料.班级号,课程.课程名称,修课成绩.成绩
FROM 课程 INNER JOIN (学生基本资料 INNER JOIN 修课成绩 ON
 学生基本资料.学号 = 修课成绩.学号) ON 课程.课程代码 = 修课成绩.课程代码
WHERE Left([学生基本资料.学号],2)="10" And 课程.课程名称="计算机应用基础"
ORDER BY 修课成绩.成绩 DESC, 学生基本资料.学号 ASC;
```

例3-19查询10级在“计算机应用基础”课程学习中成绩前10名的学生

学号	姓名	性别	班级号	课程名称	成绩
10101015	汪彩霞	女	39	计算机应用基础	97
10101055	周广新	男	40	计算机应用基础	97
10101020	胡春莉	女	39	计算机应用基础	96
10101025	林亮	男	39	计算机应用基础	96
10101014	苏岳	男	39	计算机应用基础	95
10101008	许飞龙	男	39	计算机应用基础	94
10101029	傅芳萍	女	39	计算机应用基础	94
10101002	乔飞	男	39	计算机应用基础	93
10101023	莫清丝	女	39	计算机应用基础	93
10101028	梁婉琴	女	39	计算机应用基础	93

图 3-41　例 3-19 的运行结果

（2）子查询

子查询是指一个 SELECT 语句嵌入另一个 SELECT 语句中。其中，外层的 SELECT

语句称为父查询或外查询，嵌入内层的 SELECT 语句称为子查询或内查询。因此，子查询也称嵌套查询。

注意：子查询的 SELECT 语句不可使用 ORDER BY 子句，ORDER BY 子句只可对最终查询结果（即父查询）排序。

【例 3-20】在"教学管理系统"数据库中使用 SQL 视图，创建一个名为"例 3-20 查询 08 级学生中选修了课程代码为'20110104'课程的学生姓名和所在班级"的查询对象，查询结果按班级号升序排列。查询的运行结果如图 3-42 所示。在该查询的 SQL 视图中应输入的 SQL 语句如下：

```
SELECT 班级资料.班级名称,学生基本资料.姓名
FROM 学生基本资料 INNER JOIN 班级资料
 ON 学生基本资料.班级号 = 班级资料.班级号
WHERE left([学生基本资料.学号],2)="08" And 学生基本资料.学号 In
 (SELECT 学号 fROM 修课成绩 WHERE 课程代码 ="20110104")
ORDER BY 班级资料.班级号,学生基本资料.学号;
```

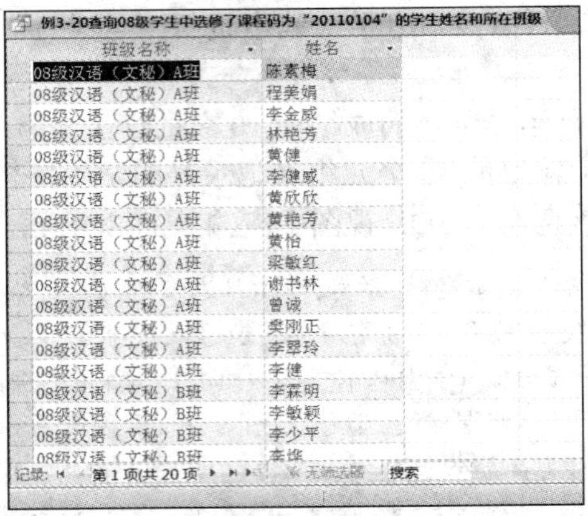

图 3-42　例 3-20 的运行结果

4. 带有 GROUP BY 子句的分组查询

在实际应用中，经常需要将查询结果进行分组统计，SELECT 的 GROUP BY 子句和 HAVING 子句用来实现此功能。

（1）简单分组查询

【例 3-21】在"教学管理系统"数据库中使用 SQL 视图，创建一个名为"例 3-21 统计全校各班级男女学生人数"的查询对象。查询的运行结果如图 3-43 所示。在该查询的 SQL 视图中应输入的 SQL 语句如下：

```
SELECT 班级资料.班级名称, 学生基本资料.性别,
 COUNT([学生基本资料.学号]) AS 学生人数
```

```
FROM 学生基本资料 INNER JOIN 班级资料
ON 学生基本资料.班级号 = 班级资料.班级号
GROUP BY 班级资料.班级名称,学生基本资料.性别;
```

例3-21统计全校各班级男女学生人数

班级名称	性别	学生人数
08级汉语（文秘）A班	男	7
08级汉语（文秘）A班	女	8
08级汉语（文秘）B班	男	4
08级汉语（文秘）B班	女	1
08级经贸英语A班	男	15
08级经贸英语A班	女	15
08级经贸英语B班	男	15
08级经贸英语B班	女	15
09级汉语（文秘）A班	男	11
09级汉语（文秘）A班	女	4
09级汉语（文秘）B班	男	11
09级汉语（文秘）B班	女	4
09级经贸英语A班	男	10
09级经贸英语A班	女	4
10级汉语（文秘）A班	男	16
10级汉语（文秘）A班	女	14
10级汉语（文秘）B班	男	20
10级汉语（文秘）B班	女	10
10级经贸英语A班	男	11

记录: 第1项(共20项) 无筛选器 搜索

图 3-43　例 3-21 的运行结果

在完成上述统计的基础上，可以使用 HAVING 关键字对统计结果做进一步的筛选。

（2）带 HAVING 子句的分组查询

【例 3-22】在“教学管理系统”数据库中使用 SQL 视图，创建一个名为“例 3-22 查询学生人数不足 30 人的班级”的查询对象。要求显示这些班级的班级号和人数，并按班级号升序排列。查询的运行结果如图 3-44 所示。在该查询的 SQL 视图中应输入的 SQL 语句如下：

```
SELECT 班级号,COUNT(*) As 人数
FROM 学生基本资料
GROUP BY 班级号 HAVING COUNT(*)<30
ORDER BY 班级号;
```

例3-22查询学生人数不足30人的班级

班级号	人数
1	15
2	5
20	15
21	15
24	14
43	22

图 3-44　例 3-22 的运行结果

WHERE 子句与 HAVING 的作用域不同，WHERE 子句用于从基本表或视图中选择满足条件的记录，HAVING 则用于从分组中选择满足条件的组。

5. SQL 联合查询

联合查询是将多个表或查询结果合并到一起的查询。SQL 使用 SELECT 和 UNION 来实现联合查询。其命令格式如下：

```
SELECT<字段名列表 1> FROM <数据源列表 1> WHERE〈条件表达式 1>
UNION [All]
```

```
SELECT <字段名列表 2> FROM <数据源列表 2> WHERE <条件表达式 2>;
```

其中：

1）<数据源列表 1>和<数据源列表 2>可以相同，也可以不同。

2）UNION：用于合并其前后的 SELECT 语句的执行结果。

3）ALL：返回所有合并记录，包括重复记录。若省略此项，则结果中不包含重复记录。

【例 3-23】在"教学管理系统"数据库中，使用 SQL 视图创建一个名为"例 3-23 联合查询 10 级优干生资料和特长生资料"的查询对象，将查询名为"查询 10 级所有优干学生资料"和"学生基本资料"中的 10 级特长生记录合并显示。查询的运行结果如图 3-45 所示。在该查询的 SQL 视图中应输入的 SQL 语句如下：

```
SELECT * FROM [查询 10 级所有优干学生资料]
UNION SELECT 班级号,学号,姓名,性别,出生日期,特长,优干 FROM 学生基本资料
WHERE  left([学号],2)="10" And 特长 Is Not Null;
```

	班级号	学号	姓名	性别	出生日期	特长	优干
	39	10101015	汪彩霞	女	1992/3/15	羽毛球	-1
	39	10101022	钟华	男	1992/6/18	足球前锋	0
	39	10101023	莫清丝	女	1992/6/19	篮球	-1
	39	10101027	黄燕平	女	1992/6/23	网球	0
	39	10101030	彭敏瑜	女	1992/6/26		-1
	40	10101038	李明	男	1992/12/25	足球前锋	-1
	40	10101039	林海英	女	1992/7/15		-1
	40	10101040	王东华	男	1992/9/28	篮球	-1
	40	10101042	李宏伟	男	1992/3/25		-1
	40	10101045	刘飞	男	1992/1/16	足球后卫	0
	40	10101058	邹彩霞	女	1991/3/15		-1
	43	10103006	李清丝	女	1991/6/19		-1
	43	10103013	赵敬瑜	女	1991/6/26		-1
	43	10103021	赵明	男	1991/12/25	足球前锋	0
	43	10103022	赵海英	女	1991/7/15		-1

图 3-45　例 3-23 的运行结果

联合查询中用于合并的各个查询必须具有相同的输出字段数，采用相同的字段顺序且拥有相同或相兼容的数据类型。

3.7.3　SQL 数据操纵

SQL 的数据操纵是指对数据库中记录的操作，主要包括数据的插入、更新和删除等功能。

1. 数据的插入

SQL 中用于实现数据插入操作的语句为 INSERT 语句。有两种插入数据的方式，一种是每次插入 1 条新记录；另一种是插入子查询结果，即 1 次可插入多条记录。

（1）插入单条记录

插入单条记录的 INSERT 语句格式如下：

```
INSERT
INTO <表名>[(<字段名 1><字段名 2>,…,<字段名 n>)]
VALUES(<表达式 1>[,<表达式 2>][,…]);
```

参数说明：

1）<表名>：将要插入记录的表名称。

2）<字段名 1>,<字段名 2>,…,<字段名 n>：新记录中即将赋值的字段名列表。

3）VALUES (<表达式 1>[,<表达式 2>][,…])：与字段对应的值列表。Access 要求表达式的值的数据类型必须与对应字段的数据类型一致，表达式的值个数必须与字段的个数相等。

若是给新记录的所有字段赋值，则字段名列表可以省略，但常量值的类型与个数必须与字段值的类型与个数相一致。

【例 3-24】在"教学管理系统"数据库中，使用 SQL 视图创建一个名为"例 3-24 向进修生资料添加 1 条新记录"的查询对象。在"进修生资料"中添加一条新记录。添加记录的内容："99103003","张一平","男",#1988-9-8#,43,False,"钢琴十级"。

在该查询的 SQL 视图中应输入的 SQL 语句如下：

```
INSERT
INTO 进修生资料(学号,姓名,性别,出生日期,班级号,优干,特长)
VALUES ("99103003","张一平","男",#1988-9-8#,43,false,"钢琴十级");
```

（2）插入子查询结果

要向一个表中一次插入多条记录，可使用 INSERT 语句的另一种形式，在这种形式中先通过子查询来生成要插入的批量数据，然后用 INSERT 语句插入指定的表中。

用于将子查询结果批量插入表中的 INSERT 语句的格式如下：

```
INSERT
INTO <目标表> [(字段 1[, 字段 2[, …]])]
SELECT [源表.]字段 1[, 字段 2[, …]]
FROM <源表> [WHERE 条件表达式];
```

【例 3-25】在"教学管理系统"数据库中，使用 SQL 视图创建一个名为"例 3-25 向学生资料中添加 1 组新记录"的查询对象。将"进修生资料"中的 43 班学生资料加入"学生基本资料"中。

在该查询的 SQL 视图中应输入的 SQL 语句如下：

```
INSERT INTO 学生基本资料
SELECT * FROM 进修生资料 WHERE 班级号=43;
```

2. 更新记录

SQL 语言中，可以使用 UPDATE 语句对表中的一条或多条记录的指定字段值进行更新。UPDATE 语句的一般格式如下：

```
UPDATE  <表名>
SET<字段名 1>=<表达式 1>,[<字段名 2>=<表达式 2>]…
WHERE  <条件表达式>;
```

其中，<表名>指要更新的表名称；SET 子句给出要修改的字段及其修改后的值；WHERE 子句指定待更新的记录应当满足的条件，WHERE 子句省略时，则更新表中所有记录。

【例 3-26】在"教学管理系统"数据库中，使用 SQL 视图创建一个名为"例 3-26 修改学号为 99103003 的进修生学籍状态"的查询对象。将"进修生资料"表中该生资料的学籍状态改为"在校"。

在该查询的 SQL 视图中应输入的 SQL 语句如下：

```
UPDATE 进修生资料 SET 学籍当前状态="在校"  WHERE 学号="99103003";
```

3. 删除记录

在 SQL 中，可使用 DELETE 语句删除表中的一条或多条记录。其命令格式如下：

```
DELETE FROM <表名> WHERE <条件表达式>;
```

其中，<表名>指定要删除记录的表；WHERE 子句指定要删去的记录应满足的条件，若该子句省略，则将删除表中所有记录。

【例 3-27】在"教学管理系统"数据库中，使用 SQL 视图创建一个名为"例 3-27 删除进修生记录"的查询对象。将"学生基本资料"表中所有的进修生记录删除。

在该查询的 SQL 视图中应输入的 SQL 语句如下：

```
DELETE FROM 学生基本资料  WHERE left([学号],2)="99";
```

3.7.4 SQL 数据定义

标准 SQL 的数据定义功能非常广泛，一般包括数据库的定义、表的定义、视图的定义、存储过程的定义、规则定义等。但 Microsoft Access SQL 具有一定的局限性，其数据定义功能主要定位在数据库表的定义、修改、删除，以及索引的定义与删除等操作。

1. 基本表的定义

SQL 使用 CREATE 语句来定义基本表。Microsoft Access SQL 定义基本表的语法格式如下：

```
CREATE TABLE <表名>
      (<字段名 1><数据类型>[字段级完整性约束条件 1]
      [,<字段名 2><数据类型>[字段级完整性约束条件 2]]
```

[,…]

[,<字段名 n><数据类型>[字段级完整性约束条件 n]]

[,表级完整性约束]);

参数说明：

1）<表名>：要建立的表的名称。

2）<字段名 1>,…,<字段名 n>：要建立的表的字段名。在语法格式中，每个字段名后的语法成分是对该字段的属性说明，其中字段的数据类型是必需的。表 3-9 列出了 Microsoft Access SQL 中支持的主要数据类型。应当注意，不同系统中所支持的数据类型并不完全相同，使用时可查阅相关系统说明。

3）定义表时还可以根据需要定义字段的完整性约束，用于输入数据时对字段进行有效性检查。例如，主键（Primary Key）约束指定该字段为主键；空值约束（Null 或 Not Null）指定该字段是否允许"空值"，其默认值为 Null，即允许空值。

表 3-9 Microsoft Access SQL 常用数据类型

数据类型	描述
Smallint	短整型，按 2 字节存储
Integer	长整型，按 4 字节存储
Real	单精度浮点型，按 4 字节存储
Float	双精度浮点型，按 8 字节存储
Text(n)	长度为 n 的文本型数据
Bit	是否型，按 1 字节存储
Date	日期/时间型，按 8 字节存储
Image	用于 OLE 对象

【例 3-28】在"教学管理系统"数据库中，使用 SQL 视图创建一个名为"例 3-28 创建外聘教师表"的查询对象。"外聘教师"表结构如表 3-10 所示。

表 3-10 "外聘教师"表结构

字段名称	数据类型	字段大小	说明
临时教师编号	Text	6	主键
姓名	Text	8	不允许空
性别	Text	1	不允许空
出生日期	Date		不允许空
教授	Bit		不允许空
研究领域	Text	20	
课酬	Real		

在该查询的"SQL 视图"中应输入的 SQL 语句如下：

```
CREATE TABLE 外聘教师
(临时教师编号 Text(6) Primary Key,
 姓名 Text(8) Not Null,
 性别 Text(1) Not Null,
 出生日期 Date Not Null,
 教授 Bit Not Null,
 研究领域 Text(20) Not Null,
 课酬 Real);
```

2. 修改表

SQL 使用 ALTER TABLE 语句修改表结构，包括字段的增、删、改等操作。其一般语法格式如下：

```
ALTER TABLE <表名>
[ADD COLUMN <新字段名><数据类型>[字段级完整性约束条件]]
[DROP COLUMN [<字段名>]…]
[ALTER COLUMN <字段名><数据类型>];
```

其中，<表名>指明要修改的基本表名字；**ADD** 子句可用于增加新的字段；**DROP** 子句用于删除指定字段；**ALTER COLUMN** 子句用于修改原有的字段定义，包括修改列名和数据类型。

【例 3-29】在"教学管理系统"数据库中，使用 SQL 视图创建一个名为"例 3-29 更改外聘教师表字段"的查询对象。将"外聘教师"表中"研究领域"的字段长度改为 30。在该查询的 SQL 视图中应输入的 SQL 语句如下：

```
ALTER TABLE 外聘教师 ALTER COLUMN 研究领域 Text(30);
```

3. 创建索引

索引是对数据库表中一个或多个列（字段）的值进行排序的结构。其主要目的：①加速对表中数据的存取，这是创建索引最主要的原因；②通过创建唯一性索引，可以保证数据库表中每一行数据的唯一性（即记录的唯一性）。

数据库的索引类似于书籍的索引。在书籍中，索引允许用户不必翻阅完整本书就能迅速地找到所需要的信息。在数据库中，索引是一种逻辑排序的方法，此方法并不改变已打开的数据库表记录的物理排序顺序，而是建立一个与该数据库表相对应的索引文件，记录的显示和处理将按索引表达式指定的顺序进行。

在 Microsoft Access SQL 中，建立索引使用 CREATE INDEX 语句，其基本语法格式如下：

```
CREATE INDEX <索引名>
```

ON <表名>(<列名>[ASC|DESC][,<列名>[ASC|DESC]… n]) WITH PRIMARY;

【例 3-30】在"教学管理系统"数据库中,使用 SQL 视图创建一个名为"例 3-30 对外聘教师表创建一个新索引和主键"的查询对象。要对"外聘教师"表的"临时教师编号"字段创建一个索引,并把"临时教师编号"字段设置为主键。

在该查询的"SQL 视图"中应输入的 SQL 语句如下:

```
CREATE INDEX 临时教师编号 ON 外聘教师(临时教师编号) WITH PRIMARY;
```

4. 删除表

SQL 使用 DROP 语句删除不需要的基本表。其语法格式如下:

```
DROP TABLE <表名>;
```

【例 3-31】在"教学管理系统"数据库中,使用 SQL 视图创建一个名为"例 3-31 删除外聘教师表"的查询对象。在该查询的 SQL 视图中应输入的 SQL 语句如下:

```
DROP TABLE 外聘教师;
```

完成上述操作后,"外聘教师"表将从"教学管理系统"数据库中删除。

习 题 3

单选题

(1)在 Access 中对表进行"筛选"操作的结果是(　　)。
　　A．从数据中挑选出满足条件的记录
　　B．从数据中挑选出满足条件的记录并生成一个新表
　　C．从数据中挑选出满足条件的记录并输出到一个报表中
　　D．从数据中挑选出满足条件的记录并显示在一个窗体中

(2)在 Access 中,查询的数据源可以是(　　)。
　　A．表　　　　　　　　　　　　　B．表和查询
　　C．查询　　　　　　　　　　　　D．表、查询和报表

(3)若 Access 数据表中有姓名为"李建华"的记录,下列无法查出"李建华"的表达式是(　　)。
　　A．Like"华"　　　　　　　　　　B．Like"*华"
　　C．Like"*华*"　　　　　　　　　D．Like"??华"

(4)排序时如果选取了多个字段,则输出结果是(　　)。
　　A．按从左向右优先次序依次进行排序
　　B．按最右边的列开始排序

C．按设定的优先次序依次进行排序

D．无法进行排序

（5）在 Access 中已经建立了"工资"表，表中包括"职工号""所在单位""基本工资""岗位补助""应发金额"等字段，如果要按单位统计应发工资总数，那么在查询设计视图"所在单位"的"总计"行和"应发金额"的"总计"行中分别选择的是（　　）。

A．Sum，Group By

B．Count，Group By

C．Group By，Sum

D．Group By，Count

（6）若查找某个字段中以字母 A 开头且以字母 Z 结束的所有记录，则条件表达式应设置为（　　）。

A．Like"ASZ"　　B．Like"A#Z"　　C．Like"A*Z"　　D．Like"A?Z"

（7）在学生表中建立查询，"姓名"字段的查询条件设置为"Is Null"，运行该查询后，显示的记录是（　　）。

A．姓名字段为空的记录

B．姓名字段中包含空格的记录

C．姓名字段不为空的记录

D．姓名字段中不包含空格的记录

（8）在 Access 数据库中，带条件的查询需要通过准则来实现。下面（　　）不是准则中的元素。

A．SQL 元素　　B．函数　　　　C．常量　　　　D．字段名

（9）下列属于操作查询的是（　　）。

A．参数查询

B．条件查询

C．生成表查询

D．交叉表查询

（10）将表 A 的记录添加到表 B 中，要求保持表 B 中原有的记录，可以使用的查询是（　　）。

A．选择查询　　B．生成表查询　　C．更新查询　　D．追加查询

（11）在 SQL 的 SELECT 语句中，用于指明检索结果排序的子句是（　　）。

A．FROM　　B．WHERE　　C．GROUP BY　D．ORDER BY

（12）在教师表中，假设"职称"字段的取值范围为教授、副教授、讲师和助教，要查找职称为"教授"和"副教授"的教师，错误的语句是（　　）。

A．SELECT * FROM 教师表 WHERE (Left([职称],2)= "教授"));

B．SELECT * FROM 教师表 WHERE (Right(Trim([职称]),2)= "教授");

C．SELECT * FROM 教师表 WHERE 职称="教授"Or 职称="副教授";

D．SELECT * FROM 教师表 WHERE 职称 In ("教授","副教授");

（13）若要将"产品"表中所有供货商是"ABC"的产品价格下调 50 元，则正确的SQL 语句是（　　）。

A．UPDATE 产品 SET 单价=50 WHERE 供货商="ABC";

B．UPDATE 产品 SET 单价=单价-50　WHERE 供货商="ABC";

C．UPDATE FROM 产品 SET 单价=50   WHERE 供货商="ABC"；

D．UPDATE FROM 产品 SET 单价=单价-50   WHERE 供货商="ABC"；

（14）在 Access 中已经建立了"学生"表，表中有学号、姓名、性别和入学成绩等字段。执行下述 SQL 命令：

```
SELECT 性别, AVG(入学成绩) FROM 学生 GROUP BY 性别;
```

A．计算和显示所有学生的性别和入学成绩的平均值

B．按性别分组计算并显示性别和入学成绩的平均值

C．计算并显示所有学生的入学成绩的平均值

D．按性别分组计算并显示所有学生的入学成绩的平均值

（15）如果在数据库中已有同名的表，要通过查询覆盖原来的表，应该使用的查询类型是（   ）。

A．删除　　　　　B．更新　　　　　C．生成表　　　　D．追加

（16）在 Access 中已经建立了"学生"表，若查找学号是"S00001"或"S00002"的记录，应在查询设计视图的"条件"行中输入（   ）。

A．"S00001" and "S00002"

B．Not("S00001"And "S00002")

C．In("S00001" , "S00002")

D．Not in("S00001" , "S00002")

（17）在数据库中，建立索引的主要作用是（   ）。

A．节省存储空间　B．防止数据丢失　　C．便于管理　　D．提高查询速度

（18）要从数据库中删除一个表，应该使用的 SQL 语句是（   ）。

A．KILL TABLE　　　　　　　　　B．DROP TABLE

C．ALTER TABLE　　　　　　　　　D．DELETE TABLE

（19）在 Access 数据库中创建一个新表，应该使用的 SQL 语句是（   ）。

A．CREATE TABLE　　　　　　　　B．CREATE INDEX

C．ALTER TABLE　　　　　　　　　D．CREATE DATABASE

上机实验 3

1．创建选择查询

1）在"学生成绩管理系统"数据库中，创建一个名为"查询所有学生基本资料"的查询对象。查询内容包括学号、姓名、性别、出生日期、班级名称、院系名称。查询结果按学号的升序排列。

2）在"学生成绩管理系统"数据库中，创建一个名为"查询'大学英语（2 级）'课程成绩优良的学生"的查询对象。查询内容包括课程名称、学号、姓名、班级号、成

绩。查询结果按成绩的降序排列。

3）在"学生成绩管理系统"数据库中，创建一个名为"查询03级所有优干学生和特长生资料"的查询对象。查询内容包括年级、班级号、学号、姓名、性别、出生日期、优干、特长。查询结果按班级号的升序排列，同班级学生按学号升序排列。

4）在"学生成绩管理系统"数据库中，创建一个名为"查询每位学生平均成绩"的查询对象。查询内容包括学号、姓名、平均成绩。查询结果按平均成绩降序排列。

5）在"学生成绩管理系统"数据库中，创建一个名为"查询2003级各班级的'大学英语（2级）'课程平均成绩"的查询对象。查询内容包括班级名称、平均成绩。查询结果按班级号升序排列。

6）在"学生成绩管理系统"数据库中，创建一个名为"统计每位学生已修学分数"的查询对象。对于每个学生来说，课程成绩大于等于60分才能计算该门课程的学分（若不及格，则不予计算该门课程学分）。要求查询结果包括学号、姓名、学分。查询结果按学号升序排列。

7）在"学生成绩管理系统"数据库中，创建一个名为"统计'03级汉语专业班'的各课程期末考试平均成绩"的查询对象。要求查询结果包括课程名称、平均成绩。查询结果按课程代码升序排列。

2. 创建交叉表查询

1）在"学生成绩管理系统"数据库中，创建一个名为"统计各班级男女学生人数"的查询对象。要求查询结果包括班级名称、性别、人数。

2）在"学生成绩管理系统"数据库中，创建一个名为"统计2003级的各位学生每个学年度修课数"的查询对象。要求查询结果包括学号、姓名、学年度、修课数。

3. 创建参数查询

1）在"学生成绩管理系统"数据库中，创建一个名为"查询指定班级成绩不及格的学生"的查询对象。查询内容包括班级号、学号、姓名、课程名称、成绩、成绩性质。查询结果首先按课程代码升序排列，其次按成绩升序排列。

2）在"学生成绩管理系统"数据库中，创建一个名为"查询指定年龄段的学生基本资料"的查询对象。要求根据输入的学生出生日期起始值和出生日期终止值，查询该范围内出生的学生基本资料。查询内容包括学号、姓名、性别、出生日期、班级名称、优干、特长。查询结果按出生日期降序排列。

4. 创建操作查询

1）在"学生成绩管理系统"数据库中，创建一个名为"成绩不及格学生的生成表查询"的查询对象，将2003～2004学年度成绩"不及格"的学生相关资料（包括学号、姓名、课程名称、成绩、学年度、学期、班级名称）生成到一个新表。该新表名为"成绩不及格的学生资料"。

2）在"学生成绩管理系统"数据库中，创建一个名为"成绩不及格学生的追加查询"的查询对象，将 2004～2005 学年度成绩"不及格"的学生相关资料（包括学号、姓名、课程名称、成绩、学年度、学期、班级名称）追加到"成绩不及格的学生资料"表中。

3）在"学生成绩管理系统"数据库中，创建一个名为"学期表述方式的更改查询"的查询对象，将"修课成绩"表中凡是"学期"字段值为"1"的记录改为"学期"字段值为"一"。

4）在"学生成绩管理系统"数据库中，创建一个名为"成绩不及格学生的删除查询"的查询对象，从"成绩不及格的学生"表中将"学年度"字段值为"2004-2005"的所有记录删除。

5．创建 SQL 查询

1）在"学生成绩管理系统"数据库中，使用 SQL 视图创建一个名为"SQL1"的查询对象。要求显示学生基本资料表中 03 级所有学生的基本资料，并按学号升序排列。

2）在"学生成绩管理系统"数据库中，使用 SQL 视图创建一个名为"SQL2"的查询对象。要求显示 03 级所有学生的修课成绩资料，包括学号、课程名称、成绩、等级，查询结果首先按学号升序排列，其次按课程代码升序排列。

3）在"学生成绩管理系统"数据库中，使用 SQL 视图创建一个名为"SQL3"的查询对象。要求查询 03 级在"大学英语（2 级）"课程学习中成绩在前 5 名的学生，显示内容包括课程名称、学号、姓名、成绩，查询结果按成绩降序排列，相同成绩则按学号升序排列。

4）在"学生成绩管理系统"数据库中，使用 SQL 视图创建一个名为"SQL4"的查询对象。要求查询 03 级各班级学生在"大学英语（2 级）"课程学习中的平均成绩，显示内容包括班级号、平均成绩，查询结果按成绩降序排列，成绩相同则按班级号升序排列。

5）在"学生成绩管理系统"数据库中，使用 SQL 视图创建一个名为"SQL5"的查询对象。查询两科以上（含两科）成绩不及格的学生，要求显示这些学生的学号和不及格的科目数，并按学号升序排列。

第4章 窗 体

窗体是 Access 数据库提供的输入/输出数据的对象，它既是管理数据库的窗口，也是用户与数据库之间交互的桥梁，直接影响数据库系统的使用。通过窗体可以方便地输入、编辑、显示数据，亦可进行查询、排序、筛选等操作。虽然可以使用表视图和查询视图来输入数据，但窗体可以一种更有组织、有吸引力的方式来表示数据，利用窗体可以将数据库中的对象组织起来，形成一个功能完善、风格统一并且方便用户使用的数据库应用系统。

4.1 窗 体 概 述

Access 数据库系统除了要求数据结构设计合理，还应具有功能完善、操作方便的操作界面。作为输入界面，用户可以根据需要设计窗体，作为数据库中数据输入的接口并检查其有效性，窗体的数据输入功能也正是与报表的主要区别；作为输出界面，窗体可以输出各种形式的信息。由于窗体输出的数据是与数据库的数据关联的，因此在建立窗体时，需要指定窗体的记录源，如表、查询、SQL 语句等对象。窗体的记录源引用表和查询中的字段，窗体并不保存这些数据，而窗体上的其他信息（如标题、日期和页码），则存储在窗体的设计中。

窗体包含各种元素，如标签、文本框、选项按钮、复选框、命令按钮、图片框等，这些窗体元素亦称为控件。某些控件用于显示记录源中的数据，通过设置控件的"控件来源"属性，使其关联到记录源中的某个字段，就可以在窗体中浏览和编辑记录源中的记录。

4.1.1 窗体结构

窗体由窗体页眉、窗体页脚、主体、页面页眉和页面页脚 5 部分组成，如图 4-1 所示，各部分以区段形式显示，称为节，每个节都有特定用途。

1. 窗体页眉节

窗体页眉节的内容显示在窗体的顶部，一般用于设置窗体的标题、窗体使用说明或打开相关窗体及执行其他功能的命令按钮等。在翻屏浏览多条记录时，窗体页眉始终显示在屏幕上方。

2. 窗体页脚节

窗体页脚的内容始终相应地显示在窗体的底部，主要用于显示每页公用内容，如命令按钮或窗体的使用指导等。

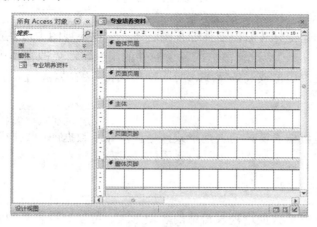

图 4-1　窗体结构

3．主体节

主体是窗体内容的主要部分，通常用来显示表中的记录数据。可以在屏幕或页面上只显示一条记录，也可以显示多条记录。此外，主体区段还可以包含可计算的字段。

4．页面页眉节

页面页眉的内容仅在打印或打印预览时输出，运行窗体时屏幕不显示页面页眉中的对象，可用于打印窗体的页头信息，如每页的标题、图标等。

5．页面页脚节

页面页脚的内容也仅在打印或打印预览时输出，可用于显示本页的汇总说明、打印日期和页码等。

默认情况下，窗体"设计视图"仅显示主体节，右击，在弹出的快捷菜单中可以选择"窗体页眉/页脚"和"页面页眉/页脚"的显示和隐藏。

4.1.2　视图

Access 2010 数据库提供 6 种视图：窗体视图、设计视图、数据表视图、数据透视表视图、数据透视图视图和布局视图等。比较常用的是窗体视图、布局视图和设计视图。开发者可以在不同的视图间切换，实现不同的功能。

1．窗体视图

窗体视图是打开数据库窗体时首先显示的视图环境，在完成窗体设计后，用户主要在窗体视图中进行操作。

2. 设计视图

设计视图是创建窗体和编辑窗体的视图环境。在设计视图中可在窗体添加控件（如标签、文本框、按钮等），设置窗体或各个控件的属性，可更改窗体中的字体、字体大小、对齐文本、更改边框或线条宽度、应用颜色或特殊效果。

3. 数据表视图

数据表视图是数据表窗体的表现形式，是直接显示数据库中数据表的视图，与数据表操作类似。

4. 数据透视表视图

数据透视表视图是数据透视表窗体的表现形式，可以改变表格的版式布置，指定字段显示位置和顺序，增加计数字段，实现数据的汇总、小计和总计。

5. 数据透视图视图

数据透视图视图是数据透视图窗体的表现形式，可以把数据表中的数据和汇总信息以图形化的方式直观地显示出来。

6. 布局视图

布局视图和窗体视图的显示形式非常类似，只是在布局视图中还可以调整和修改窗体的细微设计。例如，可以根据实际数据调整列宽、在窗体上放置新的字段、设置窗体及其控件的属性、调整控件的位置和宽度等。

在布局视图里，窗体的控件四周被虚线围住，表示这些控件可以调整位置和大小。布局视图比设计视图更加直观，可在控件中显示数据的情况下调整控件的大小和位置等属性。

4.2　窗体的分类

Access 窗体有多种分类方法，可以按功能、逻辑或数据的显示方式等方法划分。

1. 按窗体功能分类

窗体按窗体功能可分为数据操作窗体、切换面板窗体、自定义对话框等。
（1）数据操作窗体
数据操作窗体用于浏览、输入、修改表的数据，是最为常用的窗体。
（2）切换面板窗体
切换面板窗体作为窗体的特殊应用，主要用于实现数据库对象之间的切换。在

Access 中很少单独创建一个切换面板窗体，一般是在"数据库向导"新建数据库时，由向导自动建立一个切换面板窗体。Access 也提供了"切换面板管理器"，帮助用户创建并管理切换面板。

（3）自定义对话框

自定义对话框是弹出式窗体中的一种，用来显示信息或提示用户输入数据，实现用户交互，接受用户命令执行相应操作。

2. 按窗体逻辑分类

窗体按窗体逻辑可分为主窗体和子窗体。

子窗体是插入另一个窗体中的窗体。原始窗体称为主窗体，窗体中的窗体称为子窗体，常用于表示一对多的数据关系。每一个主窗体可包含任意数量的子窗体，同时可实现最多 7 层的窗体嵌套（即子窗体内再包含子窗体）。但在数据透视图和数据透视表视图中，窗体不显示子窗体。

3. 按窗体显示方式分类

窗体按窗体显示方式可分为纵栏式窗体、表格式窗体、数据表窗体、图表窗体、分割式窗体、数据透视表窗体和数据透视图窗体等。

（1）纵栏式窗体

纵栏式窗体一页显示一条完整的记录，该记录中的每个字段都显示在一个独立的行上，并且左边有一个说明性的标签。

（2）表格式窗体

表格式窗体的特点是在一个窗体中可以显示多条记录，每条记录的所有字段显示在同一行，每个字段的标签都显示在窗体顶端，可通过滚动条来查看和维护所有记录。

（3）数据表窗体

数据表窗体从外观上看与数据表和查询的数据表视图相同，在数据表窗体中，每条记录的字段以列和行的形式显示，即每条记录显示为一行，每个字段显示为一列，且字段名称显示在每一列的顶端。数据表窗体的主要作用是作为一个窗体的子窗体。

（4）图表窗体

图表窗体是利用 Microsoft Graph 以图表方式显示用户的数据。可以单独使用图表窗体，也可以在子窗体中使用图表窗体来增加窗体的功能。

（5）分割式窗体

分割式窗体是一种具有两种布局形式的窗体。窗体的上半部分是某条记录的明细信息，窗体的下半部分是多条记录的数据表布局方式。分割式窗体既可以快速浏览多条记录，又可以选中某一条记录，详细查看其内容。

（6）数据透视表窗体

数据透视表是指通过指定格式（布局）和计算方法（求和、平均等）汇总数据的交互式表格，以此方式创建的窗体称为数据透视表窗体。用户也可以改变透视表的布局，以满足不同的数据分析方式和需要。在数据透视表窗体中，可以查看和组合数据库中的数据、明细数据和汇总数据，但不能添加、编辑或删除透视表中显示的数据值。

（7）数据透视图窗体

数据透视图窗体是用于显示数据表和窗体中数据的图形分析的窗体。数据透视图窗体允许通过拖动字段，或通过显示和隐藏字段的下拉列表选项，查看不同级别的详细信息或指定布局。

4.3　创　建　窗　体

创建窗体有两种途径，一种是直接在窗体的设计视图中通过添加控件的方式手动创建，这种方式可创建任意类型的窗体，功能强大，灵活多变，但需对控件逐个进行设置，对于初学者要求较高，本书将在 4.5 节中做详细介绍；另一种方法是通过 Access 的窗体向导快速创建，这种方法省时省力，但是窗体的版式是既定的，因此经常需要切换到设计视图进行调整和修改。

在 Access 2010 的"创建"选项卡的"窗体"组中有多种用于创建窗体的功能按钮。其中包括窗体、窗体设计和空白窗体 3 个主要按钮，还有窗体向导、导航和其他窗体 3 个辅助按钮，如图 4-2 所示。单击"导航"和"其他窗体"按钮，还可以展开下拉列表，列表中提供了创建特定窗体的方式。

图 4-2　"创建"选项卡的"窗体"组

4.3.1　一键生成窗体

【例 4-1】在"教学管理系统"数据库中，使用"窗体"按钮创建一个名为"例 4-1 院系资料"的窗体。

操作步骤如下。

1）打开"教学管理系统"数据库，在导航窗格中选择作为窗体的数据源"院系资料"表。单击"创建"|"窗体"|"窗体"按钮，窗体立即创建完成，如图 4-3 所示。

2）在快捷工具栏单击"保存"按钮，在弹出的"另存为"对话框中，输入窗体的名称"例 4-1 院系资料"，然后单击"确定"按钮，如图 4-4 所示。

图4-3 使用"窗体"按钮自动创建的纵栏式窗体   图4-4 "另存为"对话框

该窗体为主/子窗体，分为两个不同的部分：上部分以纵栏式窗体视图显示院系资料信息，下部分以数据表窗体视图显示当前院系所有专业信息。

4.3.2 使用向导创建窗体

【例4-2】使用窗体向导创建教师信息窗体。

操作步骤如下。

1）打开"教学管理系统"数据库，单击"创建"|"窗体"|"窗体向导"按钮。

2）在"窗体向导"对话框中，打开"表/查询"下拉列表，选择"表：教师基本资料"选项，在"可用字段"列表框中显示该表中的所有字段。

3）单击">>"按钮，将"可用字段"列表框中的全部字段添加到"选定字段"窗格中，单击"下一步"按钮，如图4-5所示。

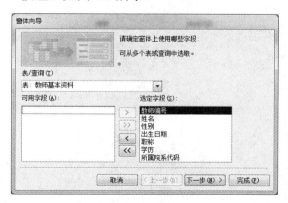

图4-5 在"窗体向导"中选定字段

4）选择"表格"作为该窗体使用的布局，单击"下一步"按钮，如图4-6所示。

5）输入窗体标题"教师基本资料"，选取默认设置"打开窗体查看或输入信息"，单击"完成"按钮，如图4-7所示。

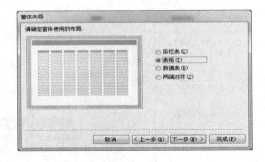

图 4-6 选择"表格"布局

图 4-7 确定窗体标题

6）打开窗体视图，所创建窗体的效果如图 4-8 所示，该窗体为表格式窗体。

教师基本资料						
教师编号	姓名	性别	出生日期	职称	学历	所属院系
010001	方洪海	男	1969/4/30	教授	博士	01
010004	杨小敏	女	1960/12/6	教授	硕士	10
010005	杨烨	女	1969/11/2	副教授	硕士	10
010006	刘一丹	女	1966/4/10	教授	博士	11
020007	李宇红	女	1984/2/5	讲师	硕士	01
030001	徐万万	女	1960/6/12	教授	硕士	04
030002	孙继兰	女	1962/4/20	副教授	硕士	04
040003	曹玉	女	1975/9/18	讲师	硕士	08
050001	陈婷婷	女	1972/5/2	副教授	硕士	06
050004	程小洪	男	1977/5/4	讲师	硕士	06
070002	田立萍	女	1972/3/4	副教授	硕士	01
070003	甘小间	男	1974/2/20	讲师	本科	01
070020	李敏达	女	1974/2/20	讲师	本科	01
070021	林海艳	女	1980/10/23	讲师	本科	02
070022	刘天星	男	1980/5/23	讲师	本科	03
070023	王银川	男	1984/9/12	讲师	硕士	04

图 4-8 "教师基本资料"窗体视图

4.3.3 创建分割窗体

【例 4-3】创建"学生基本资料"分割窗体。

操作步骤如下。

1）打开"教学管理系统"数据库，在导航窗格中选择"学生基本资料"表。

2）选择"创建"|"窗体"|"其他窗体"|"分割窗体"命令，如图4-9所示。窗体创建完成，上半部分以纵栏式窗体视图显示单条学生信息；下半部分以数据表窗体视图显示多条学生信息，如图4-10所示。

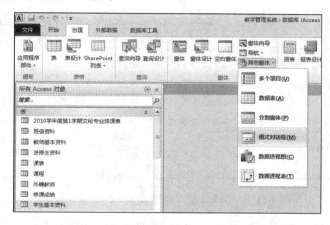

图4-9　选择"分割窗体"命令

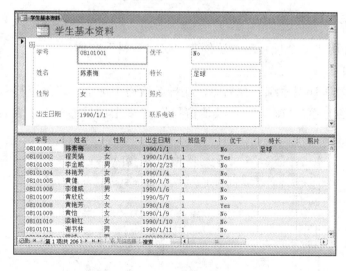

图4-10　学生基本资料分割窗体

3）在快捷工具栏，单击"保存"按钮，在弹出的"另存为"对话框中，输入窗体的名称"例4-3 学生基本资料"，然后单击"确定"按钮保存窗体。

4.3.4　创建数据表窗体

【例4-4】在"教学管理系统"数据库中，使用"数据表"按钮创建一个名为"例4-4

教师授课课表”的数据表窗体。该窗体记录源是“课表”表。

操作步骤如下。

1）打开“教学管理系统”数据库，在“导航窗格”中选中“课表”表。

2）选择“创建”|“窗体”|“其他窗体”|“数据表窗体”命令，窗体创建完成，如图 4-11 所示。

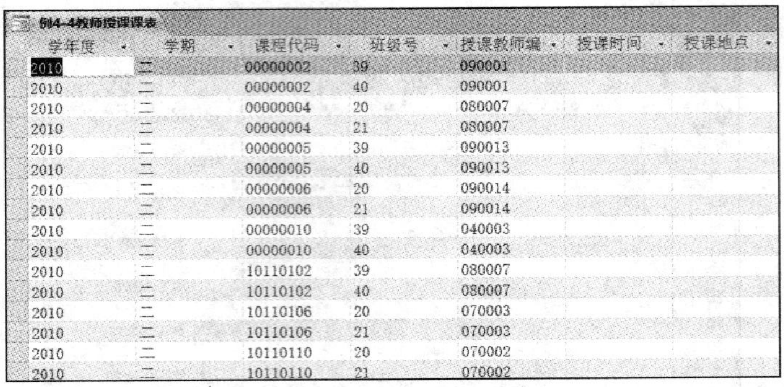

例4-4教师授课课表

学年度	学期	课程代码	班级号	授课教师编	授课时间	授课地点
2010	二	00000002	39	090001		
2010	二	00000002	40	090001		
2010	二	00000004	20	080007		
2010	二	00000004	21	080007		
2010	二	00000005	39	090013		
2010	二	00000005	40	090013		
2010	二	00000006	20	090014		
2010	二	00000006	21	090014		
2010	二	00000010	39	040003		
2010	二	00000010	40	040003		
2010	二	10110102	39	080007		
2010	二	10110102	40	080007		
2010	二	10110106	20	070003		
2010	二	10110106	21	070003		
2010	二	10110110	20	070002		
2010	二	10110110	21	070002		

图 4-11　“例 4-4 教师授课课表”的数据表视图

3）保存该窗体，窗体名为“例 4-4 教师授课课表”。关闭该窗体的数据表视图。

4.3.5　创建多项目窗体

【例 4-5】使用“多个项目”方法创建“班级资料”窗体。

操作步骤如下。

1）打开“教学管理系统”数据库，在导航窗格中选中“班级资料”表。

2）选择“创建”|“窗体”|“其他窗体”|“多个项目”命令，窗体创建完成，如图 4-12 所示。

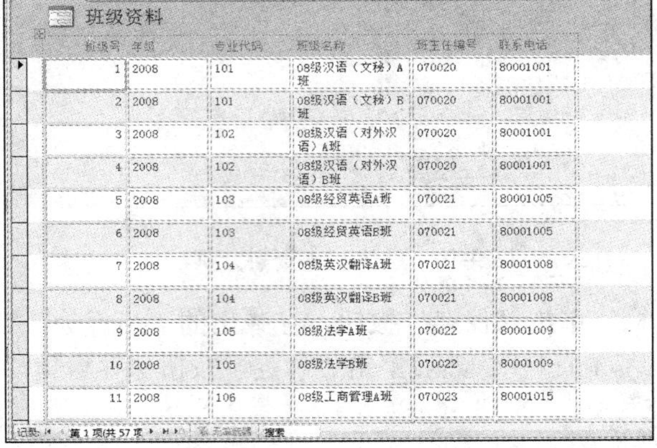

班级资料

班级号	年级	专业代码	班级名称	班主任编号	联系电话
1	2008	101	08级汉语（文秘）A班	070020	80001001
2	2008	101	08级汉语（文秘）B班	070020	80001001
3	2008	102	08级汉语（对外汉语）A班	070020	80001001
4	2008	102	08级汉语（对外汉语）B班	070020	80001001
5	2008	103	08级经贸英语A班	070021	80001005
6	2008	103	08级经贸英语B班	070021	80001005
7	2008	104	08级英汉翻译A班	070021	80001008
8	2008	104	08级英汉翻译B班	070021	80001008
9	2008	105	08级法学A班	070022	80001009
10	2008	105	08级法学B班	070022	80001009
11	2008	106	08级工商管理A班	070023	80001015

记录：第 1 项(共 57 项　搜索

图 4-12　多个项目布局窗体

3）在快捷工具栏，单击"保存"按钮，在弹出的"另存为"对话框中，输入窗体的名称"例4-5班级资料"，然后单击"确定"按钮保存窗体。

4.3.6 创建数据透视表窗体

【例4-6】在"教学管理系统"数据库中，使用"数据透视表"按钮创建一个名为"例4-6各类职称男女教师人数"的数据透视表窗体。该窗体的记录源是"教师基本资料"表。

操作步骤如下。

1）打开"教学管理系统"数据库，在导航窗格中选中"教师基本资料"表。

2）选择"创建"|"窗体"|"其他窗体"|"数据透视表"命令，窗体创建完成，如图4-13所示；同时弹出"数据透视表字段列表"对话框（如未显示，可单击"数据透视表工具"选项卡中的"字段列表"按钮）。

3）将"数据透视表字段列表"对话框中的"性别"拖到行字段处，"职称"拖到列字段处，"教师编号"拖到汇总或明细字段处，如图4-14所示。

图4-13 数据透视表视图

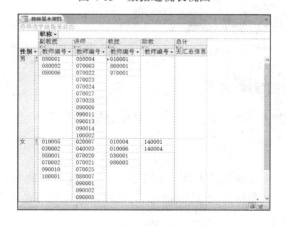

图4-14 "教师资料表"数据透视表明细

4）单击"设计"|"显示/隐藏"|"隐藏详细信息"按钮，隐藏教师编号明细，如图 4-15 所示。

图 4-15 隐藏详细信息视图

5）右击"性别"字段，在弹出的快捷菜单中选择"自动计算"|"计数"命令，如图 4-16 所示。"各类职称男女教师人数"数据透视表视图效果如图 4-17 所示。

6）保存该窗体，窗体名称为"例 4-6 各类职称男女教师人数"。关闭该窗体的"数据透视表视图"。

图 4-16 选择自动计算方式　　　　图 4-17 数据透视表视图效果

4.3.7 创建数据透视图窗体

【例 4-7】以"教师基本资料"表为数据源创建数据透视图窗体，制作各学历男女教师人数分布图。

操作步骤如下。

1）打开"教学管理系统"数据库，在导航窗格中选中"教师基本资料"表。

2）选择"创建"|"窗体"|"其他窗体"|"数据透视图"命令，进入数据透视图设计界面，如图 4-18 所示。

3）单击"数据透视图工具/设计"|"显示/隐藏"|"字段列表"按钮,打开图表字段列表,如图 4-19 所示。

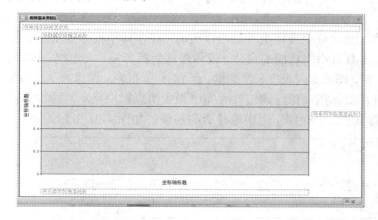

图 4-18　数据透视图设计界面　　　　　　　图 4-19　图表字段列表

4）在"图表字段列表"中,把"性别"字段拖至"序列字段"区域,把"学历"字段拖至"分类字段"区域,再选中"教师编号"字段,在右下角的下拉列表中选择"数据区域"命令,单击"添加到"按钮,此时在图表区显示出各学历男女教师人数柱形图,如图 4-20 所示。

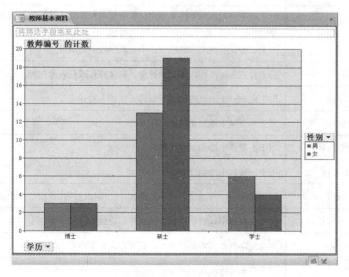

图 4-20　数据透视图创建的结果

5）保存该窗体,窗体名称为"例 4-7 教师学历分布图"。关闭该窗体的数据透视表视图。

4.4 窗 体 控 件

控件是构成窗体的基本元素，每个窗体由各种控件组成，在窗体中根据需求添加控件并设置其属性，从而设计出具有不同功能的窗体。窗体控件包括标签、文本框、按钮、选项卡控件、选项组、组合框、图表、列表框、复选框、子窗体/子报表、图像及 ActiveX 控件等（所有控件名称均可在鼠标指针指向该控件时弹出相应消息框中显示），如表 4-1 所示。用户可在"设计"选项卡的"控件"组中选择所需控件，如图 4-21 所示。

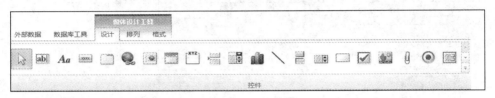

图 4-21 "控件"组

表 4-1 窗体工具箱控件列表

图标	名称	功能
	选择	用于选取控件、节、窗体、报表。单击该按钮可释放已锁定的工具栏按钮
ab|	文本框	用于显示、输入或编辑窗体或报表的记录源数据，显示计算结果，或接受用户输入数据
Aa	标签	用于显示说明性文本的控件，不关联字段的记录源
	按钮	用于完成各种操作，如记录操作、窗体操作或报表操作等
	选项卡控件	用于创建一个多页的选项卡窗体或选项卡对话框
	超链接	用于在窗体中添加超链接
	Web 浏览器控件	用于在窗体中添加浏览器控件
	导航控件	用于在窗体中添加导航条
XYZ	选项组	用于显示一组可选值，可与复选框、选项按钮或切换按钮搭配使用
	插入分页符	用于在窗体中开启新屏幕，或在打印窗体中开始一个新页
	组合框	实现文本框和列表框的结合，既可在组合框中输入新值，也可在下拉列表中选值
	图表	用于在窗体中添加图表
\	直线	用于在窗体或报表中添加直线
	切换按钮	用于绑定"是/否"字段，或接收自定义对话框中输入的数据，可作为选项组的组成部分
	列表框	显示可滚动的数值列表

图标	名称	功能
	矩形	用于显示矩形框效果
	复选框	可同时选中的多个选项
	未绑定对相框	用于在窗体中显示非 OLE 对象
	附件	用于窗体中添加附件
	选项按钮	用于一组具有互斥性的选项（即单项选择）
	子窗体/子报表	用于显示来自其他 Access 对象的数据
	绑定对象框	用于在窗体中显示绑定 OLE 对象
	图像	用于在窗体中显示静态图片

4.4.1 控件类型和属性

根据控件与记录源的关系，可分为以下 3 种类型。

1）绑定型控件：“控件来源”属性取自窗体记录源的字段，可用来显示、输入或更新数据表中字段的值。

2）未绑定型控件：与窗体记录源无关，可用于显示文字、线条、矩形和图片等。

3）计算型控件：“控件来源”属性取自表达式的运算结果，需使用等号（＝）做赋值操作。

控件在窗体中可理解为一个对象，每个对象有各自的属性，控件属性决定控件的结构、外观、动作及其中所含文本或数据的特性。在窗体中选中某控件后，单击“设计”|“工具”|“属性表”按钮，打开控件的“属性表”窗口，“属性表”详细列出了控件的各项属性的详细值，其中包含格式、数据、事件、其他 4 大类属性。设置或更改控件的属性值，即可改变控件的外观和特性。

4.4.2 控件事件和事件过程

控件的事件是指针对控件的特定操作。在 Access 2010 中可以响应很多类型的事件：键盘事件、鼠标事件、对象事件、窗口事件及其他操作事件。事件通常指用户对某控件的操作，如对按钮控件单击鼠标引发该“按钮”对象的“单击”鼠标事件等。

事件过程是为响应由用户或程序代码引发的事件或系统触发的事件而运行的过程。该过程包含一系列的宏命令或 Visual Basic 语句，用来执行相应操作。用户通过使用事件过程，为窗体及其控件上发生的事件添加自定义的事件响应。例如，鼠标双击按钮控件打开某个报表，双击鼠标为事件，打开报表的操作为事件过程。

4.5 窗体的高级应用

4.5.1 标签和文本框控件的应用

标签控件主要用于窗体中的说明性文本，如标题、控件说明等；文本框用于显示、输入和编辑数据。

【例4-8】在"教学管理系统"数据库中，创建"课程资料"窗体，在窗体页眉添加标签"课程"，在窗体主体添加两个文本框控件，分别是"输入课程代码"和"显示课程名称"，用户在第一个文本框输入课程代码后，第二个文本框自动显示对应第一个文本框的课程名称。

操作步骤如下。

1）打开"教学管理系统"数据库，选择"创建"|"窗体"|"窗体设计"命令，系统打开新窗体的设计视图。

2）在窗体的"主体"节中右击，在弹出的快捷菜单中选择"窗体页眉/页脚"命令，则在该窗体设计视图中显示"窗体页眉"节、"主体"节和"窗体页脚"节。

3）单击"设计"|"控件"|"Aa"（标签）按钮，把光标移至"窗体页眉"区段并单击，在出现的标签框内输入"课程"。

4）单击"设计"|"工具"|"属性表"按钮，在弹出的标签属性表窗口中选择"格式"选项卡，设置字体为黑体，字号为20，字体粗细为加粗，如图4-22所示。

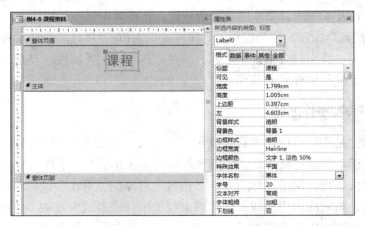

图 4-22　设置标签控件

5）单击"设计"|"控件"|"ab|"（文本框）按钮，把光标移至"主体"区段并单击，弹出"文本框向导"窗口。

6）连续单击"下一步"按钮，直至"输入文本框名称"页面，输入名称"输入课程代码"，单击"完成"按钮。重复步骤 5）、6），创建名称为"显示课程名称"的文本框，如图 4-23 所示。文本框分为两部分，前面是名称标签，后面显示文本框内容。

7）刚创建的文本框显示"未绑定"。在"显示课程代码"文本框的"属性表"|"数据"|"控件来源"选项中，单击右侧的"..."图标，弹出"表达式生成器"窗口。在该窗口中输入表达式"=DLookUp("课程名称","课程","课程代码='" & [输入课程代码] & "'")"，单击"确定"按钮。此时，"控件来源"选项显示相同内容，如图 4-24 所示。

8）切换至窗体视图。在"输入课程代码"文本框中输入"00000001"，然后按【Enter】键，"显示课程名称"文本框将显示"大学英语 1"，如图 4-24 所示。

9）保存窗体，窗体名称为"例 4-8 课程资料"。

图 4-23　设置文本框控件

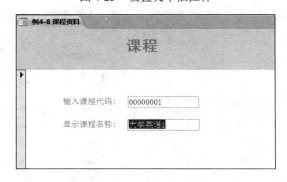

图 4-24　标签和文本框控件应用

4.5.2　复选框、选项按钮和切换按钮控件的应用

复选框、选项按钮和切换按钮控件在窗体中，都用于显示和设置数据表或查询中的"是/否"状态。通过单击可在不同状态间进行切换。在窗体中，多个复选框之间互不影响，而同一个容器中的选项按钮和切换按钮是相互排斥的。

【例 4-9】创建"优秀学生干部"窗体，显示学号字段，并创建一个复选框、一个选项按钮控件和一个切换按钮，用于显示和设置该学生是否为优秀学生干部。

操作步骤如下。

1）打开"教学管理系统"数据库，单击"创建"|"窗体"|"窗体设计"按钮，打开新窗体的设计视图。

2）单击"设计"|"工具"|"属性表"按钮，在"属性表"窗口的"所选内容的类型"下拉列表中选择"窗体"命令。在"数据"|"记录源"下拉列表中选择"学生基本资料"命令。

3）单击"设计"|"工具"|"添加现有字段"按钮，在右侧"字段列表"窗格的"可用于此视图的字段"中选中"学号"并拖入窗体的主体中。

4）单击"设计"|"控件"|"复选框"图标，然后把鼠标指针移至"主体"区段并单击，在窗体中添加复选框控件，填入附加标签名称"优秀学生干部"。采用类似的操作，添加"选项按钮"和"切换按钮"。

5）选中"复选框"的"√"图标，单击"设计"|"工具"|"属性表"按钮，在"数据"|"控件来源"下拉列表中选择"优干"命令。采用类似的操作，设置"选项按钮"和"切换按钮"的"控件来源"为"优干"。效果如图 4-25 所示。

6）切换至窗体视图，如图 4-26 所示。从第一位学生开始显示其学号及是否为优秀学生干部，可单击窗体底部的记录导航栏的下一条记录按钮，查看下一位学生。另外，可选中（或反选）窗体中的复选框、选项按钮或切换按钮，设置该名学生是否为优秀学生干部，然后单击"下一条"记录按钮，系统自动进行记录更新。这时，可查看学生基本资料表的"优干"字段做验证。

图 4-25　设计复选框、选项按钮和切换按钮控件

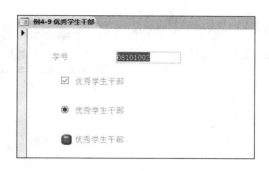

图 4-26 复选框、选项按钮和切换按钮的应用

7）保存窗体，命名为"例 4-9 优秀学生干部"。

4.5.3 选项组控件的应用

选项组控件与复选框、选项按钮和切换按钮搭配使用，可提供一组选项供用户选择。

【例 4-10】在"教学管理系统"数据库中，创建"例 4-10 专业学制"窗体，显示"专业培养资料"表的专业名称字段，并创建一个选项组控件，用于显示和设置每个专业的学制年限。

操作步骤如下。

1）打开"教学管理系统"数据库，单击"创建"|"窗体"|"窗体设计"按钮，打开新窗体的设计视图。

2）单击"设计"|"工具"|"属性表"按钮，在"属性表"窗格的"所选内容的类型"下拉列表中选择"窗体"命令。在"数据"|"记录源"下拉列表中选择"专业培养资料"命令。

3）单击"设计"|"工具"|"添加现有字段"按钮，在右侧"字段列表"窗格的"可用于此视图的字段"列表框中，选中"专业名称"并拖入窗体的主体中。

4）单击"设计"|"控件"|"选项组"图标，然后把鼠标指针移至"主体"区段并单击，弹出"选项组向导"窗口。

5）在"选项组向导"窗口的标签名称处，分别在 3 行输入"3 年""4 年""5 年"，单击"下一步"按钮；选择默认选项是"4 年"，单击"下一步"按钮；分别为每个选项赋值：3 年赋值 3，4 年赋值 4，5 年赋值 5，单击"下一步"按钮；按默认值选择"选项按钮"，单击"下一步"按钮；为选项组指定标题"学制"，单击"完成"按钮，如图 4-27 所示。

6）切换至窗体视图，如图 4-28 所示。从第一个专业开始显示专业名称及学制年限，可单击窗体底部的记录导航栏的下一条记录按钮，查看下一个专业。另外，可选中选项组中不同年限的选项按钮，设置该专业的学制年限，然后单击下一条记录按钮，系统自动进行记录更新。这时，可查看专业培养资料表的"学制"字段进行验证。

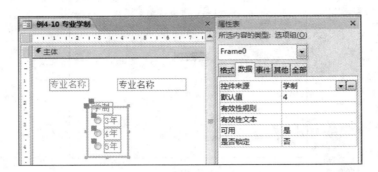

图 4-27　设计选项组控件

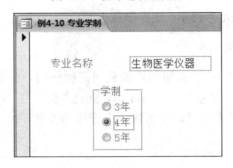

图 4-28　选项组控件应用

7）保存窗体，命名为"例 4-10 专业学制"。

4.5.4　列表框和组合框控件的应用

列表框和组合框都可在一个框架范围内显示多个选项供用户选择。列表框仅可选择列表中的选项，而组合框既可选择数据，也可输入新数据。

【例 4-11】在"教学管理系统"数据库中，创建"教师职称学历"窗体，显示"教师基本资料"表的姓名字段，并创建一个列表框和一个组合框控件，分别用于显示/设置"学历"和"职称"字段数据。

操作步骤如下。

1）打开"教学管理系统"数据库，单击"创建"|"窗体"|"窗体设计"按钮，打开新窗体的设计视图。

2）单击"设计"|"工具"|"属性表"按钮，在"属性表"窗格的"所选内容的类型"下拉列表中选择"窗体"命令。在"数据"|"记录源"下拉列表中选择"教师基本资料"选项。

3）单击"设计"|"工具"|"添加现有字段"按钮，在右侧"字段列表"窗格的"可用于此视图的字段"列表框中选中并双击"姓名"，在窗体的主体中出现"姓名"文本框，如图 4-29 所示。

4）单击"设计"|"控件"|"组合框"图标，然后把鼠标指针移至"主体"区段并单击，弹出"组合框向导"窗格。

5）在窗口中选中"自行键入所需的值"单选按钮，单击"下一步"按钮；定义组合框中显示的值，在"第 1 列"中的前 3 行，分别输入教授、副教授、讲师，单击"下一步"按钮；选择"将该数值保存在这个字段中"，并在右侧的下拉列表中选择"职称"选项，单击"下一步"按钮；为组合框指定名称为"职称"，单击"完成"按钮，如图 4-29 所示。

6）添加列表框控件的过程与组合框类似，在定义列表框中显示的值时，在"第 1 列"中的前 3 行，分别输入博士、硕士、本科，在下一步中选择将该数值保存在"学历"字段，并为列表框定义名称为"学历"，如图 4-29 所示。

7）切换至窗体视图，如图 4-30 所示。从第一位教师开始显示姓名、职称、学历 3 个字段的数据，可单击窗体底部的记录导航栏的下一条记录按钮，查看下一位教师。

图 4-29　设计列表框和组合框控件

图 4-30　列表框和组合框控件应用

8）在组合框中可选择其中一项，设置该教师的职称数据，然后单击下一条记录按钮，系统自动进行记录更新。类似地，可在列表框设置教师的学历数据。设置完毕，可查看教师基本资料表的"职称"和"学历"字段作验证。

9）保存窗体，命名为"例 4-11 教师职称学历"。

4.5.5　子窗体/子报表控件的应用

在设计窗体时，窗体或报表可以作为控件嵌入新窗体中，该新窗体称为主窗体，嵌入的窗体或报表称为子窗体/子报表。主窗体和子窗体之间一般会有数据关联，当主窗体中显示的字段数据变化时，子窗体所关联的数据会相应变化。子窗体/子报表控件的应用，可以方便地实现在窗体中显示具有相对关系的数据对象。

【例 4-12】创建名为"例 4-12 浏览教师基本情况"的主/子窗体，主窗体的记录源是"教师基本资料"窗体，子窗体的数据来源于窗体对象"例 4-4 教师授课课表"。

操作步骤如下。

1）打开"教学管理系统"数据库，单击"创建"|"窗体"|"窗体设计"按钮，打开新窗体的设计视图。

2）单击"设计"|"工具"|"属性表"按钮，在"属性表"窗格的"所选内容的类型"下拉列表中选择"窗体"。在"数据"|"记录源"下拉列表中选择"教师基本资料"选项。

3）单击"设计"|"工具"|"添加现有字段"按钮，在右侧"字段列表"窗格的"可用于此视图的字段"列表框中，将"教师基本资料"表的"字段列表"窗格中的全部字段都选定并拖动到"主体"节中的适当位置上。

4）单击"设计"|"控件"|"子窗体/子报表"图标，然后把鼠标指针移至"主体"区段的适当位置并单击，弹出"子窗体向导"对话框，选中"使用现有的窗体"单选按钮，选择"例4-4教师授课课表"，单击"下一步"按钮，如图4-31所示。

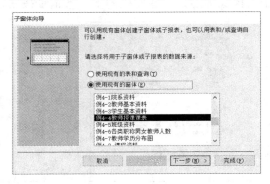

图4-31　选定子窗体数据来源

5）在对话框中选中"自行定义"单选按钮，选择"窗体/报表字段"为"教师编号"，"子窗体/子报表字段"为"授课教师编号"，单击"下一步"按钮，如图4-32所示。

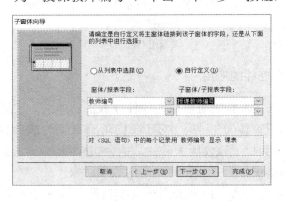

图4-32　自行定义将主窗体链接到子窗体的字段

6）显示提示"请指定子窗体或子报表的名称"的"子窗体向导"对话框，输入

"例 4-4 教师授课课表",单击"完成"按钮,如图 4-33 所示。

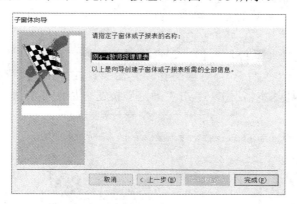

图 4-33 指定子窗体的名称

7)单击"子窗体向导"中的"完成"按钮后,显示该窗体设计视图,单击子窗体的"标签"控件,按【Delete】键将该标签控件删除,完成"例 4-12 浏览教师基本情况"的主/子窗体,效果如图 4-34 所示。

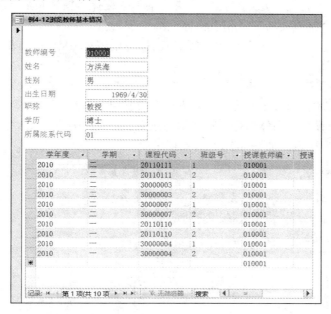

图 4-34 插入子窗体后的窗体视图

4.5.6 数据查询窗体的设计与创建

【例 4-13】在例 4-12 的基础上,创建 4 个"记录导航"操作按钮和 1 个"窗体操作"的"关闭窗体"按钮,实现窗体的数据查询功能,同时在窗体页眉中显示出"浏览教师基本情况"文字和当前日期。当运行该窗体时，用户只能浏览信息，不允许对"教师基本资料"表和"课表"表进行任何修改、删除和添加记录的操作。

操作步骤如下。

1）打开"教学管理系统"数据库，选择导航窗格"窗体"|"例 4-12 浏览教师基本情况"选项，选择"文件"|"对象另存为"命令，在弹出的"另存为"对话框中输入"例 4-13 浏览教师基本情况"，单击"确定"按钮，如图 4-35 所示。

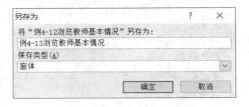

图 4-35　另存文件

2）单击"开始"选项卡，选择导航窗格"窗体"|"例 4-13 浏览教师基本情况"选项，单击"视图"|"设计视图"按钮，显示"例 4-13 浏览教师基本情况"设计视图。

3）右击主体节的空白处，在弹出的快捷菜单中选择"窗体页眉/页脚"命令，则在设计视图中显示"窗体页眉"节和"窗体页脚"节。

4）在"窗体页眉"节中添加一个标签控件，在该标签控件的方框中直接输入"浏览教师基本情况"。

5）选中该标签控件，单击"设计"|"工具"|"属性表"按钮，修改该标签属性：设置"名称"属性值为 Lab1，设置"上边距"属性值为 0.5cm；设置"左"（即左边距）属性值为 4.4cm，设置"字体名称"属性值为隶书，设置"字号"属性值为 22，设置"字体粗细"属性值为加粗，如图 4-36 所示。

图 4-36　"窗体页眉"标签设置

6）在"窗体页眉"节中添加一个文本框控件，删除该文本框控件的标签控件。在该文本框中直接输入"=Date()"。设置格式属性值为"长日期"，如图 4-37 所示。该文本框显示当时的系统日期。

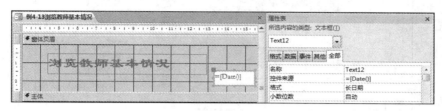

图 4-37　设置显示日期文本框

7）单击"子窗体"控件中的"子窗体"选定器，再单击"设计"|"工具"|"属性表"按钮，显示该子窗体的"属性表"窗格，选择其中的"数据"选项卡。对于该子窗体控件，将"允许编辑""允许删除""允许添加"各属性的属性值均设置为"否"，如图 4-38 所示。

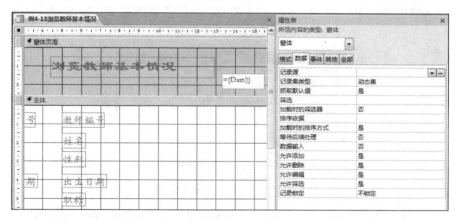

图 4-38　子窗体的"属性表"

8）单击主窗体中的"窗体"选定器，原"属性表"窗口立即切换成主窗体的"属性表"窗格，选择"全部"选项卡。对于该主窗体，下列属性值均设置为"否"："允许编辑""允许删除""允许添加""记录选择器""导航按钮"和"分隔线"，如图 4-39 所示。

9）为实现美观，在主窗体"窗体页脚"中添加矩形控件，用来存放按钮控件，单击"设计"|"控件"|"矩形"图标，在窗体页脚中按下鼠标左键并拖动鼠标到适当位置，松开鼠标左键，放置一个矩形。

10）单击"设计"|"控件"|"按钮"图标，在窗体页脚中的矩形框内添加"按钮"控件，并同时弹出提示"请选择按下按钮时执行的操作"的"命令按钮向导"对话框（如未显示"命令按钮向导"，请检查"设计"|"控件"|"使用控件向导"是否被选中，如图 4-40 所示）。

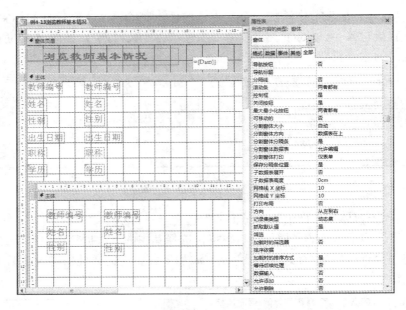

图 4-39 主窗体的"属性表"

图 4-40 控件的"使用控件向导"

11）在该"命令按钮向导"对话框中的"类别"列表框中选择"记录导航"选项，在"操作"列表框中选择"转至第一项记录"选项，单击"下一步"按钮，如图 4-41 所示。

图 4-41 "命令按钮向导"对话框

12）选中"文本"单选按钮，并在其右侧的文本框中输入"第一条记录"，单击"下一步"按钮，如图 4-42 所示。

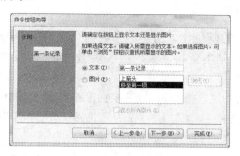

图 4-42 确定在按钮上显示文本"第一条记录"

13）在文本框内输入按钮名称"Cmd1"，单击"完成"按钮，返回窗体设计视图。

14）参照本例步骤 10）～13）的方法，再创建名为 Cmd2、Cmd3、Cmd4 的"上一条记录""下一条记录"和"最后一条记录" 3 个"记录导航"类别的操作按钮和一个名为 Cmd5 的"窗体操作"类别的"退出"按钮，如图 4-43 所示（如需调整按钮大小和位置，选择"排列"|"调整大小和排序"|"对齐"和"大小/空格"选项进行控制）。

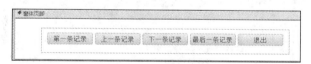

图 4-43 数据查询和窗体操作按钮

15）单击"开始"|"视图"|"窗体视图"按钮，查看该窗体效果，如图 4-44 所示。

图 4-44 "窗体视图"效果

16）保存该窗体，关闭该窗体的"设计视图"。

4.5.7 数据操作窗体的设计与创建

【例 4-14】在例 4-13 的基础上，创建一个名为"例 4-14 操作教师基本信息"的窗体，该窗体的记录源是"教师基本资料"表，可实现教师记录的添加、保存和删除。

操作步骤如下。

1）打开"教学管理系统"数据库，在导航窗格选择"窗体"|"例 4-13 浏览教师基本情况"选项，选择"文件"|"对象另存为"命令，在弹出的对话框中输入"例 4-14 操作教师基本信息"，单击"确定"按钮。

2）选择"开始"选项卡，在导航窗格选择"窗体"|"例 4-14 操作教师基本信息"选项，单击"视图"|"设计视图"按钮，显示其设计视图。

3）选中主体节中的"教师授课课表"子窗体并右击，在弹出的快捷菜单中选择"删除"命令，删除该子窗体。单击"窗体页脚"节中的所有控件，逐个将其删除。

4）修改"窗体页眉"节中标签控件的标题属性，在该标签控件的方框中输入"操作教师基本信息"，如图 4-45 所示。

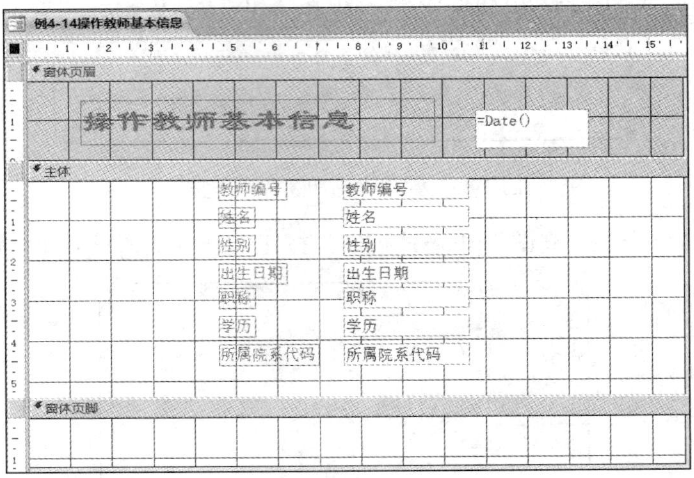

图 4-45 设置"窗体页眉"标签

5）单击"设计"|"控件"|"按钮"图标，在窗体页脚中的矩形框内添加"按钮"控件，并同时弹出提示"请选择按下按钮时执行的操作"的"命令按钮向导"对话框。

6）在"类别"列表框中选择"记录操作"选项，在"操作"列表框中选择"添加新记录"选项，单击"下一步"按钮，如图 4-46 所示。

7）选中"文本"单选按钮，并在其右侧的文本框中输入"添加记录"，单击"下一步"按钮，如图 4-47 所示。

 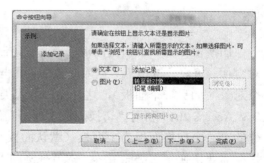

图 4-46 "命令按钮向导"对话框　　图 4-47 在按钮上显示文本"添加记录"

8）在文本框内输入按钮名称"Cmd1"，单击"完成"按钮，返回窗体设计视图。

9）参照本例步骤 5）～8）的方法，再创建名为 Cmd2、Cmd3 的"保存记录""撤销记录"两个"记录操作"类别的操作按钮和一个名为 Cmd4"窗体操作"类别的"关闭窗体"按钮。

10）保存该窗体，关闭该窗体的设计视图，效果如图 4-48 所示。

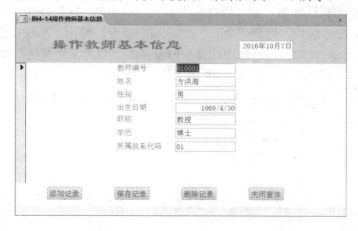

图 4-48 操作教师基本信息窗体视图

4.6 控制窗体的设计与创建

窗体作为应用程序和用户之间的接口，提供输入、修改数据，以及显示处理结果等功能。此外，窗体还可以作为综合界面，将数据库之中的所有对象组合成为整体，为用户提供一个综合功能的操作界面。Access 2010 提供了控制窗体实现综合功能的操作界面，控制窗体包括切换窗体和导航窗体，它们能方便地将 Access 各种对象，按照用户实际操作需求集合在一起，提供具有综合功能的应用程序控制界面。

4.6.1 创建切换窗体

切换窗体是一个切换面板，上面有控制菜单，用户通过选择窗体中的菜单项，实现对窗体、报表、查询等数据库对象的调用与切换。切换面板上的每个控制菜单项对应一个对象（如另一个面板），这种操作方式类似网页上的链接，可以实现在不同网页间跳转。Access 2010 利用"切换面板管理器"创建和配置切换窗体。"切换面板管理器"创建的第一个切换面板为主面板（默认面板），打开切换窗体首先显示主面板，然后可以根据需要切换到二级面板等。本节举例的"教学信息查询"切换面板，是具有二级面板的切换窗体。

1. 切换面板管理器

切换面板管理器是创建切换窗体的工具。通常，由于初始状态下 Access 2010 功能区中没有显示"切换面板管理器"按钮，因此在创建切换窗体前，应首先将其添加到"数据库工具"选项卡的功能区中。

添加"切换面板管理器"到"数据库工具"选项卡功能区，操作步骤如下。

1）打开 Access 2010，选择"文件"|"选项"命令，弹出"Access 选项"对话框。

2）在"Access 选项"对话框中选择左侧窗格的"自定义功能区"命令，右侧窗格会显示自定义功能区的内容，如图 4-49 所示。

图 4-49　添加切换面板管理器

3）在"自定义功能区"下拉列表中，选择"主选项卡"选项，并在列表框中选中"数据库工具"复选框，单击"新建组"按钮。此时，数据库工具列表中出现"新建组（自定义）"，单击"重命名"按钮，在弹出的"重命名"对话框中，更改显示名称为"切换面板"，单击"确定"按钮。

4）在"从下列位置选择命令"下拉列表中选择"不在功能区中的命令"选项，并在其下方列表框中选择"切换面板管理器"选项，单击"添加"按钮，将其加入"切换面板"组中，如图 4-49 所示。

5）单击"Access 选项"对话框中的"确定"按钮，完成添加。

完成"切换面板管理器"的添加后，即可创建切换面板页。启动"切换面板管理器"的操作步骤如下。

选择"数据库工具"|"切换面板"|"切换面板管理器"按钮。在首次创建切换面板时，弹出信息框，提示"切换面板管理器在该数据库找不到有效的切换面板。是否创建一个？"，单击"是"按钮，弹出"切换面板管理器"对话框，如图 4-50 所示。

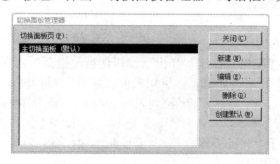

图 4-50　切换面板管理器

系统自动增加表"Switchboard Items"及"切换面板"窗体。此时，"切换面板页"列表中只有"主切换面板（默认）"一项。

2. 创建切换面板页

【例 4-15】创建"教学信息查询"各个切换面板页，分别是教学信息查询（默认）、教师资料查询、课程类别查询、院系资料查询。

操作步骤如下。

1）打开"教学管理系统"数据库，单击"数据库工具"|"切换面板"|"切换面板管理器"按钮，弹出"切换面板管理器"对话框，如图 4-50 所示。

2）单击"编辑"按钮，弹出"编辑切换面板页"对话框，把面板名称"主切换面板"改为"教学信息查询"，单击"关闭"按钮，回到"切换面板管理器"对话框。

3）单击"新建"按钮，在弹出的"新建"对话框中，输入新建面板名称"院系资料查询"，单击"确定"按钮。重复此步骤，建立"课程类别查询""教师资料查询"面板页，如图 4-51 所示。

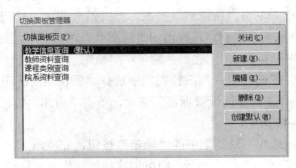

图 4-51　创建切换面板页

3. 创建主切换面板页的切换项目

【例 4-16】创建主切换面板（默认）页"教学信息查询"的切换项目，分别是"教师资料查询""课程类别查询""院系资料查询""退出数据库"。

操作步骤如下。

1）在完成例 4-15 的步骤后，在"切换面板管理器"对话框中选择"教学信息查询（默认）"选项，单击"编辑"按钮，弹出"编辑切换面板页"对话框。

2）单击"新建"按钮，弹出"编辑切换面板项目"对话框，在"文本"文本框中输入"教师资料查询"，在"命令"下拉列表中选择"转至'切换面板'"选项，在"切换面板"下拉列表中选择"教师资料查询"选项，单击"确定"按钮。"切换面板上的项目"列表框中增添了"教师资料查询"。重复此步骤，增添项目"课程类别查询""院系资料查询"，如图 4-52 所示。

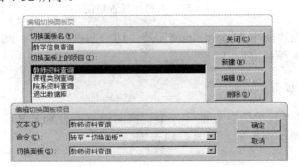

图 4-52　编辑切换面板项目

3）最后新建一个项目，在"编辑切换面板项目"对话框的"文本"文本框输入"退出数据库"，在"命令"下拉列表中选择"退出应用程序"选项，单击"确定"按钮。完成全部切换项目的添加，单击"关闭"按钮。

4）在 Access 2010 导航窗格的窗体列表中双击"切换面板"，打开"教学信息查询"

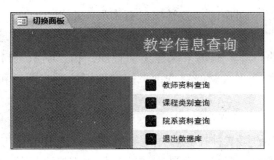

切换面板，显示效果如图4-53所示。

图 4-53　切换面板效果

4. 编辑二级切换面板页的切换项目

【例4-17】创建二级切换面板页"教学信息查询"的切换项目，分别是"教师资料""返回"。

操作步骤如下。

1）在"切换面板管理器"对话框中选中"教师资料查询"，单击"编辑"按钮，弹出"编辑切换面板页"对话框。

2）单击"新建"按钮，弹出"编辑切换面板项目"对话框，在"文本"文本框中输入"教师资料"，在"命令"下拉列表中选择"在'编辑'模式下打开窗体"选项，在"窗体"下拉列表选择"教师基本资料"选项，单击"确定"按钮。"切换面板上的项目"列表中增添了"教师资料"，如图4-54所示。

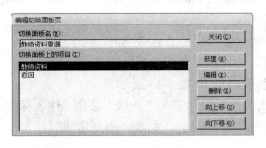

图 4-54　编辑二级切换面板项目

3）单击"新建"按钮，在"编辑切换面板项目"对话框的"文本"文本框输入"返回"，在"命令"下拉列表中选择"转至'切换面板'"选项，在"切换面板"下拉列表中选择"教学信息查询"选项，单击"确定"按钮。完成全部切换项目的添加，如图4-54所示，单击"关闭"按钮。

4）在Access 2010导航窗格的窗体列表中，打开"教学信息查询"切换面板，单击"教师资料查询"按钮，切换至"教师资料查询"面板页。

单击"教师资料"按钮，系统打开"教师基本资料"窗体。

单击"返回"按钮，切换回"教学信息查询"主面板。

在主面板中单击"退出数据库"按钮，Access 退出"教学管理系统"数据库。

重复例 4-17 中的步骤，编辑"课程类别查询"和"院系资料查询"二级面板的项目，从而综合建立起整个"教学信息查询"切换面板的所有项目和切换关系。

4.6.2　创建导航窗体

Access 2010 提供的第二种控制窗体是导航窗体，导航窗体与切换窗体一样，都可以将数据库的对象集成综合的应用系统。导航窗体比切换面板的设计过程更为简捷，不需要像切换面板那样设计切换面板页之间的切换关系，创建过程相对复杂，缺乏直观性。

在导航窗体中，可以选择导航按钮的布局，也可以在所选布局上直接创建导航按钮，并通过这些按钮将已建数据库对象集成在一起，形成数据库应用系统。使用导航窗体创建应用系统控制界面更简单、更直观。

在设计导航窗体时，可使用"设计视图"和"布局视图"，在"布局视图"中创建和修改导航窗体时，窗体处于运行状态，创建或修改窗体的同时可以看到运行的效果，因此更直观、方便。

【例 4-18】创建"教学资料查询"的导航窗体，在窗体中建立两级导航标签按钮，第一级标签为"教师资料""院系资料""课程资料"。

操作步骤如下。

1）打开"教学管理系统"数据库，单击"创建"|"窗体"|"导航"按钮，选择"水平标签，2 级"命令，打开导航窗体的布局视图。

2）双击标题栏，将标题"导航窗体"改为"教学资料查询"，如图 4-55 所示。

3）双击窗体内第一级标签"新增"按钮，输入标签名"教师资料"，重复此操作，定义其他的一级标签名称："院系资料""课程资料"，如图 4-55 所示。

4）选中第一级标签的"教师资料"，双击其第二级标签的"新增"按钮，输入标签名"院系教师"，重复此操作，输入"职称学历"标签名称，完成"教师资料"的第二级标签名称定义，如图 4-55 所示。

5）右击二级标签"院系教师"，在弹出的快捷菜单中选择"属性"命令，弹出属性表窗格，在"导航按钮"的"数据"属性中，单击"导航目标名称"下拉按钮，选择"教师基本资料"窗体，如图 4-55 所示。

6）重复步骤 4）和 5），完成所有导航标签的名称定义与属性设置。

7）在 Access 2010 导航窗格的窗体列表中，打开"教学资料查询"导航窗体，单击一级标签"教师资料"按钮，显示二级标签"院系教师"和"职称学历"。单击"院系教师"标签，打开"院系教师（子窗体）"窗体，如图 4-56 所示。

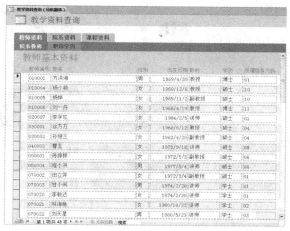

图 4-55 导航窗体属性设定   图 4-56 导航窗体效果

4.6.3 设置启动窗体

在创建了 Access 2010 控制窗体后，系统交付用户使用时，用户在一般情况下希望日常打开系统时可以直接看到操作界面，而不是每次启动时都需要先找到导航窗格，再双击该窗体。因此，需要实现在打开"教学系统管理"数据库时自动打开其控制窗体，且不显示导航窗格。

【例 4-19】设置"教学管理系统"数据库的启动窗体为"教学信息查询"切换面板，设置数据库应用程序标题"教学信息查询"，取消显示导航窗格。

操作步骤如下。

1）打开"教学管理系统"数据库，选择"文件"|"选项"命令，弹出"Access 选项"对话框。

2）选择左侧窗格中的"当前数据库"命令，在右侧窗格出现"用于当前数据库的选项"，在"应用程序选项"中输入应用程序标题"教学信息查询"，显示窗体选择"教学信息查询（切换面板）"。

3）在"导航"项中，取消选中"显示导航窗格"复选框，单击"确定"按钮。

4）关闭并重新启动"教学管理系统"数据库，系统自动打开"教学信息查询"切换面板，不显示导航窗格，且在 Access 2010 系统顶部显示标题为"教学信息查询"，如图 4-57 所示。

若在数据库中设置了启动窗体，但打开数据库时想禁止自动运行启动窗体，可以在打开这个数据库的过程中按住【Shift】键，则启动窗体不会自动运行。

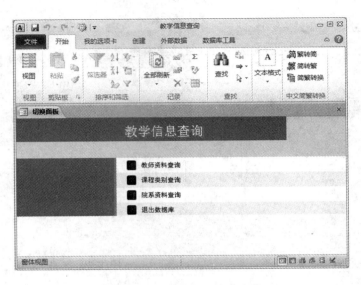

图 4-57　Access 2010 启动窗体

习 题 4

1. 单选题

（1）在窗体设计过程中，经常要使用的 3 种属性是控件属性、节属性和（　　　）。

    A. 字段属性　　　　B. 窗体属性　　　　　　C. 查询属性　　　　D. 报表属性

（2）窗体的记录源可以是表或（　　　）。

    A. 报表　　　　　　B. 宏　　　　　　　　　C. 查询　　　　　　D. 模块

（3）窗体包含窗体页眉/页脚节、页面页眉/页脚节和（　　　）。

    A. 子体节　　　　　B. 父体节　　　　　　　C. 从体节　　　　　D. 主体节

（4）下列不属于窗体数据属性的是（　　　）。

    A. 数据输入　　　　B. 允许编辑　　　　　　C. 特殊效果　　　　D. 排序依据

（5）在显示具有（　　　）关系的表或查询中的数据时，子窗体特别有效。

    A. 一对一　　　　　B. 一对多　　　　　　　C. 多对多　　　　　D. 以上都有

（6）在主/子窗体的子窗体中还可以创建子窗体，最多可以有（　　　）层子窗体。

    A. 3　　　　　　　　B. 5　　　　　　　　　C. 7　　　　　　　　D. 9

（7）下面关于窗体的说法中，错误的是（　　　）。

    A. 在窗体中可以含有一个或几个子窗体

    B. 子窗体是窗体中的窗体，基本窗体称为主窗体

    C. 子窗体的数据来源可以是表或查询

    D. 一个窗体中只能含有一个子窗体

（8）要改变窗体上文本框控件的数据来源，应设置的属性是（　　）。

  A．记录源   B．控件来源   C．默认值   D．筛选查阅

（9）窗体（　　）视图用于创建窗体或修改窗体。

  A．设计视图   B．窗体视图

  C．数据表视图   D．透视表视图

（10）为窗体上的控件设置【Tab】键的顺序，应选择"属性表"窗口中的（　　）。

  A．格式选项卡 B．数据选项卡 C．事件选项卡 D．其他选项卡

（11）下列关于控件属性的说法，正确的是（　　）。

  A．在某控件的"属性表"窗口中，可以重新设置该控件的属性值

  B．所有对象都具有同样的属性

  C．控件的属性只能在设计时设置，不能在运行时修改

  D．控件的每一个属性都具有同样的默认值

（12）下列（　　）不属于窗体事件。

  A．打开   B．取消   C．关闭   D．加载

（13）当窗体中的内容较多而无法在一页中显示时，可以分页显示，使用的控件是（　　）。

  A．按钮   B．组合框   C．选项卡控件 D．选项组

（14）能够接收数值型数据输入的是（　　）。

  A．图形   B．文本框   C．标签   D．命令按钮

（15）用于显示、更新数据库中的字段的控件类型是（　　）。

  A．绑定型   B．非绑定型   C．计算型   D．A、B、C 都是

（16）在"教师信息"表中有"职称"字段，包含"教授""副教授""讲师"3 种值，则用（　　）控件录入"职称"数据是最佳的。

  A．标签   B．图像框   C．文本框   D．组合框

（17）若要求在文本框中输入文本时显示为"*"号，则应设置输入掩码为（　　）。

  A．邮政编码 B．身份证   C．默认值   D．密码

（18）设置控件的（　　）属性能确定窗体上控件的位置。

  A．左边距   B．高度

  C．上边距和左边距   D．宽度和高度

2．多选题

（1）下面关于列表框和组合框的叙述，错误的是（　　）。

  A．列表框和组合框可以包含一列或几列数据

  B．可以在列表框中输入新值，而组合框不能

  C．可以在组合框中输入新值，而列表框不能

  D．在列表框和组合框中均可以输入新值

（2）下面关于列表框的叙述中，错误的是（　　　）。

　　A．列表框可以包含一列或几列数据

　　B．窗体运行时可以直接在列表框中输入新值

　　C．列表框的选项不允许多重选择

　　D．列表框的可见性设置为"否"，则运行时显示为灰色

（3）窗体上的控件类型有（　　　）。

　　A．绑定控件　　　　B．报表控件　　　　C．计算控件　　　　D．未绑定控件

（4）下列关于窗体的说法，错误的是（　　　）。

　　A．在窗体视图中，可以对窗体进行结构的修改

　　B．在窗体设计视图中，可以对窗体进行结构的修改

　　C．在窗体设计视图中，可以进行数据记录的浏览

　　D．在窗体设计视图中，可以进行数据记录的添加

（5）能用来作为表或查询中"是/否"值输出的控件是（　　　）。

　　A．复选框　　　　B．切换按钮　　　　C．选项按钮　　　　D．命令按钮

上机实验 4

在"学生成绩管理系统"数据库中，进行以下创建窗体操作。

1）在"学生成绩管理系统"数据库中，在导航窗格选中"班级资料"表后，使用"创建"|"窗体"|"窗体"按钮，创建一个名为"班级资料浏览"的窗体。该窗体的数据源就是"班级资料"表。

2）在"学生成绩管理系统"数据库中，在导航窗格选中"课程"表后，选择"创建"|"窗体"|"其他窗体"|"数据表"命令，创建一个名为"课程信息"的窗体。该窗体的数据源就是"课程"表。

3）在"学生成绩管理系统"数据库中，在导航窗格选中"学生基本资料"表后，使用"创建"|"窗体"|"其他窗体"|"数据透视表"命令，创建一个名为"每年入学男女学生人数统计"的数据透视表窗体。该窗体的数据源就是"学生基本资料"表。

4）在"学生成绩管理系统"数据库中，使用"创建"|"窗体"|"窗体设计"按钮创建一个名为"浏览学生基本情况"的窗体。要求创建一个主/子类型的窗体，主窗体的数据源是"学生基本资料"表，子窗体的数据源是"修课成绩"表。当运行该窗体时，用户只能浏览信息，不允许对"学生"表和"修课成绩"表进行任何修改、删除和添加记录的操作。对主窗体不设置导航条，但要在窗体页脚创建标题分别为"第一个记录""前一个记录""后一个记录"和"最后一个记录"的 4 个记录导航操作按钮，和一个标题为"关闭窗体"的窗体操作按钮。在窗体页眉创建标题"浏览学生基本情况"的标签，设置该标签的"左边距"和"上边距"分别为 3cm 和 0.5cm，在窗体页眉处显示当前系统日期，设置该文本框格式属性为长日期。

第5章 报　表

报表是 Access 提供的一种数据展示对象。报表对象可以将数据库中的数据以格式化的形式显示和打印输出。报表的数据来源与窗体相同，可以是已有的数据表、查询或者是 SQL 语句。与窗体对象不同的是，报表只能输出数据，不能通过报表修改或输入数据。

5.1　报　表　概　述

报表提供在 Access 数据库中查看、格式化和汇总信息的方式。在 Access 中，数据库的打印工作是通过报表对象来实现的，通过使用报表对象，用户能够轻松地完成复杂的打印工作，如打印学生平时成绩、学生信息表等。相比传统数据库系统开发中的数据打印功能，由于 Access 中的报表对象不需要由程序员编写复杂的打印程序，因此更加简单、快捷。

报表在一定程度上实现了传统媒体与现代媒体在信息传递及共享方面的结合，通过报表可以将数据库中的信息传递给无法直接使用计算机的读者。

5.1.1　报表结构

报表由报表页眉、页面页眉、组页眉、主体、组页脚、页面页脚和报表页脚 7 部分组成，如图 5-1 所示。与窗体一样，报表各部分以区段形式显示，称为节，每节包含特定用途。

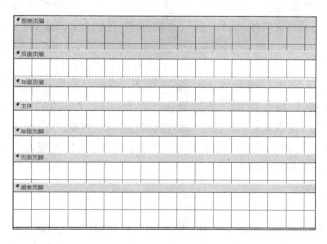

图 5-1　报表结构

1. 报表页眉节

报表页眉主要用于显示报表封面的信息，如报表的日期等，在报表的首页打印输出。

2. 页面页眉节

页面页眉通常用来显示报表数据的列标题，在顶端位置打印输出。

3. 组页眉节

组页眉位于记录组的开始部分，通常用于显示组的分类字段信息。

4. 主体节

主体节主要用于打印表或查询中的记录数据，是报表显示数据的主要区域，通过文本框或其他控件来显示记录。

5. 组页脚节

组页脚位于记录组的末尾部分，通常用于显示组的汇总信息。

6. 页面页脚节

页面页脚打印在每页的底部，用来显示本页的汇总说明，如日期、页码等。

7. 报表页脚节

报表页脚显示整个报表的统计汇总，也可以显示或者是说明信息，只输出在报表的结束处。

默认情况下，报表"设计视图"只显示页面页眉、主体和页面页脚3个节，在右键菜单中可以设置"页面页眉/页脚""报表页眉/页脚"的显示与隐藏。

5.1.2 报表视图

在报表的设计中经常会用到报表的视图方式，报表的视图方式包括设计视图、打印预览视图、布局视图、报表视图。不同视图下的报表通过不同的布局方式来显示数据。当需要以某一视图方式查看一个已经生成的报表时，通过在"报表"对象下，右击报表名称，就可以从快捷菜单中选择视图方式。或者在已打开的"报表"对象下使用工具栏的"视图"选项在各视图间进行切换。

1. 设计视图

在该设计视图方式下，可以完成报表的设计与编辑，可以编辑报表内显示的任何元素，并且可以绑定数据源。在设计视图中创建报表之后，可以通过打印预览视图来查看。

2. 打印预览视图

在正式打印报表前，可通过打印预览的视图查看报表的打印外观。

3. 布局视图

在 Access 2010 中增加了一种布局视图，在该视图中显示数据的同时可以调整报表的设计，并且可以向报表添加分组级别及汇总选项，通过报表布局工具可以对报表在格式、排列等方面进行调整，从而创建符合用户要求的报表形式。

4. 报表视图

报表视图指报表的显示视图，在该视图中可以对数据进行查找、筛选等操作，但不可编辑。

5.2　报表的分类

在 Access 2010 中，报表可分为 4 类，包括表格式报表、纵栏式报表、图表报表、标签报表。

1. 表格式报表

表格式报表是通过表格的形式来打印输出数据的，能够对数据进行分组汇总，属于报表中常见的类型。由于表格式报表的格式类似于数据表的形式，因此以行、列的形式输出数据，每行显示表中的一条记录，可以在一页上输出多条记录内容。

2. 纵栏式报表

纵栏式报表也称为窗体报表，每条记录分两列显示，第 1 列显示字段名，第 2 列显示字段值，每一页显示一条或者多条记录，可以包括汇总数据和图形。

3. 图表报表

图表报表是指表或查询中的数据以图表的形式来显示，可以直观地表现数据的统计信息，并展示数据之间的关系。

4. 标签报表

标签报表是一种特殊的报表格式，用于对数据的输出制作各个标签，以在一页中建立多个大小及格式一致的卡片。例如，在实际应用中用于制作学生标签，用来表示个人信息、邮件地址等短信息。

5.3 创 建 报 表

在 Access 2010 中，可以采用一键生成报表的方法，或者使用报表向导来快速设计报表。

5.3.1 一键生成报表

在 Access 2010 的工具栏中，在“创建”选项卡的“报表”功能组中包括了“报表”“报表设计”“空报表”和“报表向导”4 个功能键，通过“报表”这一功能键可以快速生成表格式报表。

【例 5-1】在“教学管理系统”数据库中，使用“报表”一键生成基于“课表”表的报表，报表名称为“例 5-1 课表信息”。

操作步骤如下。

1）打开“教学管理系统”数据库，在表中选择“课表”。

2）单击“创建”|“报表”|“报表”按钮，自动切换布局视图。图 5-2 为一键生成的课表信息报表。

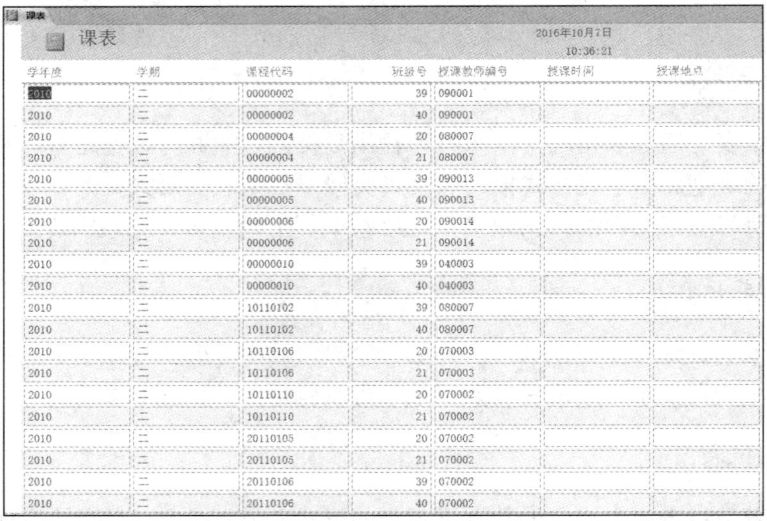

学年度	学期	课程代码	班级号	授课教师编号	授课时间	授课地点
2010	二	00000002	39	090001		
2010	二	00000002	40	090001		
2010	二	00000004	20	080007		
2010	二	00000004	21	080007		
2010	二	00000005	39	090013		
2010	二	00000005	40	090013		
2010	二	00000006	20	090014		
2010	二	00000006	21	090014		
2010	二	00000010	39	040003		
2010	二	00000010	40	040003		
2010	二	10110102	39	080007		
2010	二	10110102	40	080007		
2010	二	10110106	20	070003		
2010	二	10110106	21	070003		
2010	二	10110110	20	070002		
2010	二	10110110	21	070002		
2010	二	20110105	20	070002		
2010	二	20110105	21	070002		
2010	二	20110106	39	070002		
2010	二	20110106	40	070002		

图 5-2　课表信息报表

3）在快捷工具栏中单击“保存”按钮，在弹出的“另存为”对话框中输入报表名称“例 5-1 课表信息”，然后单击“确定”按钮。

5.3.2 使用向导创建报表

使用报表向导可以在创建报表的过程中按照系统的提示来设计分组字段、排序字段、报表布局，并且可以方便地对报表中的字段进行取舍等。

【例 5-2】在"教学管理系统"数据库中，使用"报表向导"创建"班级资料"报表。
操作步骤如下。

1）打开"教学管理系统"数据库，在表中选择"班级资料"，单击"报表"|"报表
向导"按钮，弹出"报表向导"对话框。在"表/查询"下拉列表中选中"表：班级资料"
选项作为报表的数据源，如图 5-3 所示。

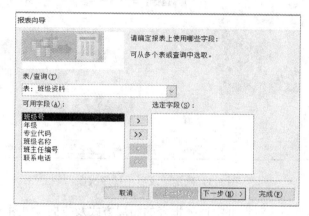

图 5-3　报表向导指定数据源

2）在可用字段的栏目中选择需要的字段，并单击">"按钮添加到选定字段的框内，
当要取消某一个选定的字段时，单击"<"按钮即可。当要选择全部的可用字段时，单
击">>"按钮即可。当需取消全部的选定字段时，单击"<<"按钮即可全部取消。本例
选择"班级资料"中所有字段。

3）单击"下一步"按钮，出现是否添加分组级别对话框，如图 5-4 所示。默认选择
"专业代码"字段进行分组，单击"下一步"按钮。

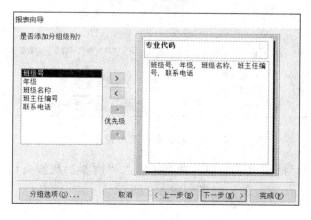

图 5-4　报表向导添加分组

数据库系统与应用

4）在指定的对话框内按字段对记录进行排序，最多可以选择 4 个字段进行排序。选择按"班级号"升序排列，如图 5-5 所示，单击"下一步"按钮。

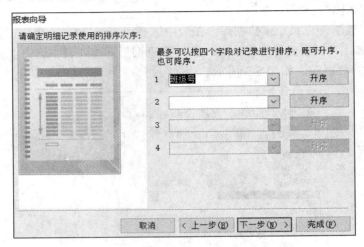

图 5-5　确定记录所用排序次序

5）在报表布局的确认对话框中选择报表的布局方式及方向，如图 5-6 所示，单击"下一步"按钮。

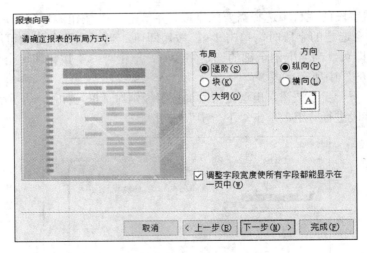

图 5-6　确认报表的布局方式

6）在打开的对话框中可以给报表命名，输入"例 5-2 班级资料"，如图 5-7 所示，单击"完成"按钮，预览报表，效果如图 5-8 所示。

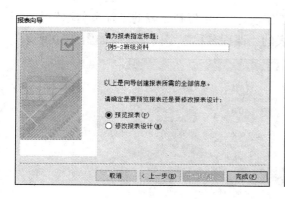

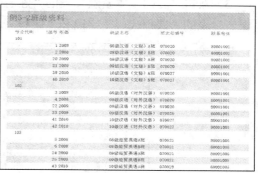

图 5-7 报表命名   图 5-8 "例 5-2 班级资料"报表

5.3.3 使用空报表设计报表

在布局视图中设计报表，首先创建一个空报表，单击"报表"功能组中的"布局视图"按钮生成空报表的布局视图，然后通过拖动"字段列表"窗口中的字段，把要显示的字段添加到布局视图中。

【例 5-3】在"教学管理系统"数据库中，使用空报表窗口设计"教师基本资料"报表。

操作步骤如下。

1）打开"教学管理系统"数据库，单击"创建"|"报表"|"空报表"按钮，生成一个空报表的布局视图。

2）在布局视图右侧的"字段列表"窗格中，单击"教师基本资料"表，展开其所有字段，双击"教师编号"字段，视图中会自动添加该字段，字段列表中分成 3 个窗口，分别显示可用于此视图的字段、相关表中的可用字段和其他表中的可用字段，如图 5-9 所示。

图 5-9 添加"教师编号"字段后的布局视图

3）双击“教师基本资料”表的“姓名”字段、“院系资料”表的“院系名称”字段、“课表”表的“课程代码”字段和“课程”表的“课程名称”字段，效果如图 5-10 所示。

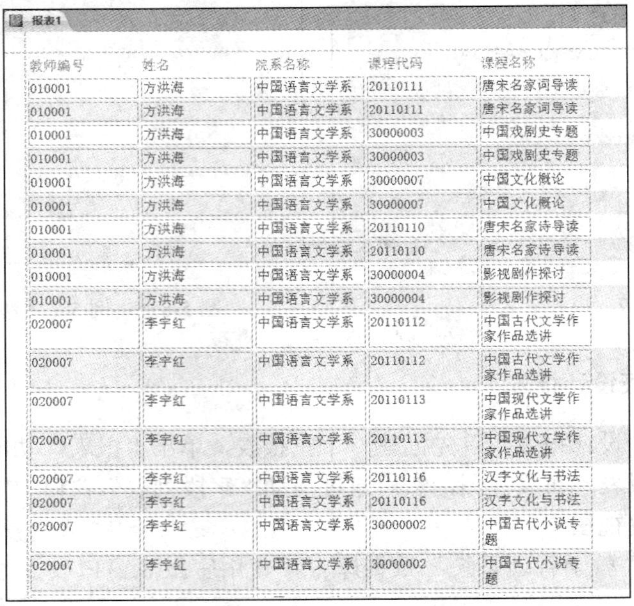
报表1

教师编号	姓名	院系名称	课程代码	课程名称
010001	方洪海	中国语言文学系	20110111	唐宋名家词导读
010001	方洪海	中国语言文学系	20110111	唐宋名家词导读
010001	方洪海	中国语言文学系	30000003	中国戏剧史专题
010001	方洪海	中国语言文学系	30000003	中国戏剧史专题
010001	方洪海	中国语言文学系	30000007	中国文化概论
010001	方洪海	中国语言文学系	30000007	中国文化概论
010001	方洪海	中国语言文学系	20110110	唐宋名家诗导读
010001	方洪海	中国语言文学系	20110110	唐宋名家诗导读
010001	方洪海	中国语言文学系	30000004	影视剧作探讨
010001	方洪海	中国语言文学系	30000004	影视剧作探讨
020007	李宇红	中国语言文学系	20110112	中国古代文学作家作品选讲
020007	李宇红	中国语言文学系	20110112	中国古代文学作家作品选讲
020007	李宇红	中国语言文学系	20110113	中国现代文学作家作品选讲
020007	李宇红	中国语言文学系	20110113	中国现代文学作家作品选讲
020007	李宇红	中国语言文学系	20110116	汉字文化与书法
020007	李宇红	中国语言文学系	20110116	汉字文化与书法
020007	李宇红	中国语言文学系	30000002	中国古代小说专题
020007	李宇红	中国语言文学系	30000002	中国古代小说专题

图 5-10　添加相关字段后的布局视图

4）单击快速访问工具栏中的“保存”按钮，将报表以“例 5-3 教师基本资料”名称保存。

5.3.4　创建标签报表

在 Access 2010 中，标签报表可以根据标签纸的大小进行布局，以记录为单位，主要应用于制作学生成绩单、信封等。在标签向导中，可以创建标准型标签，也可以创建自定义标签。在已有数据源的基础上，利用标签报表的特性可以便捷地创建标签式信息表。

【例 5-4】在“教学管理系统”数据库中，使用“院系资料”创建名为“例 5-4 院系介绍”的标签报表。

操作步骤如下。

1）打开“教学管理系统”数据库，在表对象中选择“院系资料”作为数据源。

2）单击“创建”|“报表”|“标签”按钮，弹出“标签向导”对话框，可以在这里选择设置标签尺寸，此处使用标准型标签尺寸，如图 5-11 所示，单击“下一步”按钮。

3）在弹出的“标签向导”对话框中设置文本的字体和颜色，如图 5-12 所示，单击“下一步”按钮。

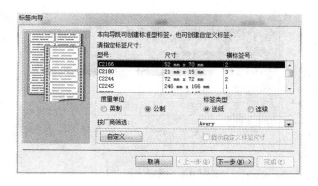

图 5-11 设置标签规格

图 5-12 设置标签的字体和颜色

4）在"确定邮件标签显示内容"对话框中从"可用字段"列表框中选择数据源，添加"院系名称""联系电话"和"院系简介"字段到"原型标签"列表框，如图 5-13 所示，单击"下一步"按钮。

图 5-13 确定标签显示内容

5）在弹出的确定按哪些字段排序对话框中可以按照数据源中一个或多个字段来对标签进行排序，如图 5-14 所示，此处选择"院系名称"作为排序依据，单击"下一步"按钮。

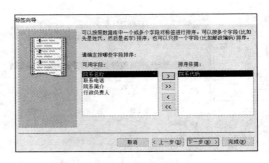

图 5-14　确定字段排序

6) 在指定报表名称的对话框中，输入"例 5-4 院系介绍"，如图 5-15 所示。选中"查看标签的打印预览"单选按钮，单击"完成"按钮，显示结果如图 5-16 所示。

图 5-15　指定报表名称

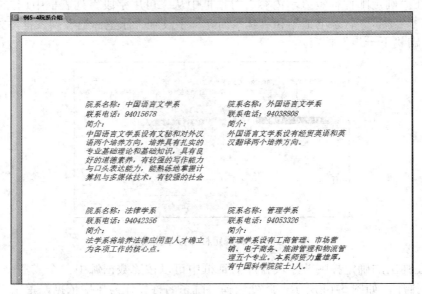

图 5-16　查看标签的打印预览

5.4　报表的高级应用

在 Access 2010 的数据库中，除了通过报表、空报表和报表向导等方式快速创建报表外，用户还可按照各自的需求在设计视图中对报表进行自定义设计，添加报表的数据排序、分组、计算及子报表等功能，对报表外观属性进行美化，为报表的设计和数据处理提供了个性化服务。

5.4.1　在设计视图中自定义报表

使用设计视图来自定义报表，可以根据用户的需求设计所需要的报表，或者对已有报表进行修改。相比报表向导来创建报表，使用设计视图的自定义报表具有更多的主动性，可以自由地设置报表的布局、样式等。

【例 5-5】在"教学管理系统"数据库中，使用"报表设计"创建一个基于"专业培养资料"表的报表，报表名称为"例 5-5 专业清单表"。

操作步骤如下。

1）单击"创建"|"报表"|"报表设计"按钮，生成一个新的空报表。单击"报表设计工具"|"设计"|"添加现有字段"按钮，在弹出的对话框中单击"显示所有表"按钮，显示"字段列表"窗格，在该窗格中展开"专业培养资料"表，列出"专业培养资料"表可用字段。

2）将"院系代码""专业代码""专业名称"和"专业负责人"等字段从字段列表中拖动到主体节内，如图 5-17 所示。

图 5-17　添加报表字段

3）在报表的"主体"节中右击，在弹出的快捷菜单中选择"报表页眉/页脚"命令，显示报表页眉和页脚。在"报表页眉"节添加标签控件，设置其属性：名称为"lab1"，标题为"专业清单表"，字号为"22"，文本对齐方式为"左"，字体粗细为"加粗"，如图 5-18 所示。

4）按住【Ctrl】键并选中主体节中的所有标签控件，剪切复制到"页面页眉"节，逐个调整标签和文本框位置，进行排列、对齐，效果如图 5-19 所示。

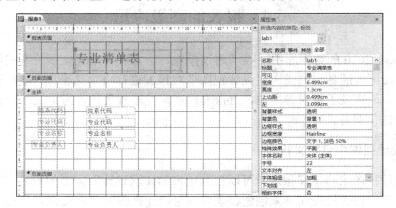

图 5-18　设置标签属性

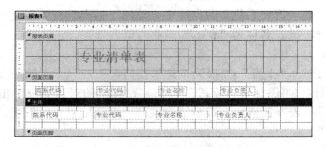

图 5-19　控件调整

5）单击快速访问工具栏中的"保存"按钮，将报表以"例 5-5 专业清单表"为名称保存，报表效果如图 5-20 所示。

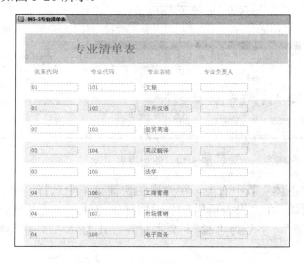

图 5-20　"专业清单表"报表

5.4.2 报表数据的排序

报表的数据排序功能可以使报表中的记录按照次序进行排列，有升序和降序两种选择，可对多个字段或表达式进行排序。

【例 5-6】打开"教学管理系统"数据库，创建一个基于"学生基本资料"表的报表，该报表按照学生学号前两位的升序和性别的降序进行排序，报表名为"例 5-6 学生基本资料"。

操作步骤如下。

1）打开"教学管理系统"数据库，在导航窗格中选择"学生基本资料"表作为数据源，单击"创建"|"报表"|"报表"按钮，系统自动生成该表的表格式报表，选择"视图"|"设计视图"命令，如图 5-21 所示。

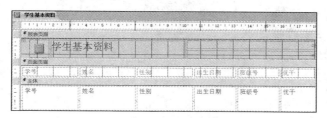

图 5-21 "学生基本资料"设计视图

2）单击"报表设计工具"|"设计"|"分组和汇总"|"分组和排序"按钮，在报表下方会弹出一个"分组、排序和汇总"窗体，如图 5-22 所示。

3）单击"添加排序"按钮，选择"表达式"命令，弹出"表达式生成器"对话框，添加表达式"=left([学号],2)"，单击"确定"按钮，如图 5-23 所示。

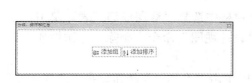

图 5-22 "分组、排序和汇总"窗体 　　　　图 5-23 添加表达式排序

4）继续单击"添加排序"按钮，选择字段"性别"按"降序"排序，如图 5-24 所示。

5）选择"视图"|"打印预览"命令，效果如图 5-25 所示。

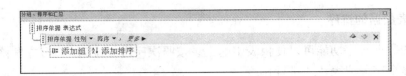

图 5-24　添加排序

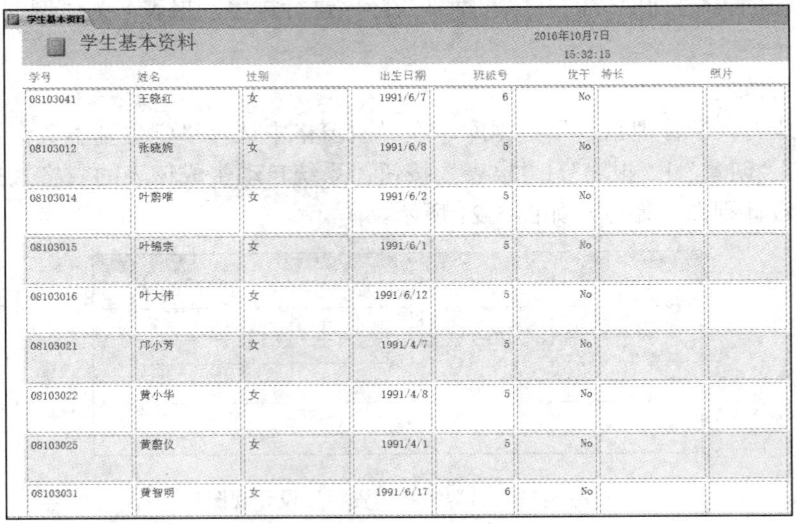

图 5-25　排序后报表的打印预览

5.4.3　报表数据的分组

报表的分组可以为同组记录设置要显示的概要和汇总信息，对数据进行分类，从而提高报表的可读性。

【例 5-7】在"教学管理系统"数据库中，创建学生修课成绩的分组报表，该报表包括学号、课程代码、成绩及等级 4 个字段，并按学号进行降序分组，报表名为"例 5-7 学生修课成绩"。

操作步骤如下。

1）打开"教学管理系统"数据库，在导航窗格中选择"修课成绩"表，单击"创建"|"报表"|"报表"按钮，选择"视图"|"设计视图"命令，删除"考试性质"标签和文本框，效果如图 5-26 所示。

2）在视图下方"分组、排序和汇总"窗体中单击"添加组"按钮，在"选择字段"中选择"学号"选项，并且选择"降序"选项，把"主体"节中的"学号"文本框剪切粘贴到"学号页眉"节，如图 5-27 所示。

3）保存报表，在视图中切换到打印预览，可以看到报表中按照学生学号从高到低进行降序分组，如图 5-28 所示。

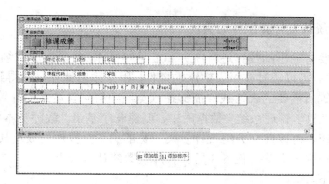

图 5-26 修课成绩报表的设计视图

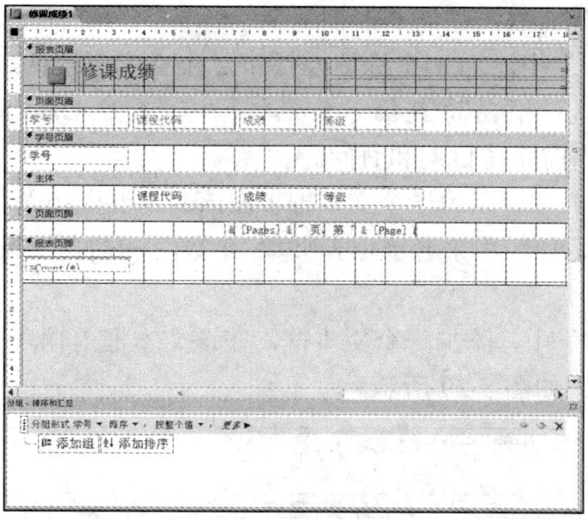

图 5-27 添加组

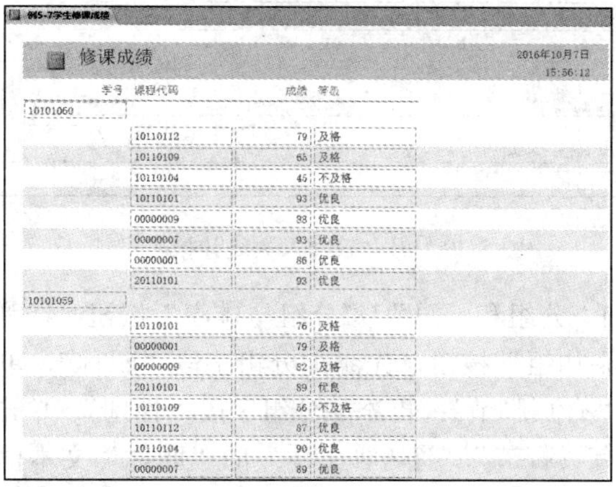

图 5-28 分组后打印预览

5.4.4 两级分组统计及计算控件的实现

有些报表需要对输出的数据进行统计和汇总等操作，如学生的成绩单、银行账单等。在 Access 2010 中，可以通过在报表中添加控件，用来输出计算后所得到的数据。在"控件来源"属性设置所需要的表达式，能够在预览图中得到表达式的计算值。

【例 5-8】在"教学管理系统"数据库中，创建一个基于"教师基本资料"表的报表，先按职称进行分组，再按性别分组统计各类职称的男、女教师人数及其占各类职称总人数的比例的报表，报表名为"例 5-8 男女教师人数统计报表"。

操作步骤如下。

1）打开"教学管理系统"数据库，选择"教师基本资料"表，在"设计视图"中设置报表的外观及整体布局，如图 5-29 所示。

2）在"报表页眉"中添加 1 个标签控件和 2 个文本框控件，在标签控件中输入标题为"男女教师人数统计报表"，在第一个文本框中输入"=Date()"，另一个文本框中输入"=Time()"，表示当前系统日期和时间。

3）在"页面页脚"中，添加一个文本框，在该文本框内输入"="共 " & [Pages] & " 页，第 " & [Page] & " 页""，用来显示报表页数，函数[Pages]表示报表总页数，函数[Page]表示报表当前页。

4）在"报表页脚"中，添加一个文本框，在该文本框内输入"=Count(*)"，实现对报表记录的计数。效果如图 5-29 所示。

图 5-29　男女教师人数统计报表设计

5）单击"设计"|"分组和汇总"|"分组与排序"按钮，在弹出的"分组、排序和汇总"窗格中单击"添加组"按钮，先添加分组字段"职称"，单击"更多"按钮，设置为"有页眉节"和"有页脚节"；再添加分组字段"性别"，单击"更多"按钮，设置为"无页眉节"和"有页脚节"，剪切"主体"的"职称"文本框复制到"职称页眉"中，效果如图 5-30 所示。

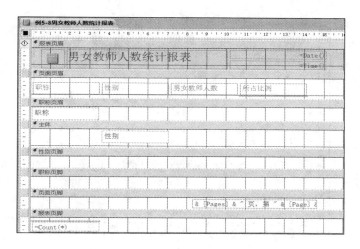

图 5-30　设置分组字段

6）剪切"主体"的"性别"文本框复制到"性别页脚"中，同时在"性别页脚"中添加两个文本框。第一个文本框的"名称"属性设置为"小计"，"控件来源"属性设置为"=Count(*)"；第二个文本框的"控件来源"属性设置为"=[小计]/ [职称合计]"，"格式"属性设置为"百分比"。

7）在"职称页脚"中添加两个文本框控件，第一个控件"控件来源"属性设置为"=[职称] & "总人数""；第二个控件"名称"属性设置为"职称合计"，"控件来源"属性设置为"=Count(*)"，效果如图 5-31 所示。

8）设置所有文本框的"边框样式"属性为"透明"，"文本对齐"属性为"左"。

9）保存报表，在视图中切换到打印预览，效果如图 5-32 所示。

图 5-31　男女教师人数统计报表设计视图

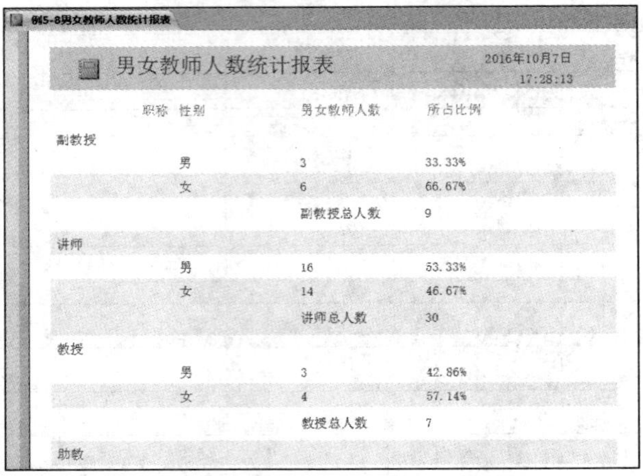

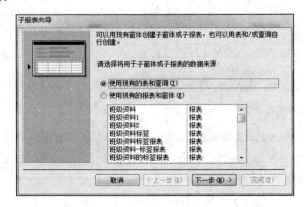

图 5-32　男女教师人数统计报表打印预览

5.4.5　创建子报表

在 Access 2010 中，可以将已有的报表作为子报表插入其他报表中，或者在已有的报表中添加其他子报表。采用"报表设计工具"中的"子窗体/子报表"控件来创建子报表。

【例 5-9】在"教学管理系统"数据库中，以"例 5-6 学生基本资料"为主报表，创建学生修课成绩子报表，报表名为"例 5-9 学生基本资料主/子报表"。

操作步骤如下。

1）打开"教学管理系统"数据库，双击导航窗格中的"例 5-6 学生基本资料"，选择"视图"|"设计视图"命令，对象另存为"例 5-9 学生基本资料主/子报表"。

2）单击"报表布局工具"|"工具"|"子窗体/子报表"控件，并在报表的主体内添加一个框，弹出"子报表向导"的对话框，如图 5-33 所示，默认选中"使用现有的表和查询"单选按钮。

图 5-33　子报表向导

3）单击"下一步"按钮，在"表/查询"的下拉列表中选择"表：修课成绩"选项，并将"可用字段"列表框中的"修课成绩"各字段添加到"选定字段"列表框中，如图 5-34 所示。

4）单击"下一步"按钮，在确定主/子报表链接字段的对话框中，通过选中"自行定义"单选按钮来确定链接字段，在"窗体/报表字段"下拉列表中选择"学号"选项，在"子窗体/子报表字段"下拉列表中选择"学号"选项，如图 5-35 所示。

图 5-34　选定字段

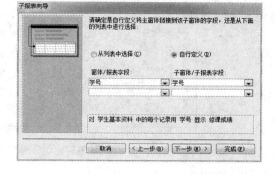

图 5-35　选择主/子报表链接字段

5）单击"下一步"按钮，输入子报表名为"例 5-9 学生基本资料子报表"。

6）单击"完成"按钮，此时报表的设计视图如图 5-36 所示。

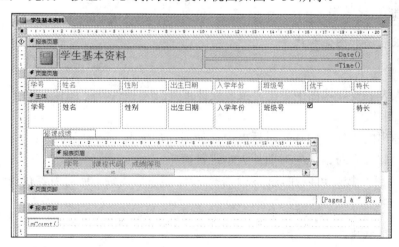

图 5-36　主/子报表的设计视图

7）选择"视图"|"报表视图"命令，得到图 5-37 所示的学生基本资料主/子报表视图。

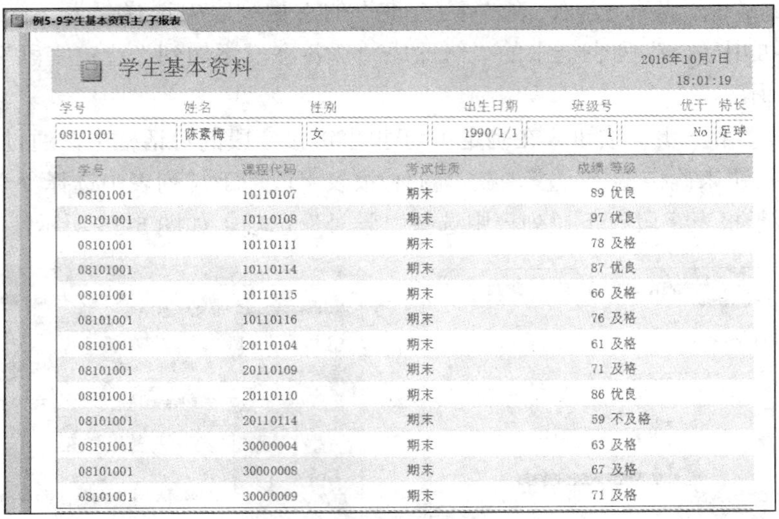

图 5-37　学生基本资料主/子报表视图

5.4.6　报表的外观设计和美化

在 Access 2010 中，为了使报表的外观更加美化，布局更加合理，需要对报表进一步处理，如在报表中增加一些图像、线条，设置特殊效果来增加报表的可读性等，使报表得到更多的美化效果。

1. 为报表添加图像和线条

操作步骤如下。

1）在报表的设计视图中单击"报表设计工具"|"控件"|"图像"控件，在指定的区域添加图片。

2）在弹出的"插入图片"对话框中选择图片，单击"确定"按钮。

3）在"属性"对话框中对图片大小进行调整。

采用"直线"控件可以在设计视图中直接绘制表格线条，使得内容较长的报表变得更加易读。

2. 设置报表格式

通过在报表的设计视图中进行格式化处理，获得更加理想的美化效果。选择"报表设计工具"|"格式"选项卡，会显示多种格式设置选项，可以改变按钮的轮廓、形状效果，以及进行字体、背景图片格式等的设置，如图 5-38 所示。

图 5-38　设置报表格式

3. 插入日期和时间

一些报表在输出打印时，需要附加报表的创建日期和时间，如工资单、成绩单等。因此，在对报表进行格式设置时，当需要附加日期和时间时，有以下步骤。

1）打开需要插入日期和时间的报表，选择"报表设计工具"|"设计"选项，单击"页眉/页脚"|"日期和时间"按钮📅，弹出"日期和时间"对话框。

2）在"包含日期"选项中选择一种日期的显示形式，下面的"包含时间"选项中也选择一种显示形式，如图 5-39 所示。

3）单击"确定"按钮，在报表页眉会插入显示日期和时间的文本框，可以通过拖动鼠标来移动该文本框的位置。

图 5-39　日期和时间设置

习 题 5

单选题

（1）报表的作用不包括（　　）。

　　A. 分组数据　　　B. 汇总数据　　　　C. 格式化数据　　D. 输入数据

（2）要实现报表按某字段分组统计输出的效果，需要设置的是（　　）。

　　A. 该字段的组页脚　　　　　　　　B. 报表页脚

　　C. 主体　　　　　　　　　　　　　D. 页面页脚

（3）下列关于报表叙述正确的是（　　）。

    A.报表不能输入与输出数据　　　　　B．报表可以输入与输出数据

    C.报表只能输入数据　　　　　　　　D．报表只能输出数据

（4）关于报表数据源的设置，正确的是（　　）。

    A．可以是任意对象　　　　　　　　B．只能是表对象

    C．只能是查询对象　　　　　　　　D．只能是表对象或查询对象

（5）要实现报表的分组统计，正确的操作区域是（　　）。

    A．报表页眉或报表页脚区域　　　　B．页面页眉或页面页脚区域

    C．主体区域　　　　　　　　　　　D．组页眉或组页脚区域

（6）在报表设计中，以下可以做绑定控件显示字段数据的是（　　）。

    A．文本框　　　　　B．标签　　　　　C．命令按钮　　　D．图像

（7）报表的数据来源不能是（　　）。

    A．表　　　　　　　B．查询　　　　　C．SQL 语句　　　D．窗体

（8）在报表中将大量数据按不同的类型分别集中在一起，称为（　　）。

    A．数据筛选　　　　B．合计　　　　　C．分组　　　　　D．排序

（9）在报表中，（　　）不能通过计算控件实现。

    A．显示当前日期　　B．显示页码　　　C．统计数值字段　D．显示图片

（10）要设置在报表每一页的底部都输出的信息，需要设置（　　）。

    A．报表页眉　　　　B．报表页脚　　　C．页面页眉　　　D．页面页脚

（11）在报表"属性表"中，有关报表外观特征方面的属性值（如标题、宽度、滚动条等）是在（　　）选项卡中进行设置的。

    A．"格式"　　　　　　　　　　　　B．"事件"

    C．"数据"　　　　　　　　　　　　D．"其他"

（12）在报表向导中，最多可以按照（　　）个字段对记录进行排序。

    A．1　　　　　　　B．2　　　　　　　C．3　　　　　　　D．4

（13）一个报表最多只能包含（　　）子窗体或子报表。

    A．一级　　　　　　B．两级　　　　　C．三级　　　　　D．四级

（14）在报表中，要计算"成绩"字段的最低分，应将控件的"控件来源"属性设置为（　　）。

    A．=Min[成绩]　　B．=Min{成绩}　　C．=Min([成绩])　D．=Min(成绩)

（15）在报表页脚中显示当前页码和总页数，如"第 5 页/共 15 页"，则在设计视图的该文本框控件中应输入（　　）。

    A．="第" & [Pages] & "页/ 共" & [Page] & "页"

    B．="第" & [Page] & "页/ 共" & [Pages] & "页"

    C．="第" & Page & "页/共" & Pages & "页"

    D．="第" & Pages & "页/共" & Page & "页"

（16）如果设置报表上文本框 Text1 的"控件来源"属性为"=Date()"，则打开报表视图时，该文本框显示的信息是（　　　　）。

　　A．Date　　　　　B．系统当前时间　　　C．系统当前日期　D．页面页脚

上机实验 5

1）在"学生成绩管理系统"数据库中，使用"报表向导"创建班级资料报表，该报表的数据源是"班级资料"表，要求按"年级"分组，统计各年级的班级数量。报表名称为"班级资料统计"。

2）在"学生成绩管理系统"数据库中，采用"报表设计"创建一个学生信息报表，该报表的数据源为"学生基本资料"表。要求将"学生基本资料"表中的所有字段添加到"主体"节中，并设置调整好各控件，按学生学号进行升序。在报表页眉位置加上"学生综合信息"标签，并插入系统时间；在页面页脚的位置插入页码。将报表保存为"学生综合信息报表"。

3）在已有报表中创建子报表。打开"学生成绩管理系统"数据库，通过"报表"功能按钮创建一个子报表，其数据源就是"修课成绩"表，创建完成后将报表名称保存为"学生修课成绩"。然后打开"学生综合信息报表"的设计视图，在主体节的适当位置插入一个"子窗体/子报表"控件，该控件的数据来源为"学生修课成绩"子报表。完成设计后仍以"学生综合信息报表"为名保存。

4）在"学生成绩管理系统"数据库中，单击"创建"|"报表"|"报表设计"按钮，以"学生基本资料"表为数据源，创建一个先按学号前两个字符分组，再按性别分组统计各年级的男、女学生人数及其占该年级学生总人数的百分比报表，报表名为"男女学生人数统计百分比报表"。

第6章 宏

宏是 Access 数据库的对象之一，是一种功能强大且容易使用的工具。利用宏，用户不需要编写任何代码就能开发出应用程序，而且宏的创建和使用非常简单、方便。灵活地使用宏命令，可以帮助用户完成很多看似复杂的工作。

6.1 宏 的 概 述

宏是一种工具，允许用户自动执行任务，或者向窗体、报表和控件中添加功能。可以将 Access 的宏看作一种简化的编程语言，用户只需要选择执行的操作系列，Access 会自动编写所选操作对应的程序代码。

6.1.1 宏的概念及类型

1. 宏的概念

宏是指一个操作或多个操作的集合体，其中每一个操作都有其对应于实现某一特定动作的功能。它可以由一系列操作组成，也可以由若干个子宏组成。在宏中，每个操作都具有实现某一特定功能的作用，如窗口或者报表的打开等。同时，也可以利用宏来完成某一简单且重复的操作，如对数据库和控件进行调用等。

2. 宏的名称

用户可以创建多个宏。为了区分每一个宏，宏都有自己独立的名称。宏的命名规则与表、窗体和报表的命名规则相同，在保存宏时需要指定宏的名称，该名称会出现在 Access 的导航窗格中。

3. 宏的类型

在 Access 2010 中，如果按照宏创建时打开宏设计视图的方法来分类，宏可以分为独立宏、嵌入宏和数据宏。其中，独立宏又可以分为 3 种子类型，分别是操作系列宏、宏组和条件宏。

（1）操作系列宏

宏中包含了若干个操作，这些操作按照一定的次序排列。运行宏时，按照操作排列的先后顺序依次执行每一个操作。

（2）宏组

宏组相当于一个放置宏的容器，其中包含了若干个宏，这些宏可能是操作序列宏，也可能是条件宏。宏组中的每一个宏都有自己的名称，如 msub1。宏组也有自己独立的名称，如 mgroup1。引用宏组中宏的形式为宏组名.宏名，如 mgroup1.msub1。

宏组的出现使得宏的分类管理和维护非常方便，既有利于查找宏，也不影响运行宏。

（3）条件宏

条件宏是指通过条件来控制宏操作的执行。在操作序列宏的某些操作上添加了执行条件后，所形成的宏就称为条件宏。条件宏中操作可能有限制条件，也可能没有限制条件。对于有条件限制的宏操作，若条件表达式的值为 Ture，则该操作会得到执行；否则就不会执行。因此，并不是条件宏中的每一个操作都有机会执行。

6.1.2　宏操作界面

建立宏的目的是利用宏中包含的一系列操作来完成一些特定的任务。建立宏的过程主要包括指定宏名、添加操作、设置参数等。宏的创建方法有别于 Access 的其他对象，它不能通过向导创建，只能使用设计视图直接创建。

宏的设计视图是创建和修改宏的主要界面。选择"创建"选项卡，单击"宏与代码"组的"宏"按钮，即可进入宏的设计视图，如图 6-1 所示。

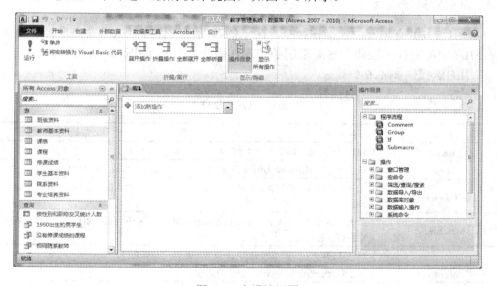

图 6-1　宏设计视图

其中，"设计"选项卡包含了与宏设计相关的组和按钮。添加宏命令既可以从"添加新操作"下拉列表中选择，也可以从"操作目录"中双击或拖动。需要指出的是，每个宏命令都是由系统提供的，用户无权进行更改。

当选择了宏操作命令后，就会在命令的下方显示"操作参数"框，用来设置与该操作相关的参数。宏操作不同，需要的操作参数也不同。

设计视图右侧的"操作目录"由"程序流程""操作"及"在此数据库中"3 个部

分组成。

1）程序流程：由 Comment、Group、If 及 Submacro 组成。

① Comment：用于注释宏运行时不执行的信息，便于提高宏程序代码的可读性。

② Group：根据操作目的的不同将宏操作进行分组，这样可以使宏的结构更为清晰，阅读也更方便。

③ If：采用判断的方式来确定操作的执行与否。当条件表达式为 True 时，执行相应逻辑块中的操作程序；当条件表达式为 False 时，则不予以执行。

④ Submacro：用于子宏的创建，其中每个子宏都需要指定其子宏名。一个宏可以包含若干个子宏，其中每个子宏又可以包含若干个操作。

2）操作：将宏操作按其功能和性质分组，包括窗口管理、宏命令、筛选/查询/搜索、数据导入/导出、数据库对象、数据输入操作、系统命令及用户界面命令 8 个组，能够实现 66 个操作。

3）在此数据库中：该目录列出了当前数据库中的已有宏对象，并根据现有宏的实际情况还可能列出该宏对象上层的报表、窗体及宏的目录。

6.1.3　常用宏操作命令

Access 2010 有丰富的宏操作命令，简单的自动化操作都可以用宏命令轻易实现，无须使用 VBA 编程。因此，熟悉常用的宏操作命令，有利于提高宏的编写效率。

常用的宏操作如表 6-1 所示。

表 6-1　常用宏操作

宏操作	说明
Beep	使计算机的扬声器发出"嘟嘟"声
Close	关闭指定的 Microsoft Access 窗口。如果无指定窗口，则关闭活动窗口
GoToControl	把焦点移到打开的窗体、窗体数据表、表数据表、查询数据表中当前记录的特定字段或控件上
Maximize	放大活动窗口，使其充满 Microsoft Access 窗口。该操作可以让用户尽可能多地看到活动窗口中的对象
Minimize	将活动窗口缩小为 Microsoft Access 窗口底部的小标题栏
MsgBox	显示包含警告信息或其他信息的消息框
OpenForm	打开一个窗体，并通过选择窗体的数据输入与窗口方式，来限制窗体所显示的记录
OpenReport	在"设计"视图或打印预览中打开报表或立即打印报表。也可以用于限制需要在报表中打印的记录
PrintOut	打印打开数据库中的活动对象，同时也可以打印数据表、报表、窗体和模块
Quit	退出 Microsoft Access。该操作还可以指定在退出 Access 之前是否保存数据库对象
RepaintObject	完成指定数据库对象的屏幕更新。如果没有指定数据库对象，则对活动数据库对象进行更新。更新包括对象的所有控件的所有重新计算
Restore	将处于最大化或最小化的窗口恢复为原来大小

续表

宏操作	说明
RunMacro	运行宏（注：该宏可以在宏组中）
SetValue	设置 Microsoft Access 窗体、窗体数据表或报表上的字段、控件或属性值
StopMacro	停止当前正在运行的宏

6.2 宏 的 创 建

宏的创建可以帮助用户实现一系列特定的操作，还可以通过创建宏组来实现一系列相关的操作。在 Access 2010 中，宏可以包含在宏的对象（即独立宏）中，也可以嵌入窗体、报表或者控件的事件属性中。尽管在创建独立宏、嵌入宏或数据宏时，打开"宏设计视图"的方法有所不同，但打开宏设计视图后，操作方法基本相同。

独立宏的创建过程如下。

1）打开一个数据库，选择 Access 2010 中的"创建"选项卡，单击"创建"|"宏与代码"|"宏"按钮。

2）在打开的宏生成器中，单击"添加新操作"下拉按钮，并选择要使用的操作。

3）在宏生成器提示栏中输入相关的参数或注释内容，也可以添加子操作，完成设置后，单击快速访问工具栏中的"保存"按钮。

4）在弹出的"另存为"对话框中的"宏名称"文本框中输入宏名称，单击"确定"按钮后，用户就可以看到"导航窗格"中出现的宏了。

6.2.1 创建顺序操作独立宏

顺序操作独立宏一般包含一条或者多条操作、一个或者多个注释，并按照一定的顺序执行，直到操作序列执行完毕。

【例 6-1】在"教学管理系统"数据库中，创建一个操作序列独立宏，该宏包含一条注释和三条操作命令。其中注释的内容为"创建顺序操作独立宏"，第一条操作命令为"OpenForm"，用于打开名为"浏览教师基本情况"的窗体；第二条操作命令为"MaximizeWindow"，用于自动打开窗体的最大化；第三条操作命令为"MessageBox"，用于显示含"这是顺序操作独立宏的例子！"消息的消息框。该宏名为"顺序操作独立宏"。操作步骤如下。

1）打开"教学管理系统"数据库。

2）单击"创建"|"宏与代码"|"宏"按钮，即显示宏设计视图。在"宏生成器"窗口中找到"添加新操作"占位符，若该占位符没有显示，可以单击"宏生成器"窗格的任意位置，在组合框中便会出现"添加新操作"占位符。

3）单击"添加新操作"下拉按钮，在弹出的下拉列表中选择"Comment"选项便可展开注释设计窗格，在此输入注释"创建操作序列的独立宏"。此时，在该注释设计窗格下边又会自动显示一个带有"添加新操作"占位符的下拉组合框。

4）单击"添加新操作"下拉按钮，在弹出的下拉列表中选择"OpenForm"选项，展开该操作块的设计窗格。此时，在该操作块的窗格下方自动显示新的带有"添加新操作"占位符的下拉组合框。

5）单击该操作块的设计窗格中的"窗体名称"下拉按钮，弹出"窗体名称"下拉列表，选择"浏览教师基本情况"窗体项。

6）单击其下方的"添加新操作"下拉按钮，在弹出的下拉列表中选择"MaximizeWindow"选项。

7）单击"添加新操作"下拉按钮，在弹出的下拉列表中选择"MessageBox"选项，展开"MessageBox"操作块的设计窗格。

8）单击"MessageBox"操作块设计窗格的"消息"文本框，在该文本框中输入"这是顺序操作独立宏的例子！"，如图6-2所示。

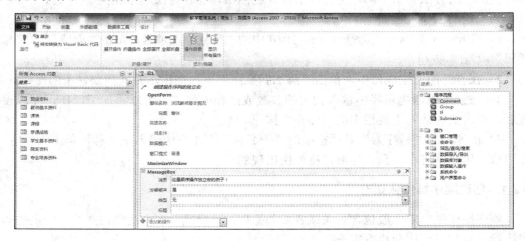

图6-2　宏设计视图

9）单击快速访问工具栏中的"保存"按钮，将其另存为名为"顺序操作独立宏"的宏，单击"确定"按钮，返回宏设计视图。

6.2.2　创建宏组

在宏操作中，对一个复杂的操作过程，可以通过将其多个相关的宏操作组织在一起，从而构建一个宏组，免去对其进行单个的追踪。在创建宏组时，只需将其相关联的宏操作一一列出，并对该组宏操作起个名称即可，其创建方法如下。

1）打开数据库，单击"创建"|"宏与代码"|"宏"按钮。

2）在"宏"设计窗口中单击"添加新操作"下拉按钮，在弹出的下拉列表中选择"Group"选项。

3）在生成的"Group"操作后面的文本框中对该组进行命名，并在下方会自动增加一个带有"添加新操作"占位符的下拉组合框，可以在此添加同一分组中的多个操作，其宏组的创建语句格式如图 6-3 所示。

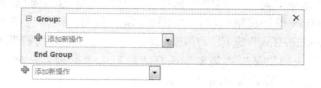

图 6-3 宏组创建的语句格式

4）在完成上述操作后，可以继续添加新的宏组，重复步骤 2）、3）。

5）单击快速访问工具栏中的"保存"按钮，弹出"另存为"对话框，在"宏名称"文本框中输入名称，单击"确定"按钮即完成了创建宏组的操作。

当需要将已经建立的若干个连续的操作归入一个分组时，可以按住【Ctrl】键并选中这些操作，然后右击并选择"生成分组程序块"命令，再指定分组名称即可。

"Group"操作可以将相关的操作分为一组，并为该组指定一个有意义的名称，从而提高宏的可读性。其中，"Group"块不会影响操作的执行方向，组不能单独调用或运行。

引用宏组中子宏的格式是"宏名.子宏名"。通过在宏名后面输入一个英文的句点"."字符，再输入子宏名，可以引用宏中的子宏。例如，若要引用"教师信息"宏中的"教师职称"子宏，可输入"教师信息.教师职称"。对于含有子宏的独立宏，如果直接指定该宏名运行该宏，则仅运行该宏中的第一个子宏，该宏中的其他子宏不会被运行。

6.2.3 创建条件宏

在数据库操作中，若需要根据指定的条件来完成一个或多个宏操作，可以使用条件控制宏实现。

条件宏的创建与普通的宏创建基本相同，仅需要在设计视图上打开操作目录窗格，将 If 拖放在"添加新操作"上，或者在"添加新操作"中选择"If"。

条件宏的"条件表达式"是一个逻辑表达式，返回的值只能是 True 或者 False。运行时将根据条件表达式的结果决定是否执行条件下的宏操作。在输入条件表达式时，可能会引用窗体或报表上的控件值，其语法如下。

```
Forms![窗体名]![控件名] .[属性名]或[Forms]![窗体名]![控件名]
Reports![报表名]![控件名] .[属性名]或[Reports]![报表名]![控件名]
```

【例 6-2】在"教学管理系统"数据库中，创建一个条件宏，其功能是根据系统的当前时间判断今天是否大于 2014 年 3 月 1 日。

操作步骤如下。

1）打开"教学管理系统"数据库，单击"创建"|"宏与代码"|"宏"按钮。

2）在"宏"设计窗口中单击"添加新操作"下拉按钮，在弹出下拉列表中选择"If"选项，在条件表达式中输入"Date()<#2014/3/1#"（注：Date()为获取系统当前日期函数）。

3）在"Then"后单击"添加新操作"下拉按钮，在弹出的下拉列表中选择"MessageBox"选项，添加消息框。在消息框中输入"今天的日期小于 2014 年 3 月 1 日"，"发嘟嘟声"选择"是"，"类型"选择"信息"，"标题"选择"提示"。

4）在 MessageBox 设计窗格后单击"添加 Else"按钮，同样也在"添加新操作"下拉列表中选择"MessageBox"选项，并在消息框中输入"今天的日期超过 2014 年 3 月 1 日"，"发嘟嘟声"选择"是"，"类型"选择"信息"，"标题"选择"提示"。

其"条件宏"的设计窗口如图 6-4 所示。

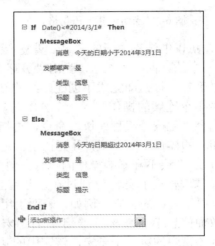

图 6-4 "条件宏"的设计窗口

6.2.4 创建嵌入宏

嵌入宏是嵌入窗体、报表或者其控件的属性中的宏。与其他宏不同，嵌入宏不显示在"导航窗体"中的"宏"列表中。嵌入宏的功能是使数据库更易于管理，因为它不必跟踪包含窗体或者报表的宏的各个宏对象，而且在系统进行复制、导入及导出窗体或报表操作时，嵌入宏始终附在窗体或报表中，这省去了重新创建重复宏的问题。

在 Access 2010 中创建嵌入宏的操作如下。

1）单击"创建"|"窗体"|"窗体设计"按钮，显示"窗体设计视图"。

2）在"控件"组中单击所需的控件按钮，在窗体设计视图中创建各类控件。

3）选中窗体或控件，在"属性表"|"事件"选项卡中，选择要在其中嵌入宏的事件名称，如"单击"事件，然后单击其右侧的"…"按钮，在弹出的"选择生成器"对话框中选择"宏生成器"选项，单击"确定"按钮，进入宏设计视图。

4）在"操作"列中单击下拉按钮显示操作列表，在展开的下拉列表中选择所需的操作，单击快速访问工具栏的"保存"按钮即可完成数据库对象中嵌入宏的创建。

【例 6-3】在"教学管理系统"数据库的"课程类别"窗体中创建嵌入宏，当运行该窗体时，显示"欢迎使用教学管理系统！"信息框。

操作步骤如下。

1）打开"教学管理系统"数据库，列出其"窗体"对象，选择其中的"课程类别"窗体，右击并选择"设计视图"命令。

2）单击主窗体中的"窗体"选定器，"属性表"窗口切换成主窗体的"属性表"窗口，单击其"事件"选项卡。在事件列表中"加载"项的右侧单击省略号"…"按钮，弹出"选择生成器"对话框，如图 6-5 所示。

图 6-5　窗体加载事件对话框

3）在"选择生成器"对话框中选择"宏生成器"选项并单击"确定"按钮，显示宏设计视图。在宏设计视图中的"宏生成器"窗格内，显示"添加新操作"组合框。

4）单击该"添加新操作"下拉按钮，在弹出的下拉列表中选择"MessageBox"选项，展开"MessageBox"操作块的设计窗格。

5）单击"MessageBox"操作块设计窗格中的"信息"文本框，在文本框中输入"欢迎使用教学管理系统！"。

6）单击"宏生成器"窗格右上角的"关闭"按钮，返回窗体设计视图，此时在窗体事件列表的"加载"事件行中，自动加上了"[嵌入的宏]"字样，如图 6-6 所示。

图 6-6　窗体加载事件的嵌入宏

7）关闭属性对话框，并保存窗体。

8）运行主窗体，结果如图 6-7 所示。

图 6-7　嵌入宏的运行效果

6.2.5　创建数据宏

数据宏是 Access 2010 中新增的一项功能，是为了能够方便用户在表事件（如添加、更新或删除数据等）中添加逻辑，类似于 Microsoft SQL Server 中的触发器。数据宏包括以下 5 种：插入后、更新后、删除后、删除前及更新前。

【例 6-4】在"教学管理系统"数据库中，为"课程"表创建一个"更新前"的数据宏，用于限制输入的"学分"字段的值为 10。若超过限定的值，则显示提示消息框。

操作步骤如下。

1）打开"教学管理系统"数据库。

2）右击"导航窗格"上的"表"对象列表中的"课程"选项，弹出快捷菜单。选择"设计视图"命令，打开"课程"表的设计视图，并在功能区上显示"表格工具"的"设计"选项卡。

3）单击"字段、记录和表格事件"|"创建数据宏"按钮，弹出"创建数据宏"下拉列表，如图 6-8 所示。

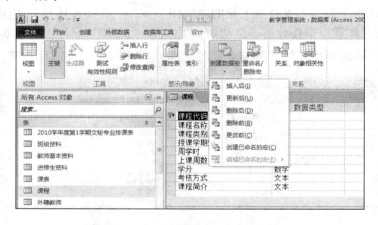

图 6-8　"创建数据宏"的命令列表

4）选择该列表中的"更改前"选项，打开"课程"表的宏设计视图。

5）在宏设计视图的"添加新操作"下拉列表中选择"If"选项，展开 If 块设计窗格，该窗格自动成为当前窗格并由一个矩形框围住。

6）单击 If 块设计窗格中的"条件表达式"占位符所在的文本框，在该文本框中输入"[学分]>10"。

7）在该 If 块设计窗格中，单击"If"行下方的"添加新操作"下拉按钮，在弹出下拉列表中选择"RaiseError"选项，展开"RaiseError"设计窗格，在"错误号"右侧文本框中输入"1001"（请注意，在此 1001 是用户确定的，对 Access 无意义）。在"错误描述"文本框中输入"学分不允许超过 10"，如图 6-9 所示。

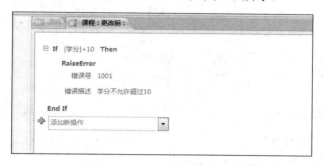

图 6-9　"更改前"宏代码

8）单击"设计"|"关闭"|"保存"和"关闭"按钮，返回"课程"表的设计视图。

6.2.6　创建自动宏

Access 中设置了一个特殊的宏名 AutoExec。如果在 Access 数据库中创建了一个名为 AutoExec 的独立宏，则在打开 Access 时将首先自动执行该宏中的所有操作。适当设计 AutoExec 宏对象，可以在打开数据库时执行一系列的操作，为运行该数据库应用系统做好必要的初始化准备，如对初始参量赋予初值、打开应用系统的"登录"窗口等。

如果在打开数据库时想阻止执行该 AutoExec 宏，则可在打开数据库时按住【Shift】键不放开，直到数据库打开为止，此时 AutoExec 宏不会被执行。

6.3　宏的调试与运行

创建宏以后，需要对所创建的宏进行调试，对于含有子宏的宏，如果需要运行某一子宏，则需要用"宏名.子宏名"格式进行指定。

6.3.1　调试宏

在 Access 系统中通常采用"单步"执行的宏调试工具，通过对宏进行单步执行可以有效地跟踪宏的执行流程和观察每个操作的结果，从中发现错误并排除，从而对该宏的设计进行修改与完善。

宏的调试过程如下。

1）打开 Access 数据库后，右击"导航窗格"上的"宏"对象列表中的宏名，选择快捷菜单中的"设计视图"命令，显示宏设计视图。

2）单击"宏工具"|"单步"按钮，确保该"单步"按钮被按下，如图 6-10 所示。

3）单击"工具"|"运行"按钮，弹出"单步执行宏"对话框，如图 6-11 所示。

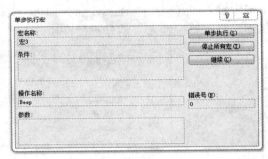

图 6-10　单步执行按钮　　　　　　　图 6-11　"单步执行宏"对话框

4）根据不同情况可以选择执行下列操作。

① 若要执行"单步执行宏"对话框中所显示的操作，单击"单步执行"按钮。

② 若要停止宏的运行并关闭"单步执行宏"对话框，单击"停止所有宏"按钮。

③ 若要关闭"单步执行宏"对话框并继续执行宏的未完成部分，单击"继续"按钮。

6.3.2　运行宏

宏的运行方式有很多种，主要的 3 种运行方式有直接运行某个宏或者宏组中的宏；通过响应窗体、报表及控件的事件来运行宏，即事件发生时运行宏；自动运行宏。

1. 直接运行宏或宏组

直接运行宏的相关操作如下。

1）打开宏设计窗口，单击"宏设计"|"运行"按钮，来运行"宏"设计窗体中的宏。

2）从数据库窗体中运行宏，通过单击数据库窗体中的"宏"对象，并双击宏名。

3）在 Access 2010 窗口中，单击"数据库工具"|"宏"|"运行宏"按钮，在弹出的"执行宏"对话框中选择或输入要运行的宏名。

4）在 VBA 过程中，使用 DoCmd 对象的 RunMacro 方法运行宏。在指定宏名时，对于含有子宏的宏，要用"宏名.子宏名"格式指定某个子宏名。其中，运行宏的语句格式为"DoCmd.RunMacro "宏名""。

语句格式示例如下：

```
DoCmd.RunMacro "包含子宏的独立宏.窗体子宏"
```

2.　事件发生时运行宏

通常情况下,宏的直接运行只是为了测试,为了确保宏在设计上没有出现问题,一般会将其附加在窗体、报表或者控件中,并以事件的形式来做出响应。其中,事件是数据库中执行宏的一种特殊操作,在 Access 中可以对其窗体、报表或控件中的多种类型事件做出响应,其中包括鼠标单击、数据更新、窗体及报表的打开或者关闭等。

3.　自动运行宏

在对数据库进行管理与操作的过程中,有时需要自动运行某一特定的操作来实现某一目的,此时便需要建立自动执行宏。在 Access 中存在一个特殊的宏名"AutoExec",表示自动加载或处理。通过创建一个名为"AutoExec"的宏对象,便可在打开数据库时首先自动执行 AutoExec 宏中的所有操作。

【例 6-5】在用户打开数据库时,系统会自动弹出欢迎界面。

操作步骤如下。

1) 单击"教学管理系统"数据库的"宏"对象。单击"新建"按钮,新建一个信息提示宏,如图 6-12 所示。

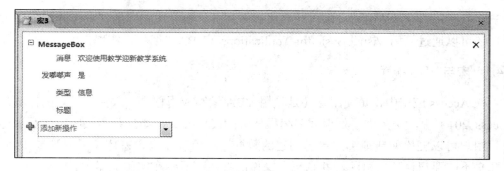

图 6-12　设置自动宏的操作及参数

2) 单击"文件"|"保存"按钮,将该宏命名为"AutoExec",单击"确定"按钮,如图 6-13 所示。

图 6-13　以"AutoExec"名称命名宏

3) 重新启动数据库,即可自动运行宏,如图 6-14 所示。

图 6-14　打开数据库时自动宏的执行结果

6.4　宏与 Visual Basic

在 Access 中，使用宏可以自动完成许多任务。要完成相同的任务，除了使用宏之外，还可以通过采用 Visual Basic for Applications（VBA）编程来实现。

6.4.1　宏与 VBA 编程

在 Access 应用中，是使用宏还是使用 VBA 编写应用程序，取决于用户的需要。在 Access 2010 中，宏提供了处理许多编程任务的简单方法，如打开和关闭窗体及运行报表。用户可以轻松便捷地绑定自己创建的数据库对象（如表、窗体及报表等），因为用户几乎不需要记住任何语法，并且每个操作的参数都显示在宏生成器中。

然而，对于下列几种情况，用户应该使用 VBA 编程而不是宏。

1．使用内置函数或创建自己的函数

Access 中包含许多内置函数，用户可以使用这些内置函数执行计算，而无须创建复杂的表达式。通过使用 VBA 代码，用户还可以创建自己的函数来执行超过表达式能力的计算或者代替复杂的表达式。此外，用户还可以在表达式中使用自己创建的函数向多个对象应用公共操作。

2．创建或操纵对象

在大多数情况下，用户会发现在对象的设计视图中创建和修改对象最容易。不过，在某种情况下，用户可能想到在代码中操纵对象的定义，通过使用 VBA，除了可以操

纵数据库本身以外，用户还可以操纵数据库中的所有对象。

3. 执行系统级操作

用户可以在宏内执行 RunApp 操作，以便在 Access 中运行另外一个程序（如 Microsoft Excel），但用户无法使用宏在 Access 外部执行更多其他的操作。通过使用 VBA，用户可以检查某个文件是否存在，使用自动化或动态数据交换（DDE）与其他的程序通信，还可以调用 Windows 的动态链接库中的函数。

4. 一次一条地操纵记录

用户可以通过使用 VBA 来逐条处理记录集，并对每一条记录执行操作。与此相反，宏是同时对整个记录集进行处理。

6.4.2 将独立宏转换为 VB 代码

在 Access 2010 中，所有的宏都对应着 VBA 中相应的程序代码，因此能够将宏操作转换为 Microsoft Visual Basic 的事件过程或者模块。这些 Visual Basic 代码可以执行与宏等价的操作。

【例 6-6】创建一个打开窗体的宏，并将其转换为 Visual Basic 代码。

操作步骤如下。

1）打开"教学管理系统"数据库。

2）单击"创建"|"宏与代码"|"宏"按钮新建"宏"，如图 6-15 所示。

3）单击"添加新操作"下拉按钮，在弹出的快捷菜单中选择"OpenForm"选项。

4）单击"操作参数"区域中的"窗体名称"行，单击右侧的下拉按钮，在弹出的下拉列表中选择"教学信息查询"选项，如图 6-16 所示。

图 6-15 操作列表

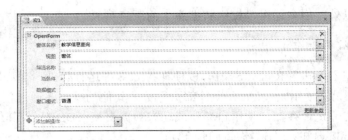

图 6-16　操作参数

5）单击"文件"|"保存"按钮，在弹出的"另存为"对话框中的"宏名称"文本框中输入"打开教学信息查询窗体"，单击"确定"按钮进行保存。

6）在打开宏的设计视图下，单击"宏工具"|"将宏转换为 Visual Basic 代码"按钮，弹出转换宏对话框，如图 6-17 所示。单击该对话框中的"Convert"（转换）按钮，Access自动进行转换。

7）转换完毕后，弹出转换完毕对话框，如图 6-18 所示。单击"确定"按钮，返回"宏设计视图"。在"导航窗格"上的"模块"对象列表中，即可见到添加了"被转换的宏—打开教学信息查询窗体"的模块，如图 6-19 所示。

图 6-17　转换宏对话框　　　　　　　图 6-18　转换完毕对话框

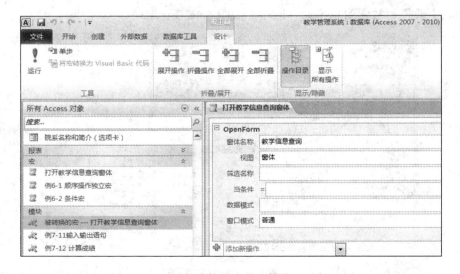

图 6-19　"导航窗格"上的"模块"对象列表

· —— 习 题 6 **—— ·**

单选题

（1）宏组的使用目的是（　　）。

　　A．设计出功能复杂的宏　　　　　　B．设计出包含大量操作的宏

　　C．减少程序内存消耗　　　　　　　D．对多个宏进行组织和管理

（2）用于打开报表操作的宏命令是（　　）。

　　A．OpenForm　　　B．OpenReport　　　C．OpenSql　　　D．OpenQuery

（3）宏操作 Quit 的功能是（　　）。

　　A．退出查询　　　　B．退出 Access　　　C．关闭表　　　　D．退出宏

（4）下面不是宏的运行方式的是（　　）。

　　A．直接运行宏

　　B．为窗体或报表的事件响应而运行宏

　　C．为窗体或报表上的控件的事件响应而运行宏

　　D．为查询事件响应而运行宏

（5）能使计算机发出"嘟嘟"声的宏命令是（　　）。

　　A．Echo　　　　　B．MsgBox　　　　C．Beep　　　　　D．Restore

（6）引用窗体控件的值，下面可以用的宏表达式是（　　）。

　　A．Forms!控件名!窗体名

　　B．Forms!窗体名!控件名

　　C．Forms!控件名

　　D．Forms!窗体名

（7）在窗体视图中单击此按钮打开另一个窗体，此时，需要执行的宏操作是（　　）。

　　A．OpenQuery　　　B．OpenReport　　　C．OpenWindow　D．OpenForm

（8）发生在控件接收焦点之前的事件为（　　）。

　　A．Enter　　　　　B．Exit　　　　　　C．Gotfocus　　　D．Lostfocus

（9）创建宏时至少要定义一个宏操作，并要设置其相对应的（　　）。

　　A．条件　　　　　B．命令按钮　　　　C．宏操作参数　　D．注释信息

（10）下列叙述错误的是（　　）。

　　A．宏能够一次完成多个操作

　　B．可以将多个宏组成一个宏组

　　C．可以用编程的方法来实现宏

　　D．宏命令一般由动作名和操作参数组成

（11）数据宏的创建是在打开（　　）设计视图的情况下进行的。

　　A．窗体　　　　　B．报表　　　　　　C．查询　　　　　D．表

（12）在宏设计视图的（　　　）窗格中才能进行添加、修改或删除宏的操作。

    A．导航　　　　　　B．操作目录　　　　　C．宏生成器　　　D．功能

（13）为窗体或报表上的某个控件的单击事件创建了嵌入宏后，在属性表中该控件的单击事件属性值组合框中显示（　　　）。

    A．"嵌入宏"　　　B．[嵌入宏]　　　　C．"嵌入的宏"　D．[嵌入的宏]

（14）在一个条件宏中，既有带条件的宏，也有不带条件的宏，不带条件的操作（　　　）。

    A．按条件真假执行　　　　　　　　B．无条件执行

    C．不执行　　　　　　　　　　　　D．出错

（15）Access 提供了（　　　）工具来调试宏。

    A．停止执行　　　B．跳跃执行　　　　C．单步执行　　　D．继续执行

上机实验 6

1）在"学生成绩管理系统"数据库中，创建一个名为"学生管理系统"的宏，作用是弹出一个消息框，提示信息为"欢迎使用学生信息管理系统"，单击"确定"按钮，然后打开"浏览学生基本情况"窗体，以窗体视图显示。

2）在"学生成绩管理系统"数据库中，创建一个含有 If 块的独立宏，If 操作的条件表达式是"MsgBox("是否要打开查询？",1)=1"，当该表达式的值为 True（即单击了由 MsgBox 函数打开的对话框中的"确定"按钮）时，要依次执行两个操作：第 1 个操作是以"数据表"视图方式打开名为"统计每位学生已修学分数"的查询，第 2 个操作是发出"哔"提示音。在 If 语句块之后，显示提示信息"这是含有 If 块的独立宏例子！"。将该宏命名为"含有 If 块的独立宏"。

3）在"学生成绩管理系统"数据库中，创建一个名为"学生资料"的宏组，该宏组包含两个操作序列宏，要求如下：

① 第 1 个宏名为"学生信息"，宏的作用是弹出一个消息框，提示信息为"下面将显示学生信息窗体"，单击"确定"按钮，将显示"浏览学生基本情况"窗体的数据表视图。

② 第 2 个宏名为"学生报表"，宏的作用是弹出一个消息框，提示信息为"下面将显示学生信息报表"，单击"确定"按钮，将显示"学生综合信息报表"的打印预览视图。

4）创建一个自动运行宏，宏的作用是打开数据库时，先弹出一个"请输入密码"的输入框，当用户输入密码为"123456"时，出现提示框"欢迎使用学生成绩管理系统"；当密码错误时，出现提示框"密码错误，将关闭数据库！"，单击"确定"按钮退出 Access。

提示：使用 InputBox 函数输入信息，使用 MsgBox 函数显示提示信息。

第 7 章　模块与 VBA 程序设计

在 Access 数据库系统中，虽然使用宏可以完成一些简单的操作任务，但是对于需要使用复杂条件结构和循环结构才能解决问题的任务，宏还是无法完成。为了解决一些实际开发活动中复杂的数据库应用问题，Access 数据库系统提供了"模块"对象来解决此类问题。

7.1　模块与 VBA 概述

模块是 Access 数据库 6 个主要对象之一，由面向对象的 VBA 程序构成。模块具有很强的通用性，窗体、报表等对象都可以调用模块内部的过程。

VBA（Visual Basic for Applications）是 Microsoft Office 套件内置的可视化编程语言，它是 VB（Visual Basic）语言的子集。VBA 用来解决 Access 数据库中其他对象难以实现的操作（如循环控制），以建立完整的数据库应用系统。

7.1.1　模块的概念

模块是 VBA 编程中的主要对象，与宏有一些相似的地方，但模块比宏的功能更强大，运行速度更快。模块是由一个或多个过程组成的，模块中的每一个过程都可以是函数过程（Function 过程）或子过程（Sub 过程），能够处理复杂条件或循环结构的操作。在 Access 中，模块有两种基本类型：标准模块和类模块。

1. 标准模块

当应用程序庞大复杂时，可能有多个窗体或报表包含一些相同的代码。为了减少代码重复，可以创建一个独立的模块，用它来实现代码的重用。这个独立的模块就是标准模块。

一般情况下，在标准模块里定义一些公共变量或公共过程供类模块里的过程调用。此时，这些公共变量或公共过程具有全局性，在整个应用程序中都有效。当然，在标准模块内部也可以定义私有变量和私有过程，此时这些私有变量和私有过程是局部的，只能供本模块内部使用。

2. 类模块

嵌入窗体和报表里的代码块称为类模块。窗体模块和报表模块都属于类模块，它们从属于各自的窗体或报表，因此只能在窗体或报表中使用，具有局部性。当窗体或报表被移动到其他数据库时，对应的模块代码通常也会跟着被移动。

窗体模块和报表模块通常都含有事件过程，用于响应窗体或报表上的事件。使用事件过程可以控制窗体或报表的行为及它们对用户操作的响应。

窗体模块和报表模块中的过程可以调用标准模块中已定义的过程。窗体模块和报表模块的生命周期随着窗体或报表的打开而开始，关闭而结束。

7.1.2 模块的组成

模块由声明和过程两个部分组成，一个模块中有一个声明区域和一个或多个过程，在声明区域对过程中用到的变量进行声明。过程是模块的组成单元，分为子（Sub）过程和函数（Function）过程两类。

1. 声明区域

声明区域主要包括 Option 声明、变量、常量或自定义数据类型的声明。

在模块中可以使用的 Option 声明语句如下。

（1）Option Base 1

声明模块中数组下标的默认下界为 1，不声明则默认下界为 0。

（2）Option Compare Database

声明模块中需要进行字符串比较时，将根据数据库的区域 ID 确定的排序级别进行比较；不声明则按字符 ASCII 码进行比较。

（3）Option Explicit

强制模块用到的变量必须先声明后使用。

2. 子过程

子过程又称为 Sub 过程，用来执行一系列的操作。子过程没有返回值，它的定义格式如下。

```
Sub 过程名
    [程序代码]
End Sub
```

其中，程序代码表示要完成的一系列操作。

调用子过程时可以直接引用子过程的名称，也可以在过程名称之前加上关键字 Call 来显式调用一个子过程。在自定义的过程名前加上 Call 关键字是一个很好的程序设计习惯，可以使代码更加清晰。

3. 函数过程

函数过程又称为 Function 过程，用于执行一系列操作并返回一个结果，这个结果称为返回值。它的定义格式如下。

```
Function 过程名 As (返回值) 类型
    [程序代码]
End Function
```

函数过程不能使用 Call 来调用执行，需要在赋值语句或表达式中直接引用函数过程的名称。

7.1.3　VBA 的编程环境

Access 系统提供了一个编程界面——VBE（Visual Basic Editor），它是编写和调试 VBA 程序代码的重要环境。Access 的标准模块和类模块设计都是在 VBE 窗口完成的。

1．进入 VBE 编程环境

对于标准模块和类模块，进入 VBE 环境的方法是不一样的。

（1）进入标准模块的 3 种方法

方法 1：在 Access 2010 窗口中，单击"创建"|"宏与代码"|"Visual Basic"按钮，即可打开 VBE 窗口，进入 VBE 环境。

方法 2：在 Access 2010 窗口中，单击"创建"|"宏与代码"|"模块"按钮，即可打开 VBE 窗口，进入 VBE 环境。

方法 3：对于已存在的标准模块，在 Access 2010 窗口中，单击导航窗格上的"模块"对象，然后在模块列表中双击选择的模块，即可打开 VBE 窗口，进入 VBE 环境。

（2）进入类模块的 3 种方法

方法 1：在设计视图中打开窗体或报表，然后单击"设计"|"工具"|"查看代码"按钮。

方法 2：在设计视图中打开窗体或报表，然后右击需要编写代码的控件，在弹出的快捷菜单中选择"事件生成器"命令。

方法 3：在设计视图中打开窗体或报表，打开需要编写代码控件的"属性表"对话框，单击"事件"选项卡，单击某一事件属性右侧的"生成器"按钮，弹出"选择生成器"对话框，如图 7-1 所示，选择"代码生成器"，然后单击"确定"按钮。

此外，在 Access 2010 窗口中，任何时候按【Alt+F11】组合键，也可以快速进入 VBE 编辑环境。

不论在什么状态下，使用上述哪种方法，最终都将打开并进入 VBE 环境，如图 7-2 所示。

图 7-1　"选择生成器"对话框

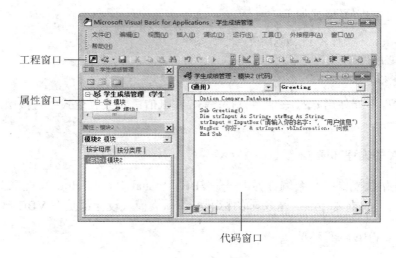

图 7-2　VBE 环境

2. VBE 界面

进入 VBE 后，可以看到多种窗口和工具栏。熟练使用这些窗口和工具栏将有助于提高编辑和调试代码的效率。

（1）VBE 工具栏

VBE 界面中包含"标准""编辑""调试"和"用户窗体"等多种工具栏，可选择"视图"|"工具栏"命令下的子命令显示和隐藏这些工具栏。图 7-3 为"标准"工具栏。

图 7-3　"标准"工具栏

"标准"工具栏中各按钮的功能如表 7-1 所示。使用"标准"工具栏可以快速调用 Access 的常用功能。

表 7-1　VBE"标准"工具栏中各按钮的功能

按钮	名称	功能
	Access 视图	用于从 VBE 切换到数据库窗口
	插入模块	插入新的模块
	运行子过程/用户窗体	运行模块程序
	中断运行	中断正在运行的程序
	重新设置	结束正在运行的程序，重新进入模块设计状态
	设计模式	进入和退出设计模式
	工程资源管理器	打开工程资源管理器窗口

续表

按钮	名称	功能
	属性窗口	打开属性窗口
	对象浏览器	打开对象浏览器窗口

（2）工程窗口

工程窗口即工程资源管理器，该窗口显示应用程序的所有模块文件，以分层列表的方式显示。选择 VBE 窗口菜单栏中"视图"|"工程资源管理器"命令，即可打开工程窗口。该窗口中有 3 个按钮，"查看代码"按钮用于打开相应的代码窗口；"查看对象"按钮用于打开相应的对象窗口，"切换文件夹"按钮隐藏或显示对象的分类文件夹。

双击工程窗口上的一个模块或类，相应的代码窗口就会显示出来。

（3）属性窗口

选择 VBE 窗口菜单栏中"视图"|"属性窗口"命令，即可打开属性窗口。属性窗口列出了所选对象的属性，可以按字母查看这些属性，也可以按分类查看这些属性。属性窗口由"对象"列表和"属性"列表组成。其中，"对象"列表用于列出当前所选的对象，"属性"列表可以按字母或分类对对象属性进行排序。

可以在属性窗口中直接编辑对象的属性，这是前面各章所用的方法，还可以在代码窗口中用 VBA 代码编辑对象的属性，前者属于"静态"的属性设置方法，后者属于"动态"的属性设置方法。

（4）代码窗口

选择 VBE 窗口菜单栏中"视图"|"代码窗口"命令，即可打开代码窗口。代码窗口主要用来编写、显示及编辑 VBA 代码，如图 7-4 所示。

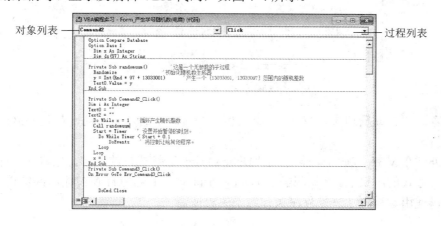

图 7-4　代码窗口

代码窗口的顶部有两个下拉列表，左侧的是对象列表，右侧的是过程列表。从左侧选择一个对象后，右侧的下拉列表中就会列出该对象的所有事件过程，从该事件过程列表框中选择某个事件过程名后，系统会自动在代码编辑区生成相应事件过程的模板，用户可以直接在模板中添加代码。

代码窗口实际上是一个标准的文本编辑器，它提供了功能完善的文本编辑功能，可以简单、高效地对代码进行复制、删除、移动及其他操作。此外，在输入代码时，系统会自动显示关键字列表、关键字属性列表、过程参数列表等提示信息，用户可以直接从列表中选择，方便了代码的输入及减少出错。

（5）立即窗口

选择 VBE 窗口菜单栏中"视图"|"立即窗口"命令，或者按【Ctrl+G】组合键，即可打开立即窗口。

立即窗口的一个很重要的用途是测试代码。在立即窗口中直接输入命令，然后按【Enter】键即可显示命令执行后的结果。

若在立即窗口输入"Print 19 Mod 7"，则按【Enter】键后在下一行输出的结果是"5"。

若在立即窗口输入"?19 Mod 7"，则按【Enter】键后在下一行输出的结果是"5"。

若在立即窗口输入"? Mid("Access",3,2)"，则按【Enter】键后在下一行输出的结果是"ce"，如图 7-5 所示。

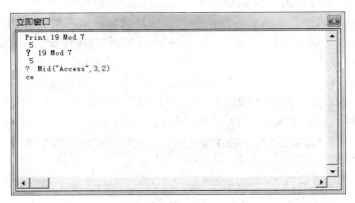

图 7-5　立即窗口

注意：在立即窗口中，"Print"命令和"？"命令的作用相同，都是在立即窗口输出结果值。

此外，在 VBA 代码中，若使用"Debug.Print 表达式"的语句，也将在立即窗口中输出该表达式的结果值。例如，语句"Debug.Print 3*5"将在立即窗口输出的结果是"15"。通常可以使用这种方法进行程序执行结果的验证调试。

3．语法和编程快捷助手

VBE 窗口上的"编辑"工具栏有很多按钮，使用这些按钮有助于快速输入正确格式

的 VBA 指令。如果"编辑"工具栏在 VBE 编辑器窗口上不可见，可以选择"视图"|"工具栏"命令，再选择"编辑"调出工具栏。图 7-6 为编辑工具栏上的按钮。

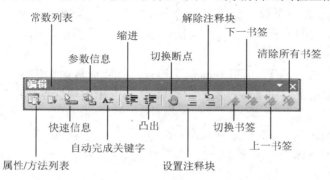

图 7-6　"编辑"工具栏上的按钮

在 VBA 中编写过程代码需要使用大量的内置指令和函数。为了帮助大多数人熟悉 VBA 中可用指令的语法，VBE 提供了所需求的语法和编程指引。在代码窗口编程时，根据上下文经常会有专门的窗口弹出来，引导完成正确的 VBA 代码。

（1）属性/方法列表

每个对象都会有许多属性和方法。输入一个对象名称和一个句号以分开这个对象名称和它的属性或方法时，如果对象名称正确，则系统将弹出一个列表菜单。这个菜单列出了在这个句点之前的对象的所有可用的属性和方法，如图 7-7 所示。启用这个自动工具的操作方式如下：选择"工具"|"选项"命令，选择"选项"对话框上的"编辑器"选项卡，确保选中"自动列出成员"。

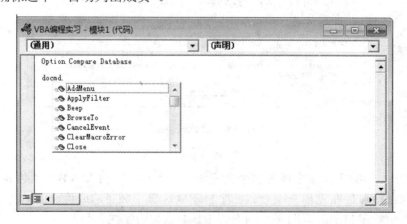

图 7-7　输入 VBA 指令时列出的对象属性和方法

要从弹出菜单中选择项目，方法是在弹出菜单中输入需要的属性或方法名称的前几个字母。如果 VBE 突出显示了正确的项目名称，则按【Enter】键，VBE 自动把该项目插入代码中去，并且开始新的一行；如果需要在同一行继续写代码，则可以按【Tab】键代替【Enter】键；也可以双击该项目插入代码中去；如果不插入任何项目，则可以按【Esc】键关闭这个弹出菜单。但按【Esc】键取消了弹出菜单后，VBE 将不会对同样的对象显示该菜单。可以通过以下方法再次显示属性/方法弹出菜单。

1）按【Ctrl+J】组合键。

2）使用【backspace】（后退）键删除句号，然后重新输入句号。

3）在代码窗口上右击（该对象的句号后），在弹出的快捷菜单中选择"属性/方法列表"命令。

4）选择"编辑"|"属性/方法列表"命令。

5）单击"编辑器"|"属性/方法列表"按钮。

（2）常数列表

为了给属性赋值，需要使用的规则如下。

```
Object.Property = Value
```

如果选项对话框（"工具"|"选项"|"编辑器"选项卡）已经选中 "自动列出成员"复选框，VBA 就会在等号前的属性弹出一个菜单，列出该属性的有效常数。常数是表明确切的描述或者结果的值。VBA 和 Office 里面的其他应用软件都有很多预先定义的内置常数。

如果在代码窗口里输入指令"ActiveWindow.View ="，就会弹出一个菜单，列出这个属性的有效常数名称，如图 7-8 所示。使用与"属性/方法列表"弹出菜单同样的技术，也可以处理"常数列表"弹出菜单。按【Ctrl+Shift+J】组合键或者单击"编辑"工具栏上的"常数列表"按钮，可以激活常数列表菜单。

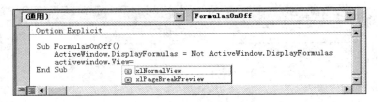

图 7-8　常数列表框

（3）参数信息

许多 VBA 函数需要一个或者多个自变量（或者参数）。如果 VBA 函数要求自变量，可以在输入左括号后在光标下面看到一个提示框，显示必要的或可选的自变量的名称，如图 7-9 所示。参数信息有助于正确设置 VBA 函数的参数。另外，它提示两件对函数运行正确至关重要的事情：自变量的顺序和自变量要求的数据类型。

在代码窗口中输入下述代码，观察参数信息是如何工作的。

```
msgbox(
```

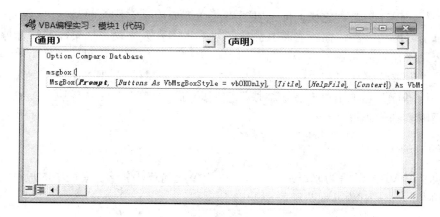

图 7-9　msgbox 参数提示框

　　一旦输入了开始的括号，光标下面就会出现一个提示框，当前的自变量会显示为粗体；在输入完第一个自变量并且输入了逗号后，VBA 会将下一个自变量显示为粗体。可选的自变量会用中括号[]括起来。按【Esc】键就可以关闭参数信息窗口。

　　（4）自动完成关键字

　　加速在代码窗口编写 VBA 程序的另一种方法是使用"自动完成关键字"功能。当输入一个关键字的前几个字母，然后按【Ctrl+空格】组合键，或者单击"编辑"|"自动完成关键字"按钮时，VBA 会自动完成这个关键字的剩余字母，节约输入时间。例如，在代码窗口里输入关键字"Application"的前 4 个字母，并且按【Ctrl+空格】组合键。

```
Appl
```

　　VBA 将会完成剩余的字母，在 Appl 位置，可以看到整个关键字 Application。如果有好几个关键字具有相同的开头字母，按下【Ctrl+空格】组合键后，VBA 会显示一个弹出菜单，列出所有关键字。在本例中，可以输入关键字 Application 的前 3 个字母，单击工具栏上的"自动完成关键字"按钮，然后在弹出的快捷菜单中选取合适的关键字。

　　（5）缩进/凸出

　　在"选项"对话框的"编辑器"选项卡中有许多设置可以打开以使用代码窗口许多可用的自动功能。如果选中"自动缩进"选项，就可以自动缩进所选的代码行，缩进的量为"Tab 宽度"文本框里的数字。默认的自动缩进量是 4 个字母，也可以在文本框里输入一个新的数字来改变 Tab 宽度。使用缩进可以使代码更容易阅读和理解。特别是在输入一些做决定或重复性工作的代码行时，更建议使用缩进。

　　（6）设置注释块/解除注释块

　　注释不但使代码更容易理解，而且它在 VBA 过程的测试和处理问题中都是很有用的。例如，当执行一个过程时，它可能和期望的运行结果不一致，对于那些可能产生问题的代码行，现在想略过它们，但是以后可能还需要用到它们，此时就可以在它们前面加一个单引号改为注释，而不必将其删除。对于大多数人来说，如果需要注释掉一行代码，那么只要在它前面输入一个引号即可。如果要注释掉整块代码，则使用"编辑"工具栏上的"设置注释块"和"解除注释块"按钮是很方便的。要注释掉几行代码，只要选中这些代码行并且单击"设置注释块"按钮即可。单击"解除注释块"按钮，将注释掉的代码恢复到代码里。

7.1.4 模块的创建

模块是以 VBA 语言为基础编写，以过程为单元的代码集合。模块中的过程包括 Sub 子过程和 Function 函数过程两种类型。

1. 在模块中加入过程

模块的作用是包含 VBA 代码，换句话说，如果要写 VBA 代码，则必须把它放在模块之中。对于标准模块，单击"创建"|"宏与代码"|"模块"按钮，即可进入标准模块的设计和编辑窗口；对于类模块，可以在窗体或报表的设计视图里单击"窗体/报表设计工具"|"设计"|"工具"|"查看代码"按钮，或者创建窗体或报表的事件过程都可以进入类模块的设计和编辑窗口。

若要在模块中加入过程，只需在打开的对应模块的 VBE 窗口中选择"插入""过程"命令，弹出如图 7-10 所示的"添加过程"对话框。在"名称"文本框中输入过程名（如 test），在"类型"选项组中选择过程类型，在"范围"选项组中选择过程的作用范围，然后单击"确定"按钮，即生成该过程模板，如图 7-11 所示，在其中填入代码即可。

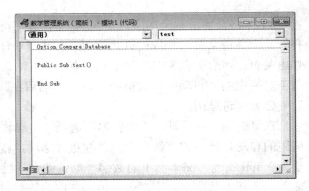

图 7-10 "添加过程"对话框　　　　　图 7-11 test 过程模板

2. 将宏转换为模块

在 Access 中，也可以将设计好的宏对象转换为模块代码形式。方法有以下两种。

1）选中宏对象后，选择"文件"|"对象另存为"命令，在弹出的"另存为"对话框中，将保存类型设置为"模块"即可完成转换。

2）选中宏对象后，在宏"设计视图"中，单击"工具"|"将宏转换为 Visual Basic 代码"按钮进行转换。

转换后的模块被自动命名为"被转换的宏-×××(原宏名)"的形式。

3. 在模块中执行宏

在模块的过程代码中，可以使用 DoCmd 对象的 RunMacro 方法执行现有的宏。其调用格式如下。

```
DoCmd.RunMacro 宏名[,重复次数][,重复条件]
```

其中，"宏名"为当前数据库中宏的名称；"重复次数"为可选项，用来指定宏运行的次数；"重复条件"为可选项，用来指定宏执行条件的表达式，在每一次运行宏时进行求值，结果为 True 时执行，结果为 False 时停止。

7.2　VBA 编程基础

直到 20 世纪 90 年代初期，使应用程序自动化还是充满挑战性的领域。对于每个需要自动化的应用程序，人们不得不学习一种不同的自动化语言。Microsoft 公司决定让其开发出来的应用程序共享一种通用的自动化语言——Visual Basic For Application（VBA），可以认为 VBA 是非常流行的应用程序开发语言 Visual Basic 的子集。VBA 和 VB 的区别包括以下几个方面。

1）VB 是设计用于创建标准的应用程序，而 VBA 是使已有的应用程序自动化。

2）VB 具有自己的开发环境，而 VBA 必须寄生于已有的应用程序。

3）要运行 VB 开发的应用程序，用户不必安装 VB，因为 VB 开发出的应用程序是可执行文件（*.exe），而 VBA 开发的程序必须依赖于它的"父"应用程序，如 Access。

尽管存在这些不同，VBA 和 VB 在结构上仍然十分相似。事实上，如果已经了解了 VB，会发现学习 VBA 非常快。相应地，学完 VBA 会给学习 VB 打下坚实的基础。而且，VBA 的一个关键特征是所学的知识在 Microsoft 公司的一些产品中可以相互转化。当学会在 Access 中用 VBA 创建解决方案后，即已具备在 Office 套件中用 VBA 创建解决方案的大部分知识。

VBA 究竟是什么？更确切地讲，它是一种自动化语言，可以使常用的程序自动化，可以创建自定义的解决方案。

7.2.1　数据类型

数据是程序处理的重要对象，数据类型用来区分不同的数据。由于数据在计算机中存储所需要的容量各不相同，不同的数据就必须分配不同大小的内存空间来存储，因此要将数据划分成不同的数据类型。有了数据类型，才能更好地分配管理内存，节省不必要的存储开支。此外，在数据类型上的限制也可以避免一些非法输入，使得计算机处理数据更加高效、可靠。

Access 数据库系统创建表对象时所涉及的字段数据类型（除了 OLE 对象、附件和备注数据类型外），在 VBA 中都有数据类型相对应。

1. 基本数据类型

传统的 BASIC 语言使用类型字符（用来进行类型说明的特定的标点符号）来定义数据类型。VBA 仍然保留了这种定义方式，不同数据类型的取值范围也各不相同，参见表 7-2 所示的 VBA 类型标识、符号、字节、字段类型及取值范围。

表 7-2　VBA 常用数据类型

数据类型	类型标识	符号	字节	字段类型	取值范围
字节型	Byte		1	数字（字节）	0～255
整型	Integer	%	2	数字（整型）	−32768～+32767
长整型	Long	&	4	数字（长整型）、自动编号	−2147483648～+2147483647
单精度型	Single	!	4	数字（单精度型、小数）	$1.4×10^{-45}～3.4×10^{38}$（绝对值）
双精度型	Double	#	8	数字（双精度型、小数）	$4.9×10^{-324}～1.7×10^{308}$（绝对值）
货币型	Currency	@	8	货币	0～922337203685477.58（绝对值）
字符串型	String	$	变长	OLE 对象/超链接	最多可包含 20 亿个字符
	String*N		N	文本/备注	1～65400 个字符
日期型	Date		8	日期/时间	100 年 1 月 1 日～9999 年 12 月 31 日 00:00:00.000～23:59:59.999
布尔型	Boolean		2	是/否	True 或 False
变体类型	Variant				数值同 Double，字符串同变长 String

在使用 VBA 代码中的字节、整数、长整数、自动编号、单精度和双精度数等的常量和变量与 Access 的其他对象进行数据交换时，必须符合数据表、查询、窗体和报表中相应的字段属性。

对数据类型的说明如下。

（1）数值型数据

字节、整数、长整数、自动编号、单精度、双精度和货币型数据等统称为数值型数据。不同类型的数值型数据在内存单元中所占用的存储空间也不相同，详见表 7-2。可以用类型字符来定义变量的类型。常用的表示数据类型的类型字符如下：整型用符号"%"表示，长整型用符号"&"表示，单精度型用符号"!"表示，双精度型用符号"#"表示，货币型用符号"@"表示，字符串型用符号"$"表示。

（2）字符串型数据

VBA 规定，字符串常量一定要用英文双引号括起，如"高性能计算""数据库系统""Computer"等。对于定长字符串变量，其长度是固定的，如果给它赋一个超出其长度的值，则仅保留定义该变量时指定的长度，多余的字符自动舍弃。

（3）布尔型数据

布尔型数据只有两种值：True 和 False。

当布尔型值转换为其他数据类型时，False 转换为 0，True 转换为-1。将其他数值类型转换为布尔数据类型时，0 转换为 False，其他值均转换为 True。

（4）日期型数据

任何可以识别的文本日期都可赋值给日期变量。日期文字必须用符号"#"括起来，如"#2016-5-1#"。

日期变量以计算机中的短日期格式显示，时间则以计算机的时间格式（12 小时或 24 小时）显示，如"2016/5/8""12:30:55"等。

（5）变体型（Variant）数据

如果未给变量指定数据类型，则 Access 将自动指定其为变体（Variant）数据类型。变体型是一种特殊的数据类型，除了定长字符串及用户自定义类型外，可以包含任何种类的数据。Variant 也可以包含 Empty、Error、Nothing 及 Null 特殊值。

变体数据类型十分灵活，但使用这种数据类型最大的缺点在于缺乏可读性，即无法通过查看代码来明确其数据类型。

2.　自定义数据类型

为了更加灵活地处理数据，VBA 允许用户自定义包含一个或多个 VBA 标准数据类型的数据类型，这就是用户自定义数据类型。用户自定义数据类型是一个综合的数据类型，里面可以包含一个或多个分量，这些分量被称为域（类似于记录的分量被称为字段）。域的类型不仅可以是 VBA 的标准数据类型，还可以是之前已经定义过的其他用户自定义数据类型。

用户自定义数据类型使用 Type…End 关键字进行定义，定义格式如下。

```
Type <数据类型名>
 <域> As〈数据类型〉
 <域> As〈数据类型>
 …
End Type
```

【例 7-1】定义一个名为 LogInfo 的数据类型，其中包含登录用户名、登录密码、登录状态等信息。

```
Type LogInfo          '类型名：LogInfo（登录者信息）
```

```
        UserName As String * 8    '登录用户名,8 位定长字符串
        Pwd As String             '登录密码,变长字符串
        LogState As Integer       '登录状态,整型
     End Type
```

当需要建立一个变量来保存包含不同数据类型字段的数据表的一条或多条记录时，用户自定义数据类型就特别有用。

一般情况下，用户自定义数据类型在使用时，首先要在模块区域中定义用户数据类型，然后显式地以 Dim、Public 或 Static 关键字来定义该类型为用户自定义类型的变量。

7.2.2 常量

常量是指在程序运行过程中，其值不能被改变的量。常量的使用可以提高程序代码的可读性，并且使程序代码更容易维护。

在 VBA 中，常量包括直接常量、符号常量、系统常量和内部常量 4 种。其中，直接常量和符号常量最常用。

1. 直接常量

直接常量直接出现在代码中，通常把数值或字符串作为直接常量。直接常量也称为字面常量，它的表示形式决定它的类型和值，例如：

数值型：256、-123.45、34.123×10^{-5} 等。

字符型："NetID""ABC""新华学院" 等。

日期型：#2010-01-10#、#2016/05/01#等。

逻辑型：True、False。

2. 符号常量

符号常量可用 Const 语句创建，格式如下：

```
     Const 符号常量名称=常量值
```

其中，符号常量的名称一般用大写命名，以便和变量区分。

例如，下面语句定义了符号常量 PI，其值为 3.1416。

```
     Const  PI=3.1416
```

如果在 Const 前面加上 Global 或 Public，则定义的符号常量就是全局符号常量，这样，在所有的模块中都可以使用。

在定义符号常量时，不需要为常量指出数据类型，VBA 会自动按存储效率最高的方式确定其数据类型。在程序运行过程中对符号常量只能做读取操作，而不能对其进行修改或重新赋值。

3. 系统常量

系统常量是指 Access 启动时自动建立的常量，包括 True、False、Yes、No、Off、On 和 Null 等，可以在 Access 中的任何地方使用系统常量。

4. 内部常量

内部常量是 VBA 预定义的内部符号常量，所有内部常量均可在宏或 VBA 代码中使用。通常，内部常量通过前两个字母来指明定义该常量的对象库。来自 Access 库的常量以 "ac" 开头，如 acCmdSaveAs；来自 ActiveX Data Objects（ADO）库的常量以 "ad" 开头；而来自 VB 库的常量则以 "vb" 开头。

可以在任何允许使用符号常量的地方使用内部常量。

7.2.3　变量

变量是指在程序运行过程中，其值会发生变化的数据。程序运行时数据是在内存中存放的，内存中的位置用不同的名字来表示，这个名字就是变量的名称。该内存位置上存放的值就是变量的值。

1. 变量的命名规则

每个变量有一个名称和相应的数据类型，数据类型决定了该变量的存储方式，而通过变量名可以引用一个变量。

在为变量命名时，应遵循以下原则。

1）变量名只能由字母、数字、中文和下划线组成。

2）变量名只能以字母或中文文字开头。

3）变量名长度不能超过 255 个字符。

4）变量名不能使用系统保留的关键字，如 PRINT、WHERE 等。

在 VBA 的变量名中不区分大小写字母，如 ABC、aBc 或 abc 表示同一个变量。

除了变量名外，在 VBA 中的过程名、符号常量名、自定义类型名、元素名等在命名时都遵循以上规则。

在命名变量时，通常采用大小写字母混合的方式，如 MyText，这样定义的变量名更具有可读性。

2. 变量的声明

声明变量就是定义变量的名称及类型，以便系统为变量分配存储空间。VBA 规定，在同一有效范围内，变量名必须唯一。VBA 声明变量有以下两种方法。

（1）显式声明

显式声明是指在程序中存在明确的声明变量的语句。定义变量的一般格式如下：

```
Dim <变量名> As <数据类型>
```

或

```
Dim <变量名><类型说明符>
```

【例 7-2】变量定义。

```
Dim age As Integer              '定义 age 为整型变量
Dim si As String, t As Single   '定义 si 为字符串型变量,t 为单精度型变量
Dim a%,b!                       '相当于 Dim a As Integer, b As Single
```

在 Dim 语句中，必须为每个变量单独指定数据类型，凡是未指定数据类型的变量一律被定义成变体型。例如：

```
Dim s1,s2 As String
```

上面的语句中只有 s2 被定义为字符串类型，而 s1 因为未指定类型，被系统自动定义为变体型。

（2）隐含声明

若直接给没有声明的变量赋值，或者声明变量时省略了 As <数据类型>短语或类型说明符，则 VBA 自动将变量声明为变体型。例如：

```
Dim a As Variant     '显式定义变量 a 为变体型变量
Dim K                '定义时缺少"As 类型名",K 默认为变体型变量
X = 20               'X 为变体型变量,值是 20
```

对于变体型变量，允许将任何类型的数据赋值给它，VBA 会自动进行类型转换。以下是给变体型变量 S 赋值。

```
S="张三"            '将字符串赋值给 S
S=#2016-5-1#        '将日期型数据赋值给 S
S=True              '将布尔型数据赋值给 S
```

（3）强制变量声明

在默认情况下，VBA 允许在代码中使用未声明的变量。如果在模块设计窗口的顶部"通用"|"声明"区域中加入说明语句"Option Explicit"，则强制要求所有变量必须先声明，然后才能使用。变量先声明后使用是一个好的习惯，可以增加程序的可读性，减少出错的机会。

（4）变量的初始化

VBA 在初始化变量时，将数值变量初始化为 0，变长字符串初始化为零长度的空字符串（""），对定长字符串的每一位字符都填上 ASCII 码为 0 的字符（不是空格），将 Variant 变量初始化为 Empty。

3. 变量的作用域

变量的作用域是指变量在程序中可使用的范围，定义变量的位置不同，其作用范围也不同。根据变量的作用域，可以将变量分为 3 类，分别是局部变量、模块变量和全局变量。

（1）局部变量

在过程内定义的变量叫做局部变量。由于局部变量只允许在定义它的过程内使用，因此局部变量的作用域是它所在的过程，这样，在不同的过程中就可以定义同名的变量，它们之间是相互独立的。

局部变量有两种形式：自动变量和静态变量。在过程内用 Dim 定义的、用类型符定义的或直接使用的变量都是自动变量，它是过程中使用最多的一种变量。仅当执行所在过程时，才为自动变量分配存储单元，过程执行结束则回收该空间。可见，自动变量存在的时间是短暂的。

在过程内使用保留字 Static 定义的变量叫做局部静态变量，它的作用域也是局部的。与自动变量不同的是，当静态变量所在程序开始执行时就为其分配存储单元，程序结束才释放。所以，静态变量存在的时间是整个程序的执行时间。另外，局部静态变量的值具有可继承性。简言之，调用静态变量所在的过程之后，静态变量的值被保留；当再次调用该过程时，静态变量的值在上次保留的基础上进行操作。

（2）模块变量

模块变量是在模块通用声明区使用 Dim 或 Static 定义的变量。由于模块级变量可以被模块内的所有过程使用，因此它的作用域是模块范围。

（3）全局变量

全局变量是在标准模块的所有过程之外的起始位置定义的变量，运行时在所有类模块和标准模块的所有子过程和函数过程中都可以使用该变量。在标准模块的变量定义区域，用下面的语句定义全局变量：

```
Public|Global 变量 As 数据类型
```

4. 数据库对象变量

在 Access 数据库中建立的对象与属性，均可作为 VBA 程序代码中的变量及其指定的值来加以引用。

窗体对象的引用格式如下。

```
Forms!窗体名称!控件名称[.属性名称]
```

报表对象的引用格式如下。

```
Reports!报表名称!控件名称[.属性名称]
```

关键字 Forms 表示窗体对象集合，Reports 表示报表对象集合。英文的感叹号"!"用于分隔父子对象。上面的格式中如果省略了属性名称，则表示控件的默认属性。

如果在本窗体的模块中引用，则可以使用"Me"代替"Forms!窗体名称"，窗体对象的引用格式变为

```
Me!控件名称[.属性名称]
```

例如，设置"学生基本情况"窗体中"学号"文本框的属性，用 VBA 程序代码表示如下。

```
Forms!学生基本情况!学号 = "070501"
```

等价于

```
Forms!学生基本情况!学号.Value = "070501"
```

上面的引用方式书写比较长，当需要多次引用对象时，显得很烦琐。另一种方法是使用 Set 建立控件对象的变量，这样在多次引用对象时就很方便。

首先定义一个控件类型的变量：

```
Dim txtName As Control
```

然后为该变量指定窗体控件对象：

```
Set txtName = Forms!学生基本情况!学号
```

以后就可以使用下面的方法引用对象了：

```
txtName = "070501"
```

5. 数组

在 VBA 里，数组是一种特殊的变量，代表拥有相同数据类型（字符串、整型、货币、日期等）的一组相似的数值。两种最通常的数组是一维数组（清单）和二维数组（表格）。数组的所有成员都必须具有相同的数据类型，换句话说，一个数组不能同时储存字符串和整型数据。

数组是拥有共同名称的变量的集合。一个典型的变量只能储存一个数据；然而，一个数组变量却能够储存大量的变量。可以使用变量名称和索引号来指向数组中某个确定的数据。数组变量的括号里的数字成为下标，而每个单独的变量则称为下标变量或成员。例如，A(6)是 A 数组里的第 6 个下标变量（成员）。

在实际应用中，常常需要处理同一类型的一组数据。例如，要保存并比较 90 个学生的身高，按照以前学过的知识去定义 90 个变量是不现实的，而且真正使用起来也会使问题变得更加复杂。这时数组的优势就体现出来了。

数组就是把有限个类型相同的变量用一个名字命名，然后用编号来区分这些变量的

集合。在使用数组的过程中，涉及的一些相关概念如下。

1）数组名：即整个数组使用的名称，如数组 L(90)的数组名就是 L。

2）数组元素：组成数组的各个变量称为数组的元素。

3）数组下标：一个数组中包含多个数组元素，它们都有着同样的名称，即数组名。为了区别每一个数组元素，要为每个数组元素分配唯一的编号，这些编号称为数组下标。

4）下标下界：数组下标的最小值称为下标下界。

5）下标上界：数组下标的最大值称为下标上界。

6）数组维数：数组的下标个数，如 a(2,4,3)就是三维数组。

（1）一维数组

定义一维数组的一般格式如下。

```
Dim 数组名(上界) As 类型名
```

注意，数组名称后面带有括号及括号里有数字。一维数组要求括号里带一个数字，这个数字决定了这个数组能够储存的最大成员数。例如：

```
Dim X(5) As Integer
```

默认情况下，数组的下标是从 0 开始的。因此，X 数组有 6 个元素，分别是 X(0)、X(l)、…、X(5)，这些元素的数据类型均为 Integer 整型。有时候，定义数组的下标从一个非 0 的值开始，这时可以使用下面的格式来定义数组。

```
Dim 数组名(下界 to 上界) As 类型名
```

数组声明的最后一部分是定义数组将要储存数据的数据类型。数组可以储存下列任何一种数据类型：Integer、Long、Single、Double、Variant、Currency、String、Boolean、Byte 或 Date。声明了一个数组后，VBA 会自动占据足够的内存空间，分配的内存空间取决于该数组的大小和数据类型。例如：

```
Dim W(2 to 9) As String
```

定义了一个由 8 个字符串元素 W(2)，W(3)，W(4)，…，W(9)组成的数组。

（2）二维数组和多维数组

有些复杂的问题使用一维数组不能解决，如要处理某年级 m 个班、每班 n 名同学的身高数据，就应该使用二维数组 L(1 to m,l to n)。如果问题继续复杂下去，要处理某学校 k 个年级，每个年级 m 个班，每班 n 名同学的身高数据，就应该使用三维数组 L(1 to k,l to m,l to n)。若考虑 x 个学校…则数组维度继续升高，这样的具有多个维度的数组就是多维数组。

由前面的叙述可知，多维数组的定义方法与一维数组类似，就是在数组下标中加入多个数值，并以逗号分开，格式如下。

```
Dim 数组名([下界 to]上界,[下界 to]上界…) As 类型名
```

如语句 Dim N(3，2 to 5 ,7)定义了一个由 4*4*8=128 个变体型元素组成的三维数组。在 Access 中，数组的维数最多可以达到 60 维。

（3）静态数组和动态数组

静态数组是具有确定大小的数组。当事先知道数组的大小时，使用静态数组。静态数组的大小是在数组的声明语句里确定的。例如，语句 Dim Range(10) As String 声明了一个由 11 个成员组成的叫做 Range 的静态数组。静态数组包含固定成员个数。静态数组的成员个数在它被声明后就再也不能改变了。

动态数组是大小可以改变的数组。如果数组的大小每次都由程序运行而决定，就要使用动态数组。

数组到底应该有多大才合适，有时可能不得而知。所以，希望能够在运行时具有改变数组大小的能力。动态数组可以在任何时候改变大小。在 VBA 中，动态数组最灵活、最方便，有助于更加有效地管理内存。例如，可暂时使用一个大数组，然后在不使用这个数组时，将内存空间释放给系统。

动态数组是指在声明时没有确定数组大小的数组，即忽略圆括号中的下标。当要用它时，可随时用 ReDim 语句重新指出数组的大小。使用动态数组的优点是可以根据用户需要来指定数据的大小，从而有效利用存储空间。

动态数组的创建方法如下。

```
Dim Mark() As Long     '定义动态数组
```

动态数组通过在数组名称后面附带空括号来声明。在过程中使用动态数组之前，必须使用 ReDim 语句来动态地设置数组的上界和下界。ReDim 语句随着程序代码的执行重新设定数组大小，ReDim 语句通知 VBA 数组的新大小，这个语句可以在同一个过程里多次使用。

```
ReDim Mark(8)          '分配数组空间大小为 9 个元素
ReDim Mark(15)         '扩展数组,分配数组空间大小为 16 个元素
```

当使用动态数组时，需要注意以下几个方面。

1）定义（Dim）数组时只定义类型，不定义大小。

2）分配数组空间（ReDim）时只改变数组大小，不改变数组类型。

3）动态数组只有在用 ReDim 语句分配数组空间后才可以对数组元素进行赋值或引用。

4）ReDim 语句只能用在过程内部。

每次执行 ReDim 语句时，当前存储在数组中的值都会全部丢失。VBA 会重新将数组元素的值设置为对应数据类型的默认值。如果希望既改变数组大小又不丢失数组中的数据，可以在 ReDim 关键字的后面加上一个 Preserve 保留字。例如，上例中若把 ReDim Mark(15)语句改成 ReDim Preserve Mark(15)，则会在扩展数组的同时保留原来数组中 9 个元素的值。

7.2.4　常用函数

在 VBA 中，除创建模块时可以定义子过程与函数过程完成特定功能外，VBA 提供了近百个内置的标准函数（见附录 1），可以方便地完成许多操作。熟练应用标准函数，可以大大提高编程效率。

标准函数一般用于赋值语句或表达式中，使用形式如下。

　　　函数名（[参数 1][,参数 2][,参数 3]…）

其中，函数名必不可少，函数的参数放在函数名后的圆括号中，参数可以是常量、变量、函数或表达式，可以有一个或多个；少数函数为无参函数。如果有多个参数，参数之间用英文逗号隔开，最后一个参数后面不加逗号。每个函数被调用时，都会返回一个结果，称为返回值。需要指出的是，函数的参数和返回值都有特定的数据类型与之对应。

下面分类介绍一些常用标准函数的使用方法。

1. 数学函数

数学函数完成数学计算功能。主要包括以下数学函数。

1）Abs(<数值表达式>)：返回数值表达式的绝对值，如 Abs(-3)=3。

2）Int(<数值表达式>)：向下取整，返回不大于参数值的最大整数。

3）Fix(<数值表达式>)：返回数值表达式的整数部分。

对于，Int 函数和 Fix 函数，当参数为正值时，结果相同；当参数为负时，结果可能不同。Int 函数返回小于等于参数值的第一个负数，而 Fix 函数返回大于等于参数值的第一个负数。

例如，Int(5.8)=5，Fix(5.8)=5；但 Int(-5.8)=-6，Fix(-5.8)=-5。

4）Round(<数值表达式>[,<表达式>])：四舍五入函数。

按照指定的小数位数进行四舍五入运算的结果。[<表达式>]是进行四舍五入运算小数点右边应保留的位数，该参数如果省略则默认为 0，仅保留整数部分。

例如，Round(3.1415,1)=3.1，Round(3.1415,2)=3.14，Round(3.754,2)=3.75，Round(3.754,0)=4。

5）Sqr(<数值表达式>)：开平方函数，计算数值表达式的平方根，如 Sqr(25)=5。

6）Sgn(<数值表达式>)：符号函数，计算数值表达式的符号。表达式的值为正数返回 1，表达式的值为负数返回-1，表达式的值等于 0 返回 0。

7）Rnd(<数值表达式>)或 Rnd：随机数函数。它产生一个大于等于 0，但小于 1 的随机数。

实际操作时，先要使用无参数的 Randomize 语句来根据系统时间初始化随机数种子，以产生不同的随机数序列。

例如：

```
Randomize
A=Int(100*Rnd)                    '产生[0,99]的随机整数
A=Int(101*Rnd)                    '产生[0,100]的随机整数
A=Int(100*Rnd+l)                  '产生[1,100]的随机整数
A=Int(100+200*Rnd)                '产生[100,299]的随机整数
A=Int(100+201*Rnd)                '产生[100,300]的随机整数
```

若要获得任意区间[a,b]内的一个随机数，可以用函数 Int(a+(b-a+l)*Rnd)来生成。

2. 字符串函数

（1）查找字符串

InStr([起始位置,]<源字符串>,<子字符串>[,比较方式])：查找字符串。

InStr 函数用来在源字符串中查找一个子字符串。函数返回一个整型数，代表子字符串在源字符串中首次出现的位置。起始位置参数可省略。如省略，则从第一个字符开始查找。比较方式参数指定字符串比较的方法，值可以为 1、2 和 0。该参数的不同取值对应的功能如下。

1）参数若省略，则默认指定为 0，做二进制比较（区分大小写）。

2）当指定为 1 时，做不区分大小写的文本比较。

3）当指定为 2 时，做基于数据库中包含信息的比较。

如果源字符串长度为 0，或子字符串找不到，则 InStr 返回 0。如果子字符串长度为 0，则 InStr 返回起始位置参数的值。

【例 7-3】字符串查找示例。

```
str1 = "98765"
str2 = "65"
s = InStr(str1 ,str2)        'str2 是从 str1 的第 4 个字符开始的,因此返回 4
s = InStr(3,"aSsiAB","a",1)  '返回 5。从第 3 个字符 s 开始,字符 A 在第 5
                             '个字符的位置（不区分大小写）
```

（2）求字符串长度

Len(<字符串表达式>或<变量名>)：求字符串长度，即返回字符串所包含字符的个数。例如：

```
Dim i,str As String * 8
    str = "123"
    i = 12
    len1 = Len("ri2345")      '返回 6
    len2 = Len(12)            '参数不是字符串，出错
    len3 = Len(i)            'i 是变体型变量，在本句中作为字符串代入函
                              数求值，返回 2
```

```
len4 = Len("天气晴朗")          '返回 4
len4 = Len(str)                'str 为定长字符串,返回其定义长度 8
```

定长字符串变量的长度是定义变量时指定的长度，和字符串实际值无关。

（3）字符串截取函数

Left(<字符串表达式>,<N>)：从字符串左边起截取 N 个字符。

Right(<字符串表达式>,<N>)：从字符串右边起截取 N 个字符。

Mid(<字符串表达式>,<N1> [,N2])：从字符串左边第 N1 个字符起截取 N2 个字符。

对于 Left 函数和 Right 函数，如果 N 值为 0，则返回零长度字符串；如果大于等于字符串的字符数，则返回整个字符串。对于 Mid 函数，如果 N1 值大于字符串的字符数，则返回零长度字符串；如果省略 N2，则返回字符串中左边起 N1 个字符开始到字符串结尾的所有字符。

【例 7-4】字符串截取示例。

```
str1 ="Hello,World"
str2 ="计算机等级考试"
str = Left(str1,4)         '返回"Hell"
str = Left(str2,3)         '返回"计算机"
str = Right(str1,2)        '返回"ld"
str = Right(str2,2)        '返回"考试"
str = Mid(strl,5,4)        '返回"o,Wo"
str = Mid(str2,1,3)        '返回"计算机"
str = Mid(str2,5)          '返回"级考试"
```

（4）大小写转换函数

Ucase(<字符串表达式>)：将字符串中小写字母转换成大写，其他字符不变。

Lcase(<字符串表达式>)：将字符串中大写字母转换成小写，其他字符不变。

例如：

```
str1 = Ucase("Tom Have 3 Apples.")   '返回"TOM HAVE 3 APPLES. "
str2 = Lcase("英语 CET4")             '返回"英语 cet4"
```

若只想比较两个字符串的文字内容而不考虑其大小写情况，一种简单的方法就是将要比较的两个字符串都转换成大写或小写状态后再进行比较。例如，"Apples"与"APPLES"直接比较不相等，如果将两个字符串都转换成大写后，Ucase("Apples")与 Ucase("APPLES")是相等的，其结果都是"APPLES"，则可以说明两个字符串内容是一致的，仅存在大小写上的差异。

（5）删除空格函数

Ltrim(<字符串表达式>)：删除字符串的左侧空格。

Rtrim(<字符串表达式>)：删除字符串的右侧空格。

Trim(<字符串表达式>)：删除字符串的左侧和右侧的空格，但对字符串中间的空格不做任何处理。

一般利用这 3 个函数去掉字符串中多余的空格。

【例 7-5】删除空格函数的应用。

```
str  =" He said so.  "
str1 = Ltrim(str)     '返回"He said so.  "
str2 = Rtrim(str)     '返回" He said So."
str3 =Trim(str)       '返回"He said so."
```

（6）生成空格字符串

Space(<数值表达式>)：生成空格字符串。

返回由数值表达式的值指定空格个数的字符串。例如，语句 str1 = Space(3)返回由 3 个空格组成的字符串。

3. 日期/时间函数

日期/时间函数的功能是处理日期和时间。主要包括以下函数。

（1）获取系统日期和时间函数

Date()：返回当前系统日期。

Time()：返回当前系统时间。

Now()：返回当前系统日期和时间。

例如：

```
D = Date()  '返回系统日期,如 2016-05-01
T = Time()  '返回系统时间,如 11:45:05
DT = Now()  '返回系统日期和时间,如 2016-06-05 11:45:05
```

（2）截取日期分量函数

Year(<表达式>)：返回日期表达式年份的整数。

Month(<表达式>)：返回日期表达式月份的整数。

Day(<表达式>)：返回日期表达式日期的整数。

Weekday(<表达式>[,W])：返回 1～7 的整数，表示星期几。

在 Weekday 函数中，返回的星期值如表 7-3 所示。

表 7-3　星期常数

VBA 常数	值	描述
vbSunday	1	星期日（默认）
vbMonday	2	星期一
vbTuesday	3	星期二

VBA 常数	值	描述
vbWednesday	4	星期三
vbThursday	5	星期四
vbFriday	6	星期五
vbSaturday	7	星期六

【例 7-6】日期分量函数示例。

```
D = #2014-6-26#
YY = Year(D)           '返回 2014
MM = Month(D)          '返回 6
DD = Day(D)            '返回 26
WD = Weekday(D)        '返回 5,因 2014-6-26 为星期四
```

（3）截取时间分量函数

Hour(<表达式>)：返回时间表达式的小时数（0～23）。

Minute(<表达式>)：返回时间表达式的分钟数（0～59）

Second(<表达式>)：返回时间表达式的秒数（0～59）。

【例 7-7】时间分量函数示例。

```
T = #13:59:42#
HH = Hours(T)          '返回 13
MM = Minute(T)         '返回 59
SS = Second(T)         '返回 42
```

（4）日期/时间增减函数

DateAdd(<间隔类型>,<间隔值>,<表达式>)：对表达式表示的日期/时间按照间隔类型加上或减去指定的时间间隔值。

间隔类型参数表示时间间隔，为一个字符串，其设定值如表 7-4 所示。间隔值参数表示时间间隔的数目，数值可以为正数（得到未来的日期），也可以为负数（得到过去的日期）。

表 7-4　"间隔类型"参数字符串设定值

设置	描述
yyyy	年
q	季度
m	月
d	日
ww	周
h	小时

设置	描述
n	分钟
s	秒

【例 7-8】日期/时间增减函数示例。

```
D = #2012-2-29 10:40:11#
D1 = DateAdd("yyyy", 3, D)      '返回#2015-2-28 10:40:11#,日期加 3 年
D2 = DateAdd("q",1,D)           '返回#2012-5-29 10:40:11#,日期加 1 个季度
D3 = DateAdd("m",-2,D)          '返回#2011-12-29 10:40:11#,日期减 2 个月
D4 = DateAdd("d",3,D)           '返回#2012-3-3 10:40:11#,日期加 3 日
D5 = DateAdd ("ww", 2,D)        '返回#2012-3-14 10:40:11 #,日期加 2 周
D6 = DateAdd ("n", -150,D)      '返回#2012-2-29 8:10:11#,日期减 150 分钟
```

（5）日期组合函数

DateSerial(表达式 1,表达式 2,表达式 3)：返回由表达式 1 值作为年、表达式 2 值作为月、表达式 3 值作为日而组成的日期值。

DateSerial 具有自动进位功能，即当任何一个参数的取值超出可接受的范围时，它会适时进位到下一个较大的时间单位。例如，如果指定了 14 月，则被解释成一年加上多出来的 2 个月。若 DateSerial 的参数不是整型数，则舍入取整后再进行日期组合。这里的舍入规则采用"四舍六入五成双"的原则，即尾数是 4 以下舍去，6 以上进位，如果是 5，则前一位为偶数就舍去，前一位为奇数就进位，保证取舍之后的末尾是偶数。

【例 7-9】日期组合函数示例

```
D = DateSerial(2012,2,29)           '返回#2012-2-29#
D = DateSerial(2012,14,29)          '返回#2013-3-1#
D = DateSerial(2013,8-2,0)          '返回#2013-5-31#
D = DateSerial(12,25/2,21)          '返回#2012-12-21#
D = DateSerial (Year([办证日期]),4,1) '返回"办证日期"字段当年的 4 月 1 日
```

4．条件选择函数

VBA 中提供了 IIF 函数、Switch 函数和 Choose 函数来实现条件选择的功能，其中比较常用的是 IIF 函数。其格式如下。

```
IIF(条件表达式,表达式 1,表达式 2)
```

IIF 函数可以根据给定条件表达式的值来决定函数的返回值。如果条件表达式的值为 True，则返回表达式 1 的值；如果条件表达式的值为 False，则返回表达式 2 的值。如执行语句 b=IIF(a>5,15,20)，则如果变量 a 的值大于 5，b 就被赋值成 15；否则 b 就被赋值成 20。

5. 输入输出函数

（1）输入函数 InputBox()

InputBox()函数的功能是弹出一个输入框，在输入框中显示一些提示信息，等待用户输入文字并按下按钮，然后返回用户输入的文字。

InputBox()函数用法格式如下。

```
InputBox(提示信息[,标题][,默认值][,X坐标,Y坐标][,帮助文件,帮助索引])
```

InputBox()函数各参数意义如表 7-5 所示。

表 7-5　InputBox()函数各参数意义

参数	描述
提示信息	必需的，作为提示文字出现的字符串表达式。若内容超过一行，则可在每行之间用回车换行符 Chr(13) & Chr(10)或 VBA 常量 vbCrLf 将各行分隔开来
标题	可选的，显示在对话框标题栏中的字符串表达式。如果省略，则显示应用程序名（"Microsoft Access"）
默认值	可选的，显示在文本框中的字符串表达式，在用户输入前作为默认值。如果省略，则文本框为空
X 坐标	可选的，数值表达式，指定对话框的左边与屏幕左边的水平距离。如果省略，则对话框会在水平方向居中
Y 坐标	可选的，指定对话框的顶端与屏幕顶端的距离。如果省略，则对话框被放置在屏幕垂直方向距底端大约 1/3 的位置
帮助文件	可选的，字符串表达式，识别用来向对话框提供上下文相关帮助的帮助文件。如果提供了"帮助文件"参数，则也必须提供"帮助索引"参数
帮助索引	可选的，数值表达式，由帮助文件的作者指定给适当的帮助主题的帮助上下文编号。如果提供了"帮助索引"参数，则也必须提供"帮助文件"参数

例如，语句 a = InputBox("欢迎您"& vbCrLf &"请输入姓名：","输入","张三")执行后的效果如图 7-12 所示。

图 7-12　InputBox()函数输入框

如果单击"确定"按钮或按【Enter】键，则 InputBox()函数以字符串形式返回文本框中的内容。如果用户单击"取消"按钮，则此函数返回一个长度为零的字符串("")。

（2）输出函数 MsgBox()

MsgBox()函数可以显示一个消息框，并将用户选择的按钮返回。语句格式如下。

```
MsgBox(提示信息[,按钮组合][,标题])
```

MsgBox()函数各参数意义如表 7-6 所示。

表 7-6　MsgBox()函数各参数意义

参数	描述
提示信息	必需的，可以是常量、变量、函数或字符串表达式，如果内容超过一行，则可以在每行之间用回车换行符 Chr(13) & Chr(10)或 VBA 常量 vbCrLf 将各行分隔开来
标题	可选的，作为消息框的标题，省略时把"Microsoft Access"作为标题
按钮组合	可选的，用来显示按钮及图标的样式

按钮组合如表 7-7 所示（默认为 0，即只有一个"确定"按钮且没有图标）。"按钮组合"参数可以使用系统常量，也可以使用数值，并允许组合取值。

表 7-7　MsgBox()函数的按钮组合

	系统常量	值	说明
按钮	vbOKOnly	0	只显示"确定"按钮
	vbOKCancel	1	显示"确定"和"取消"按钮
	vbAbortRetryIgnore	2	显示"终止""重试"和"忽略"按钮
	vbYesNoCancel	3	显示"是""否"和"取消"按钮
	vbYesNo	4	显示"是"和"否"按钮
	vbRetryCancel	5	显示"重试"和"取消"按钮
图标	vbCritical	16	显示"致命错误"图标（X）和"确定"按钮
	vbQuestion	32	显示"问号"图标（?）和"确定"按钮
	vbExclamation	48	显示"警告"图标（!）和"确定"按钮
	vbInformation	64	显示"信息"图标（i）和"确定"按钮

【例 7-10】显示具有"确定"和"取消"两个按钮及问号图标的对话框，询问用户是否退出程序。

有两种方法：

```
a=MsgBox("确定要退出吗？",vbOKCancel+vbQuestion,"示例")    '使用系统常量
```

或

```
a=MsgBox("确定要退出吗？",1+32,"示例")  '使用系统常量的值
```

图 7-13　MsgBox 对话框

函数的运行结果如图 7-13 所示。消息框标题为"示例"，并显示问号图标和"确定要退出吗？"提示文字，以及"确定"和"取消"按钮。一般将消息框提供的返回值保存在某个变量中，如本例中的 a。这样当用户单击了某个按钮时，VBA 会把该按钮所对应的整数值保存在变量 a 里。

执行消息框函数时，不同按钮对应不同的返回值如表 7-8 所示。可以根据这个返回值做出判断。本例中，如果 a 的值

为 vbCancel（或 2），则代表用户单击了"取消"按钮。

表 7-8　MsgBox 函数的返回值

被单击的按钮	返回值	系统常量
确定	1	vbOK
取消	2	vbCancel
终止	3	vbAbort
重试	4	vbRetry
忽略	5	vbIgnore
是	6	vbYes
否	7	vbNo

有时希望显示一些信息给用户，而无须用户去做出选择。这时只需要在消息框中放一个"确定"按钮就够了，而且这种情况下也无须关心消息框的返回值（因为按钮只有一个）。此时可以把消息框函数简化成消息框语句，如：

```
MsgBox"登录成功！"      '显示一个只有"确定"按钮,且只有消息没有图标的消息框
```

6. 数据类型之间的转换

不同类型的数据分类存储可以使程序运行时方便、快捷，但也使编程的复杂度提高。VBA 中针对不同的数据类型有不同的运算规则和处理方式。当不同类型的数据混合在一个表达式中进行运算时，虽然 VBA 可以尽量自动地转换类型，但为了保证程序运行的可靠及运算的方便，经常需要进行数据类型的判断及转换，而这些功能同样可以通过 VBA 内部函数来完成。

（1）类型判断函数

1）IsNUmeric(<表达式>)：判断表达式是否是数值。如果是，则返回 True；否则返回 False。

VBA 中，IsNumeric()函数的实际作用是判断参数表达式是否是数值，而这个所谓的"数值"不仅包含普通的数字，还包括如下情况。

① 前后包含空格的数值字符串，如"2.7"。

② 科学计数法表达式，如"2e7"和"2d7"（但不包括"2e7.5""2d7.5"的情况）。

③ 十六进制数，如"&H1A"和八进制数，如"&O20"。

④ 当前区域下设置的货币金额表达式，如"¥12.44"。

⑤ 加圆括号的数字，如"(34)"。

⑥ 显式指定正负的数字，如"+2.1"和"−2.1"。

⑦ 含有逗号的数字字符串，如"12，25，38"。

2）IsDate(<表达式>)：判断表达式是否可被转换为日期。如果表达式是日期，或可被转换为日期，则返回 True；否则返回 False。

例如，IsDate("2013-5-1") 返回 True，而 IsDate("2013-5.3-1") 返回 False；IsDate(#11/11/11#)返回 True，而 IsDate("#11/11/11#")返回 False；IsDate("April 22, 2013")返回 True，而 IsDate("Hello")返回 False。

3）IsNull(<表达式>)：判断参数表达式是否为空（不包含任何有效数据），若是，返回 True；否则返回 False。

（2）类型转换函数

类型转换函数的功能是将某种数据类型转换成指定数据类型，以便计算机能够更有效地处理数据。下面介绍一些常用的类型转换函数。

1）Asc(<字符串表达式>)：字符串转 ASCII 码。

返回字符串首字符的 ASCII 值(整型)。例如：i=Asc("China")，返回 67。

2）Chr(<ASCII 码>)：ASCII 码转字符串。

返回与指定 ASCII 码对应的字符。例如，s = Chr(99)返回小写字母 c，s = Chr(13)返回回车符，s = Chr(lO)返回换行符。

3）Str(<数值表达式>)：数值转换成字符串。

将数值表达式值转换成字符串，正数前保留一个空格，负数前保留负号。

例如：

```
s = Str(99)    '返回" 99"，有一前导空格
s = Str(-6)    '返回 "-6"
```

4）Val(<字符串表达式>)：字符串转换成数值。

将数字字符串转换成数值型数字。

数字字符串转换成数值型数字时可自动将字符串中的空格、制表符去掉，当遇到它不能识别为数字的第一个字符时，停止读入字符串。

例如：

```
s = Val("016")              '返回 16
s = Val("-016AB321")        '返回 -16
s = Val("45+5")             '返回 45
s = Val("119.75")           '返回 119.75
s = Val("119.75.217.56")    '返回 119.75
s = Val("45%")              '返回 45
```

5）DateValue (<字符串表达式>)：字符串转换成日期。

DateValue 函数用来将字符串转换为日期值。例如：D=DateValue("February 29, 2012")，返回#2012-2-29#。

6）NZ(表达式[,规定值])：空值处理函数，若表达式参数为空值（Null），则返回规定值。在 VBA 编程时经常遇到处理数据的空值问题，NZ 函数的作用是将可能的空值替换成指定的值。

　　当省略"规定值"参数时，如果"表达式"为数值型且值为 Null，NZ 函数返回 0；如果"表达式"为字符型且值为 Null，NZ 函数返回空字符串（""）。当"规定值"参数存在时，该参数能够返回一个由该参数指定的值。

　　这个函数是非常有用的，因为在 Access 中空值是不被处理的，假设在 VBA 中有下面一段程序：A=8 : B=Null : C=A+B，其结果 C 等于 Null，显然不是想要的结果。如果改为 C=NZ(A)+NZ(B)，则其结果为 8，符合预期结果。

　　又如 H=NZ(status,"未输入")，若 status 变量有值，则 H=status；否则，若 status 为空，则 H="未输入"。

7.2.5　运算符与表达式

　　在 VBA 编程语言中，各种形式的运算和处理要通过运算符来完成。VBA 中的运算符有算术运算符、关系运算符、逻辑运算符、连接运算符和对象运算符。表达式是指用运算符将常量、变量和函数连接起来的有意义的式子。

　　1. 运算符

　　根据运算的不同，运算符可以分成 4 种基本类型：算术运算符、关系运算符、逻辑运算符和连接运算符。

　　（1）算术运算符

　　算术运算符用于进行算术运算，主要有加法（+）、减法（−）、求模（Mod）、求商（\）、乘法（*）、除法（/）、乘幂（^）7 个运算符。

　　除加法（+）、减法（−）、乘法（*）、除法（/）、乘幂（^）5 种运算外，对其他两种运算符说明如下。

　　1）求商（\）运算也称为整数除法运算，用来对两个数作除法并返回商的整数部分。其操作数（被除数与除数）一般是整数，若为小数，则先舍入成整数后再运算。舍入规则仍是"四舍六入五成双"。

　　例如，5\2、15\4、−7.8\1.5、−7.8\2.5、−7.8\2.6 的结果分别是 2、3、−4、−4、−2。

　　2）求模运算（Mod）用来求余数。如果操作数是小数，则舍入成整数后再求余。余数是带符号的，并始终与被除数的符号相同。例如，5 Mod 2、15 Mod 4、−7.8 Mod 1.5、−7.8 Mod 2.5、−7.8 Mod 2.6、−7.8 Mod −2.6 的结果分别是 1、3、0、0、−2、−2。

　　（2）关系运算符

　　关系运算用来表示两个或多个值或表达式之间的大小关系，有大于（>）、小于（<）、等于（=）、大于等于（>=）、小于等于（<=）和不等于（<>）6 个运算符。

　　运用上述 6 个关系运算符可以对两个操作数进行大小比较。比较运算的结果为逻辑值 True 或 False，根据比较结果判定。

　　例如：5>4 的结果为 True，#2013-5-1# < #2008-8-8#的结果为 False，而语句 Print (15 Mod 3) = 0,"张三" < "张三丰", True > False, "True" >= "False"的结果是在立即窗口显示

True,True,False,True。

（3）逻辑运算符

逻辑运算指的是逻辑值（True 或 False）之间的运算。逻辑运算经常被用来进行复杂的逻辑分析与判断，常用的逻辑运算包括与（And）、或（Or）和非（Not）3 种基本运算。3 种基本逻辑运算的规则如表 7-9 所示。

表 7-9　逻辑运算真值表

A	B	Not A	A And B	A Or B
True	True	False	True	True
True	False	False	False	True
False	True	True	False	True
False	False	True	False	False

优先级顺序依次为 Not→And→Or。

与运算又称为逻辑乘法，只有当参与运算的逻辑变量都同时取值为 True 时，其结果才等于 True。只要参与运算的逻辑变量中有一个值为 False，则其结果必为 False。

或运算又称为逻辑加法，只要参与运算的逻辑变量中有一个值为 True，其结果必为 True。只有参与运算的逻辑变量都同时取值为 False，则其结果才等于 False。

非运算又称为逻辑否定，作用是将参与运算的逻辑变量取反，即真变成假，假变成真。

由逻辑量构成的表达式进行算术运算时，True 值当成-1，False 的值当作 0 来处理。

在 VBA 编程中，逻辑值和逻辑表达式通常用来进行条件判断，例如：

```
Age>20 And Not Salary < 3000
```

表示年龄大于 20 岁且工资不低于 3000 元的情况。但有时也用来改变某种逻辑状态，例如：

```
Command1.Visible = Not Command1.Visible
```

用来改变按钮 Command1 的可见性，使其在显示/隐藏两种状态间切换。

（4）连接运算符

字符串连接运算符具有连接字符串的功能。有 "&" 和 "+" 两个运算符。

"&" 用来强制两个表达式进行字符串连接，而不管其原来是不是字符串。例如，200 & "600" 的运算结果是字符串 "200600"。

"+" 也具有连接字符串的功能，但它首先是算术运算符。只有当 "+" 两边的操作数都是字符串时才进行字符串连接运算，只要有一个操作数是数值或数值表达式，它就进行算术运算，运算的结果或者为数值，或者报错。

比较下列语句的执行结果：

```
Print "20" + "60"        '两个操作数都是字符串,此时"+"做连接运算,结果是字符串
```

248

```
Print 20 + "60"        '第一操作数是数值,此时"+"做算术运算,结果是数值
Print "20" + 60        '第二操作数是数值,此时"+"做算术运算,结果是数值
Print 20 + "60ABC"     '第一操作数是数值,此时"+"做算术运算,但第二操作数不是数
                        值,结果报错:"类型不匹配"
```

（5）对象运算符

VBA 中有各种对象，包括表、查询、窗体、报表等。窗体上的控件，如文本框、命令按钮等都是对象。所谓对象表达式是指用来说明具体对象的表达式。对象表达式中使用"!"和"."两种运算符。

"!"运算符的作用是指明随后用户定义的内容。使用"!"运算符可以引用一个已经打开的窗体、报表或其上的控件，也可以在表达式中引用一个对象或对象的属性。例如：

```
Forms!学生基本情况!学号    '引用已经打开的"学生基本情况"窗体上的"学号"控件
```

点运算符（.）通常指出随后为 Access 定义的内容。使用"."运算符可引用窗体、报表或控件等对象的属性。例如：

```
Reports!学生成绩单!学号.Visible
```

2. 表达式

将常量、变量、函数等用运算符连接在一起构成的算式称为表达式。

当一个表达式由多个运算符连接在一起时，运算进行的先后顺序是由运算符的优先级决定的。优先级高的运算先进行，优先级相同的运算按照从左向右的顺序进行。VBA 中常用运算符的优先级划分如表 7-10 所示。

表 7-10　运算符的优先级

优先级		高 ◄——————————— 低			
		算术运算符	连接运算符	关系运算符	逻辑运算符
高 ↑ 低		^（乘幂）		=（等于）	
		−（负）		<>（不等于）	Not（非）
		*、/（乘、除）	&（强制连接）	<（小于）	And（与）
		\（整除）	+（连接）	>（大于）	
		Mod（求模）		<=（小于等于）	
		+、−（加、减）		>=（大于等于）	Or（或）

若一个表达式中包含多种运算，要按如下的顺序求值。

1）因为圆括号是级别最高的运算符，所以括号内的运算总是优先于括号外的运算。可以用括号改变优先顺序，强制使表达式的某些部分优先运行。

2）不同类别的运算符之间，优先级从高到低的顺序依次是算术运算符→连接运算

符→关系运算符→逻辑运算符。

3）同类运算符之间，如算术运算符、逻辑运算符，要严格按表 7-10 所列的纵向顺序由高到低进行计算。

4）级别相同的运算符之间，按照从左至右的顺序依次进行计算。

5）若表达式中有函数，应先对函数求值再进行表达式的计算。

例如，表达式 89- 6*4 - 49 Mod 10 +(97>71)相当于 89 - (6*4) - (49 Mod 10) + (97>71)= 89-24-9+(-1)，结果为 55。表达式 3*3\3/3 相当于(3*3)\(3/3)，结果为 9。

7.2.6　语句

一个程序由若干条语句构成，语句是可以完成某个操作的一条命令。按功能不同，可以将语句分为两类。一类是声明语句，用于定义变量、常量或过程；另一类是执行语句，用于执行赋值操作、调用过程、实现各种流程控制。

根据流程控制的不同，执行语句可以构成以下 3 种结构。

1）顺序结构：按照语句的先后顺序逐条执行。

2）分支结构：又称条件结构或选择结构，是根据条件选择执行不同的分支。

3）循环结构：根据某个条件重复执行某一段程序语句。

1. VBA 程序的书写格式

在书写 VBA 程序时，要遵循下面的规则。

1）习惯上将一条语句写在一行。

2）如果一条语句较长、一行写不下时，可以将语句写在连续的多行，除了最后一行之外，前面每一行的行末要使用续行符"-"。

尽管一行 VBA 代码最多可以包含 1024 个字母，但是，为了使程序容易阅读，最好将长的语句打断为两行甚至多行。VBA 使用一个专门的连续符置于一行代码的末尾，表明下一行是这行的连续。这个连续符就是下划线，使用时必须在下划线之前带一个空格。

可以在下述几种情况中使用连续符。

① 运算符之前或者之后，如&、+、Like、Not、And。

② 逗号之前或者之后。

③ 等号之前或者之后。

不能在引号之内的文本之间加连续符。例如，下面的下划线是无效的。

```
MsgBox "To continue the long instruction, use the _
        line continuation character."
```

上面的指令应该打断为如下代码：

```
MsgBox "To continue the long instruction, use the " & _
```

```
"line continuation character."
```

3）几条语句写在一行时，可以使用冒号"："分隔各条语句。

在输入一行语句并按【Enter】键后，如果该行代码以红色文本显示（有时伴有错误消息框出现），则表明该行语句存在语法错误，应检查更正。

2. 注释语句

对程序添加适当的注解可以提高程序的可读性，对程序的维护带来很大便利。有时注释语句对于程序的调试也非常有用。譬如说可以利用注释屏蔽一条语句以观察变化，发现问题和错误。因此，注释语句对程序的维护也有很大的好处。

在 VBA 程序中，可以使用两种方法为程序添加注释。

1）使用 Rem 语句，其格式如下。

```
Rem 注释内容
```

这种方式要求 Rem 关键字必须出现在一条语句的开头。

2）使用英文单引号注释，格式如下。

```
'注释内容
```

这种方式既可以在句首注释，也可以在句中注释。

不管采用哪种方式注释，自注释符开始到本行结束，均被 VBA 视为注释文字。凡是注释文字，默认以绿色文字显示。程序在执行时对注释文字直接跳过，不做任何处理。

3. 声明语句

声明语句用来定义和命名变量、符号常量和过程等。在定义这些内容的同时，也定义了它们的生命周期与作用范围。

4. 赋值语句

赋值语句用来为变量指定一个值，它的格式如下。

```
变量名=值或表达式
```

该语句的执行过程：先计算表达式，然后将其值赋给变量。例如，下面的程序段定义了两个变量并分别为其赋值。

```
Dim Var1,Var2
    Var1 = 123
    Var2 = "Basic"
```

为对象的属性赋值，使用的格式如下。

```
对象名.属性=属性值
```

5. 数据的输入/输出

在编写程序对数据进行处理时，先要输入被处理的数据，在处理之后要对结果进行输出，在 VBA 中用于输入和输出的函数有以下两个：InputBox 函数()和 MsgBox()函数。InputBox()函数用于输入内容，MsgBox()函数用于输出信息。

【例 7-11】以下过程使用 InputBox()函数返回由键盘输入的用户名，并在消息框中显示一个字符串。

```
Sub Greeting()
    Dim strInput As String,strMsg As String
    strInput = InputBox( "请输入你的名字：","用户信息" )
    MsgBox "你好," & strInput,vbInformation,"问候"
End Sub
```

图 7-14 是在执行该过程时调用 InputBox()的情况，如果向文本框中输入姓名为"刘晓明"，然后单击"确定"按钮，则在图 7-15 中会显示调用 MsgBox 函数()的情况。

图 7-14　调用 InputBox()函数　　　　　　图 7-15　调用 MsgBox()函数

7.3　程序流程控制

结构化编程要求所有的程序具有模块化的设计，并使用 3 种逻辑结构：顺序、选择和循环。顺序结构为按顺序一条接一条地执行语句，选择结构是基于一些条件的测试结果来执行一些特定的语句，循环结构则是根据某特定条件的判断重复地执行某条或某些语句。

7.3.1　顺序结构程序设计

顺序结构就是按照语句的书写顺序从前到后、逐条语句地执行。执行时，排在前面的代码先执行，排在后面的代码后执行，执行过程中没有任何分支。顺序结构是最普遍的结构形式，也是选择结构和循环结构的基础。

【例 7-12】已知某同学语文、外语、数学的成绩分别是 90 分、95 分、91 分，在立即窗口打印出他的总分和平均分。

在 VBA 模块中实现上述功能的程序如下所示。

```
Public Sub Score()
    Dim Chinese As Integer, Eng As Integer, Math As Integer
    Dim AvgScore As Integer, AllScore As Integer
    Chinese = 90： Eng = 95： Math = 85
    AllScore = Chinese + Eng + Math
    AvgScore = AllScore / 3
    Debug.Print "平均分是：" & AvgScore & vbCrLf & "总分是：" & AllScore
End Sub
```

操作步骤如下。

1）单击"创建"|"宏与代码"|"模块"按钮，进入 VBE 编程环境。

2）在"代码窗口"中输入上述 Score()过程。

3）选择"运行"|"运行子过程/用户窗体"命令，在弹出的对话框中单击"运行"按钮，运行结果如图 7-16 所示。

4）单击"文件"|"保存"按钮，将模块以"计算成绩"命名保存。

图 7-16　Score()模块运行结果

由例 7-2 可以看出，顺序结构的程序按照语句的书写顺序从上到下、逐条语句地执行。程序没有任何分支，每条语句均被执行一次。

顺序结构的程序虽然能解决计算、输出等问题，但不能在判断的基础上做出选择。对于要先做判断再选择的问题就要考虑使用选择结构。

7.3.2　选择结构程序设计

选择结构也叫分支结构或判断结构，该结构对给定的条件进行判断，如果条件满足，则执行某一个分支；否则执行其他的分支或什么也不做。因此，选择结构的执行是依据一定的条件选择执行路径，而不是严格按照语句出现的物理顺序。

选择结构适合于带有逻辑或关系比较等条件判断的计算，设计这类程序时往往都要先绘制其程序流程图，然后根据程序流程写出源程序，这样做把程序设计分析与语言分开，使得问题简单化，易于理解。

在 VBA 语言中，实现选择结构的语句有两种：If 语句和 Select Case 语句。

1. If 语句

（1）单分支 If 语句

单分支 If 语句的语法格式如下。

```
If 条件表达式 Then
    <语句序列>
End If
```

其功能如下：当条件成立（即条件表达式的值为真）时，执行语句序列，然后执行 End If 语句后面的语句；如果条件不成立，则不执行语句序列，直接执行 End If 语句后面的语句。

若语句序列内只包含一条语句，则上述语句可简化成"If 条件表达式 Then 语句"的格式。单分支 If 语句的执行过程如图 7-17 所示。

【例 7-13】输入一个数，判断其是否为奇数，如果是，则显示"您输入了一个奇数"消息框，并将统计奇数个数的变量 Count 加 1。

程序代码如下。

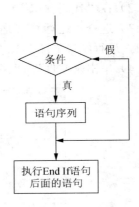

图 7-17　单分支 If 语句的执行过程

```
Dim Count As Integer  '计数用的模块级变量,在"通用"|"声明"部分声明
Public Sub Odd()
  Dim n As Integer,Count As Integer
  n = Val(InputBox("请输入一个小于 32767 的正数","输入"))
  If n Mod 2 <> 0 Then
    MsgBox "您输入了一个奇数"
    Count = Count + 1
    MsgBox "到目前为止,您已经输入了" & Count & "个奇数。"
  End If
End Sub
```

上述过程使用单分支 If 语句判断数的奇偶性，操作过程同例 7-12。

（2）双分支 If 语句

单分支 If 语句用于根据给定条件做出相应的处理，而当条件不成立时什么也不做。

当需要对条件成立的情况和条件不成立的情况分别进行处理时，单分支 If 语句就不能满足上述要求。这时就需要使用双分支 If 语句。

双分支 If 语句的语法格式如下。

```
If 条件表达式 Then
    <语句序列 1>
Else
    <语句序列 2>
End If
```

其功能如下：当条件成立时，执行语句序列 1；当条件不成立时，执行语句序列 2。然后执行 End If 语句下面的语句。

若语句序列 1 和语句序列 2 内各自只包含一条语句，则上述语句可简化成 "If 条件表达式 Then 语句 1 Else 语句 2" 的格式。

双分支 If 语句的执行过程如图 7-18 所示。

【例 7-14】某影城规定：逢星期二可购买半价票（30元），其他时间需购买全价票（60元）。请编写程序计算当日票价。

程序代码如下。

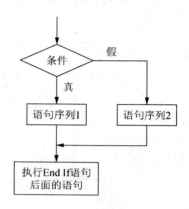

图 7-18　双分支 If 语句的执行过程

```
Public Sub Ticket()
    Dim Price As Integer
    If Weekday(Date()) = vbTuesday Then
        Price = 30
    Else
        Price = 60
    End If
        MsgBox "今日票价：" & Price & "元。"
End Sub
```

本例使用双分支条件语句判断票价，操作步骤同例 7-12。

（3）多分支 If 语句

在现实生活中，有些问题比较复杂，必须判定多个条件以便决定执行什么操作，在这种情况下就要使用多分支 If 语句。

多分支 If 语句的语法格式如下。

```
If 条件 1 Then
    <语句序列 1>
ElseIf 条件 2 Then        '注意 Else 和 If 是写在一起的,中间没有空格
```

```
    <语句序列 2>
[ElseIf 条件 3 Then
    <语句序列 3>]
    …
[Else                          '最后一个 Else 没有 If, 表示以上条件均不满足时的情况
    <语句序列 n+1> ]
End If
```

多分支 If 语句的执行过程如图 7-19 所示。

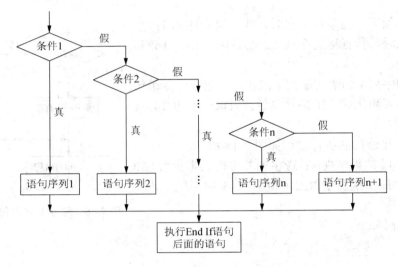

图 7-19　多分支 If 语句的执行过程

【例 7-15】根据考试的百分制成绩输出其对应的等级（优秀、良好、中等、合格、不合格）。

程序代码如下。

```
Public Sub Grade()
  Dim score As Single, grade As String
  score = Val(InputBox("请输入考试成绩:"))
  If score >= 90 And score <=100 Then
    grade ="优秀"
  ElseIf score>=80 Then
    grade ="良好"
  ElseIf score>=70 Then
    grade ="中等"
  ElseIf score>=60  Then
    grade ="合格"
  ElseIf score>=0 And score< 60 Then     '分数小于 60
```

```
        grade ="不合格"
      Else
        grade ="输入了无效的数据!"
      End If
      MsgBox grade
    End Sub
```

　　从多分支 If 语句的执行过程可以看出：程序是按照条件表达式的书写顺序来进行判断并选择分支的。一旦选择了某一分支执行，即使仍然满足后面的其他条件，也不会再去执行那些条件对应的分支，而是执行完当前分支后就转而执行 End If 语句后面的内容。如例 7-15 中的 score=95 时，仅从条件表达式来看，前 4 个条件都是成立的，但程序会选择最先匹配上的分支（即 score >= 90 And score <= 100 所对应的分支）去执行而忽略其他分支。

　　以上 If 语句的语句序列中仍然可以包含 If 语句以便进行更进一步的条件判断。当某条件语句的语句序列中又包含了条件语句时，称为嵌套的条件语句。条件语句的嵌套使得程序可以进行更加复杂的逻辑判断，但嵌套的层数不宜太多，一般不超过 3 层；否则会严重降低程序的可读性。在条件嵌套时还要注意 Else、End If 的对应。

　　【例 7-16】铁路交通部门规定：身高不足 1.1 米的儿童免票。身高为 1.1～1.4 米的儿童乘车时，可半价购票。超过 1.4 米的儿童就买全价票。学生不论身高均可半价购票，成人不论身高均需全价购票。试根据输入的身高和身份，计算出购票的折扣。

　　本例中要计算购票的折扣，需结合身高和身份两种因素进行综合考虑。因此可以定义一个 Person 数据类型，包含身高和身份两个分量。当身份为"成人"和"学生"时无须考虑身高，身份为"儿童"时需考虑 3 种情况。因此，优先判断其身份会使得程序逻辑更简单些。

　　程序代码如下。

```
Type Person
    height As Integer              '身高
    status As Integer              '0 表示儿童,1 表示学生,2 表示成人
End Type
Public Sub Checkin()
    Dim Customer As Person
    Dim discount As Single         '折扣
    Dim h As Integer, r As Integer, s As String
     h = Val(InputBox("请输入顾客身高(厘米)"))
     If h>230 Or h<0 Then MsgBox "身高无效" Else Customer.height = h
     r =Val(InputBox("请输入顾客身份" & vbCrLf & "0-儿童;1-学生;2-成人",,2))
     If Int(r)>2 Or Int(r)<0
     Then MsgBox "身份无效" Else Customer.sta
```

```
       tus =r
    With Customer
      If .status = 0 Then              '儿童
      If .height < 110 Then
        s ="儿童"
        discount = 0
        ElseIf .height >= 110 And .height < 140 Then
        discount = 0.5
        Else                           '140cm 以上
        discount = 1
        End If
        ElseIf .status = 1 Then        '学生
        s = "学生"
        discount = 0.5
        Else                           '成人
        s ="成人"
        discount = 1
      End If
    End With
    MsgBox "顾客是身高为" & Customer.height & "的" & s & ",享受的折扣为: " &
    discount
  End Sub
```

当输入身高为 130cm，身份为 1 时，程序运行结果如图 7-20 所示。

图 7-20　例 7-16 的运行结果

2. Select Case 语句

使用多分支 If 语句或条件嵌套的 If 语句虽然功能强大，但代码过于烦琐，从而给代码的阅读和理解带来困难。事实上，如果分支较多或嵌套超过 3 层，可以考虑使用 Select Case 语句。Select Case 语句的语法格式如下。

```
Select  Case <测试表达式>
    Case <匹配表达式 1>
```

```
            <语句序列 1>
        Case <匹配表达式 2>
            <语句序列 2>
        …
        Case <匹配表达式 n>
            <语句序列 n>
        Case Else
            <语句序列 n+1>
    End Select
```

功能：根据"条件表达式"的值，从多个分支中选择符合条件的一个分支执行。执行过程如下：首先计算"条件表达式"的值，然后依次与每个 Case 后的值或条件进行匹配。如果找到，则执行相应的分支并退出；如果没有找到，则执行 Case Else 后的语句块 n+1 再退出。

说明：

1)"测试表达式"可以是数值表达式或字符表达式，通常为变量。

2)"匹配表达式"必须与"测试表达式"的类型相同。

3)"匹配表达式"称为域值，可以是下列形式之一。

① <表达式 1>[, <表达式 2>]…：列表匹配。各"表达式"值为"或"关系，即当"测试表达式"的值与它们中任意一个相同时，条件为真。

② <表达式 1> to <表达式 2>：范围匹配。若"测试表达式"的值在"表达式 1"至"表达式 2"之间，条件为真。

③ Is <关系表达式>：条件匹配。当"测试表达式"满足"关系表达式"指定的条件时，条件为真。

注意：以上 3 种形式可组合使用。

Case 语句是依次测试，并且执行第一个符合 Case 条件的相关程序代码，即使再有其他符合条件的分支也不会执行，如果没有找到符合的，且有 Case Else 语句，就会执行接在该语句后的程序代码，然后程序跳转到 End Select 终止语句的下一行程序代码继续执行。

在关键字 Select Case 和 End Select 之间可以放置任意多个条件测试。子句 Case Else 是可选的，当条件表达式结果为假时使用它。程序运行到 Select Case 子句，VBA 记下测试表达式的值。然后前进到第一个 Case 子句，如果这个子句的值和测试表达式的值匹配，就会执行该语句块，直到遇到另外一个 Case 子句并且跳到 End Select 语句。然而，如果第一个 Case 子句后面的表达式测试结果和测试表达式不匹配，VBA 就会检查每一个 Case 子句，直到找到一个匹配的为止。如果没有一个 Case 子句后面的表达式匹配测试表达式的值，则跳到 Case Else 子句并执行该语句块直到遇到关键字 End Select。注意，Case Else 子句是可选的，如果程序里面没有使用 Case Else 并且没有一个 Case 子句的表达式和测试表达式相匹配，就会跳到 End Select 后面的语句，并且继续执行程序。

【例 7-17】输入一个月份，显示当月所在的季节。

代码如下：

```
Public Sub Season()
  Dim a As Integer
  a = Val(InputBox("请输入月份: "))
  Select Case a
  Case Is < 0,Is > 12
    MsgBox "输入无效"
  Case 1,2,3
    MsgBox "新春" & a & "月"
  Case 3
    MsgBox "阳春三月,草长莺飞"
  Case 4 To 6
    MsgBox "盛夏" & a & "月"
  Case 7 To 9
    MsgBox "金秋" & a & "月"
  Case Else
    MsgBox "严冬" & a & "月"
  End Select
End Sub
```

和多分支的 If 语句一样，Select Case 语句也是一旦选择了某一分支执行就不再考虑其他分支，当前分支执行完毕后就转而执行 End Select 语句后面的内容。在本例中，如果输入 3，则只显示"新春 3 月"而不会显示"阳春三月，草长莺飞"。

在逻辑条件非常复杂、需要进行多分支的选择时，针对不同应用场合，多分支 If 语句与 Select Case 语句在使用上各有千秋。Select Case 语句表达简单、条理清晰、易于理解，但只适合于根据同一条件表达式的不同取值去选择不同分支的情况。而对于条件复杂且判断条件为不同的逻辑表达式，Select Case 语句就显得无能为力了，这时最好的选择莫过于多分支的 If 语句。对于例 7-18 的情况，因为条件表达式完全不同，所以只能采用多分支 If 语句的形式。

【例 7-18】某用人单位招聘条件如下：若应聘者为男性且有 3 年以上的销售经验，则录用到销售部；若应聘者为女性且专业为中文，则录用到新闻部，其他情况不考虑录用。

有关录用与否部分的程序代码如下。

```
If Sex = "男" And Marketing Years >= 3 Then
  MsgBox "录用到销售部"
ElseIf Sex ="女" And Major = "中文" Then
```

```
    MsgBox "录用到新闻部"
Else
    MsgBox "没有合适的职位"
End If
```

本章介绍的条件语句，可以控制过程的走向。通过测试条件的真假，决定哪些语句需要执行，哪些要跳过。换句话说，不必从上到下，一行一行地运行过程，可以只执行某些行，以下是使用条件语句的一些指南。

1）如果只提供一个条件，则简单的 If…Then 语句是最好的选择。

2）如果要决定运行两个条件中的一个，则使用 If…Then…Else 语句。

3）如果程序需要两个或多个条件，可以考虑使用 If…Then…ElseIf 或者 Select Case 语句。

7.3.3   循环结构程序设计

除了顺序结构与选择结构以外，结构化程序的另外一种典型结构是循环结构。计算机的最大特点在于非常适合处理规律的、重复的操作。在程序中，凡是需要重复执行相同的操作步骤，都可以用循环结构（又叫做重复结构）来实现。当然，对计算机而言，一切循环都应该是有条件的。只有满足循环条件，程序才重复执行相应的代码，而一旦条件不满足就应该退出循环。否则，程序就会陷入"死循环"，导致其他代码不能被执行。

VBA 中提供了两种类型的循环：计数循环和条件循环，分别使用 For…Next 语句和 Do…Loop 语句来实现。

1. For…Next 语句

For…Next 语句一般用于循环次数已知的情况。这种情况主要是根据已经执行了的循环次数判断是继续执行循环还是退出循环，因此这种循环方式也称为计数循环。在计数循环方式下，需要用到一个变量来记录循环次数，这个变量就称为循环变量。

For…Next 语句的一般格式如下

```
For 循环变量=初值 To 终值 [Step 步长]
  <语句组 1>
    [If 条件表达式 Then
      …
      Exit For
  End If]
  <语句组 2>
Next [循环变量]
```

循环体

格式中各项的说明如下。

1）循环变量：亦称为循环控制变量，必须为数值型，是循环能否得以继续执行的依据。

2）初值、终值：都是数值型，可以是数值表达式，代表循环变量的初始值和终止值，当循环变量的取值超出终值时循环结束。

3）步长：循环变量的增量，是一个数值表达式。一般来说，其值为正，初值应小于终值；若为负，则初值应大于终值。但步长不能是 0。如果步长是 1，Step 1 可略去不写。

4）循环体：在 For 语句和 Next 语句之间被重复执行的语句序列。

5）Next 后面的循环变量与 For 语句中的循环变量必须相同，也可以省略不写。

6）Exit For 语句一般与条件语句结合在一起，用来设置当符合某条件时强制退出循环（即使循环变量的取值未超出终值）。

For…Next 语句的执行过程如下。

1）系统将初值赋给循环变量，并自动记下终值和步长。

2）检查循环变量的值是否超过终值。如果超过终值就结束循环，执行 Next 后面的语句；否则，执行一次循环体。

3）执行 Next 语句，将循环变量增加一个步长值再赋给循环变量，转到步骤 2）继续执行。

以上执行过程用流程图描述，如图 7-21 所示。

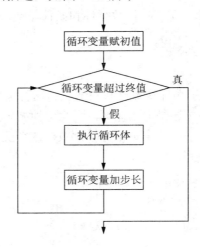

图 7-21　For…Next 语句的执行流程

【例 7-19】判断下面的程序执行后的结果。

```
S="*"
For I =1 To 4
```

```
Debug.Print S
S= S & "*"
Next
```

由程序中 For 循环语句可知，程序共执行 4 次循环，每次循环先在新的一行打印出字符串 S 的当前内容，然后在 S 的结尾添加一个 "*"，因此执行 4 次循环后立即窗口打印的结果如下：

```
*
**
***
****
```

循环变量不仅用来指示和控制循环的次数，也可以参与到程序的运算当中。

【例 7-20】分析下面程序的作用。

```
s=0
For i = 1 To 36
  s = s + i
Next
Debug.Print s
```

程序中的循环被执行了 36 次，每次都把循环变量 i 的值加入变量 s 里，因此 s 的最终取值是 s=1+2+3+…+36=666。程序结束时会在立即窗口输出 666。

除了 Next [循环变量]一句可以将循环变量加上步长值以外，有时也可以在循环体中修改循环变量的值，如：

```
For n =1 To 8
  n = n + 2
Next
```

上面的代码因为循环变量 n 的值在循环体内被修改导致循环次数被减少到了 3 次，每次进入循环时，n 的值分别为 1、4、7。

【例 7-21】水仙花数是指一个 n 位数（n>3），它的每位上的数字的 n 次幂之和等于它本身（如 $1^3 + 5^3 + 3^3 = 153$）。试编写程序求出所有的 3 位水仙花数。

计算机在求解数学问题时，并不能像人类一样具有逆向思维的过程，而只能是在一定范围内将所有可能的数代入方程，如果某数代入方程后能使方程成立，则该数就是方程的一个解，然后代入另一个数，直到所有可能的数都被代入方程。这种在有限范围内将所有可能的情况列举的求解方式叫做穷举法。

对于本例来说，既然是三位数，可以从 100～999 逐个测试一遍。其中，数 n 的个位可以用 n Mod 10 求得，百位可以用 n\100 求得，十位稍微复杂些，既可以是 n 除以 10 的商的个位（$(n \setminus 10)$ Mod 10），也可以是 n 除以 100 的余数再除以 10 的商（$(n$ Mod $100) \setminus 10$）。程序代码如下。

```
Public Sub Narcissus()
  Dim n As Integer
  Dim x As Integer, y As Integer, z As Integer     'x 个位，y 十位，z 百位
  For n = 100 To 999
    x = n Mod 10                                    '个位
    y = (n\10) Mod 10                               '十位
    z = n\100                                       '百位
    If x^3+ y^3 + z^3 =n Then MsgBox n & "是水仙花数"
  Next n
End Sub
```

【例 7-22】通过编写程序求结果。把 2662 表示为两个加数之和，使其中一个加数能被 87 整除，而另一个加数能被 91 整除。在这两个加数中，能被 87 和 91 整除的加数各是多少？本例窗体名称为"For 循环求加数"，该窗体的运行结果如图 7-22 所示。

图 7-22 "For 循环求加数"的窗体视图

Command0 命令按钮（标题为"计算加数"）的单击事件过程的程序代码如下。

```
Private Sub Command0_Click()
  Dim i%, j%
  Text0 = ""
  For i = 91 To 2662 Step 91
    If (2662 - i) Mod 87 = 0 Then
      Text0 = "能被 91 整除的数是：" & i & "  能被 87 整除的数是：" & 2662 - i
      Exit For
    End If
  Next i
End Sub
```

一个循环结构内可以含有另一个循环，称为循环嵌套，又称多重循环。常用的循环嵌套是二重循环，外层循环称为外循环，内层循环称为内循环。

当循环变化的量有两个以上时，就可以使用多重循环。注意多重循环的 Next 语句，一定是内循环的 Next 语句在前，外循环的 Next 语句在后，千万不要写反。循环

语句嵌套时，如果想中途退出循环，则必须使用带条件的 Exit For 语句，并且只能退出本层循环。

【例 7-23】用键盘输入 10 个整数，将这些数按升序（或降序）输出。本例的窗体名称为"例 7-23for 循环冒泡法排序"，该窗体的运行结果如图 7-23 所示。

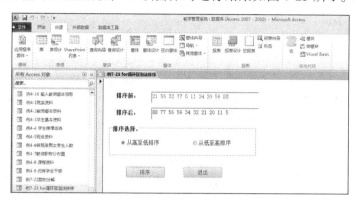

图 7-23　冒泡法排序算法的窗体视图

窗体中两个文本框用于显示排序前和排序后的数，单选按钮用于选择升序排列或降序排列。

冒泡排序的基本思想：每次比较两个相邻的元素，如果顺序错误就把它们交换过来。

假设输入的 10 个数分别存储在数组 A 的 A(1)、A(2)、A(3)、A(4)、A(5)、A(6)、A(7)、A(8)、A(9)和 A(10)10 个数组元素中，需要按降序排列。

第 1 轮：先将 A(1)与 A(2)比较。如果 A(1)<A(2)，则将 A(1)、A(2)的值互换，否则不作交换；这样处理后，A(2)一定是 A(1)、A(2)中的较小者。依此类推，再将 A(2)与 A(3)比较，将两者中较小的数放入 A(3)。如此依次进行，每次都是比较相邻的两个数，如果后面的数比前面的数大，则交换这两个数的位置。一直比较下去，直到最后两个数比较完毕，A(10)中存放的便是 10 个数中的最小数。就如同一个气泡，一步一步往后"翻滚"，直到最后一位。

第 2 轮：目标是将第 2 小的数归位。首先还是将 A(1)与 A(2)比较，如果 A(1)比 A(2)小，则交换位置，并依次做出同第 1 轮相同的处理。注意此时已不需要与 A(10)比较，因为第 1 轮结束后，已确定 A(10)是最小的数。而第 2 轮结束后，A(9)就是这 10 个数中的第 2 小的数了。

照此方法处理，直到第 9 轮后，余下的 A(1)便是这 10 个数中的最大者。至此，这 10 个数已按照从大到小的顺序存放在 A(1)～A(10)中。

"冒泡排序"的原理：每一趟只能确定将一个数归位，即第 1 趟只能将末位上的数归位，第 2 趟只能将倒数第 2 位上的数归位，如此循环往复。如果有 n 个数排序，则需将 n-1 个数归位。

显然，对于升序排列的情况，只需把比较表达式中的"<"改为">"即可。
"排序"按钮的单击事件过程的 VBA 程序代码如下。

```
Private Sub Command6_Click()
    Dim t%,i%,j%,n%
    n = 10
    For i = 1 To n - 1
      For j = 1 To n - i
        If Frame8.Value = 1 Then
          If a(j) < a(j + 1) Then
              t = a(j): a(j) = a(j + 1): a(j + 1) = t
            End If
          Else
           If a(j) > a(j + 1) Then
              t = a(j): a(j) = a(j + 1): a(j + 1) = t
            End If
          End If
      Next
    Next
    For i = 1 To n
      Text4 = Text4 & a(i) & " "
    Next
End Sub
```

【例 7-24】For 循环求数 123 的全排列。本例的窗体名称为"For 循环数据 123 的全排列（枚举算法）"，该窗体的运行结果如图 7-24 所示。

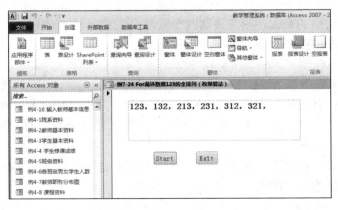

图 7-24　全排列枚举算法的窗体视图

分析：123 的全排列是 123、132、213、231、312、321。即数字范围在 1～3 的三

位数字且不允许相同数字同时出现。

```
Private Sub Command9_Click()
  Dim a%, b%, c%
  Label1.Caption = ""
  For a = 1 To 3
    For b = 1 To 3
      For c = 1 To 3
        If a <> b And b <> c And c <> a Then
          Label1.Caption = Label1.Caption & a & b & c & ","
        End If
      Next c
    Next b
  Next a
End Sub
```

2. Do…Loop 语句

有时，循环的次数是不确定的，究竟循环多少次取决于某些条件，这种循环叫做条件循环。条件循环可以用 Do…Loop 语句来实现。

Do…Loop 循环有两种格式，一种是当型循环，另一种是直到型循环。

（1）当型循环

当型循环即当循环条件成立时才进入循环。当型循环是在 Do…Loop 语句的基础上加上 While 子句来实现的，根据 While 子句位置的不同又分成"前测试循环"和"后测试循环"两种。前测试循环指的是把 While 子句放在循环的前面，首先测试循环条件表达式是否成立，若循环条件满足，则进入循环。而后测试循环则是把 While 子句放在循环的后面，首先进入循环执行一次循环体，然后测试循环条件表达式是否成立，若循环条件满足，则进入循环；否则，就不再执行循环。当型 Do…Loop 循环的一般格式如下。

前测试循环：

```
Do While<循环条件表达式>
    <循环体>
    [Exit Do]
Loop
```

后测试循环：

```
Do
    <循环体>
    [Exit Do]
Loop While〈循环条件表达式〉
```

1）与 For…Next 循环不同，For…Next 循环的循环变量会自动增加步长，而 Do…Loop 循环需要在循环体内用赋值语句重新更改循环变量的值。

2）若循环没有结束，但需要中途强制退出循环，可以使用 Exit Do 语句。

【例 7-25】求 1+2+3+…+n<1000 中 n 的最大值。

程序代码如下。

```
Private Sub Test1 ()
  Dim n As Integer, s As Integer
  s = 0 : n = 0
  Do while s<1000
    n=n+1
    s=s+n
  Loop
  Debug.Print n-1,s-n
End Sub
```

（2）直到型循环

直到型循环即一直执行循环，直到循环条件成立时才退出循环。因此，直到型循环与当型循环是条件相反的两种类型的循环。直到型循环是在 Do…Loop 语句的基础上加上 Until 子句来实现的，根据 Until 子句位置的不同也分成前测试循环和后测试循环两种。直到型 Do…Loop 循环一般格式如下。

前测试循环：

```
Do Until 〈循环条件表达式〉
  <循环体>
    [Exit Do]
Loop
```

后测试循环：

```
Do
  <循环体>
    [Exit Do]
Loop Until 〈循环条件表达式〉
```

4 种形式的 Do…Loop 循环语句流程如图 7-25 所示。

【例 7-26】截至 2010 年年底我国人口数约为 15 亿，如果每年的人口自然增长率为 1.5%，那么多少年后我国人口将达到或超过 18 亿？

程序代码如下：

```
Public Sub Population()
  Dim k As Integer, s As Single
  s = 15 : k = 0
```

```
  Do Until s >= 18
    k = k + 1
    s = s * 1.015
  Loop
  Debug.Print k
End Sub
```

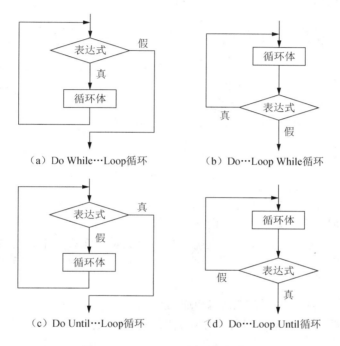

（a）Do While…Loop循环 （b）Do…Loop While循环

（c）Do Until…Loop循环 （d）Do…Loop Until循环

图 7-25 Do…Loop 循环语句流程

3. 提前结束循环

有时候，过程遇到了错误或者可能是任务已经完成并且没有必要做更多的循环，这时可以提前跳出循环，而不必等到条件正常结束。VBA 有两种 Exit 语句。

1）Exit For 语句用于提前退出 For…Next 循环。

2）Exit Do 语句用于立即退出任何 Do…Loop 循环。

如果要提前退出子过程，可以使用 Exit Sub 语句。如果该过程是一个函数，则使用 Exit Function 语句。

7.4 过程与作用域

在设计一个规模较大、复杂程度较高的程序时，往往根据需要按功能将程序分解成若干个相对独立的部分，然后对每部分分别编写程序，这些独立的程序代码称为过程。从前面的章节已经了解到，VBA 的程序就是由若干个过程组成的。

如图 7-26 所示，当要完成某个任务时，就由主调程序去调用相应的过程。图中当主调程序运行到调用过程 Proc 的语句时，则跳转去执行被调过程 Proc 中的可执行语句。当执行到过程 Proc 的结束语句时，再返回主调程序中调用 Proc 过程的下一句，继续执行，直到主调过程结束。

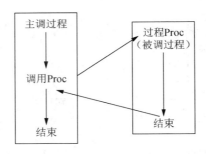

图 7-26　过程调用示意图

在编程中应用过程的优点有以下几点。

1）过程的规模相对较小，易于调试。

2）调试成功的过程可以被反复调用，从而避免重复编程，缩短开发周期。

3）由于过程能够独立地完成一定的功能，因此使用过程可以使程序模块化并提高程序的可读性。

VBA 中有两大类过程：事件过程和通用过程。

事件过程是当对象的某个事件发生时，对该事件做出响应的程序代码段，它是应用程序的主体。

当多个不同的事件过程需要执行一段相同的代码，完成相同或相似的任务时，为了避免程序代码的重复，同时便于程序代码的修改，可以把这段代码独立出来作为一个单独的过程，这样的过程称为通用过程。

事件过程是由对象的某一事件驱动或由系统自动调用，而通用过程不依附于某一对象，需要通过被调用才起作用，而且通用过程可以被多次调用。一般地，把调用其他过程的过程称为主调过程，而被调用的过程称为被调过程。本章前面的内容中曾经接触过一些简单且不带任何参数的独立运行的过程。实际上，还可以定义一些供其他过程调用的被调过程，并且可以由主调过程向被调过程传递参数。其中，过程与参数的关系就像数学的函数与自变量之间的关系一样，只不过这里的参数可以是常数、变量或更加复杂的表达式。

7.4.1　过程的定义与调用

通用过程分为两种类型：Sub 过程（子过程）和 Function 过程（函数过程）。两者最根本的区别在于 Sub 过程没有返回值，而 Function 过程有返回值。因此，在设计时可以根据实际情况来选择使用 Sub 过程还是 Function 过程。如果仅仅是执行一系列操作，就可以使用 Sub 过程，而如果需要的是执行一系列操作之后的结果，则应该使用 Function 过程。

1. Sub 子过程的定义与调用

Sub 子过程是包含在 Sub 和 End Sub 语句之间的一组语句，Sub 子过程执行操作但不返回值。

Sub 子过程定义的一般格式如下。

```
[Public|Private][Static] Sub 子过程名([形式参数 1 As 数据类型][,…][,形式
    参数 n As 数据类型])
<语句序列>
    [Exit Sub]
    [<语句序列>]
End Sub
```

说明：

1）使用 Public 表示该过程可以被任何模块中的任何过程访问，当使用 Private 时，表示该过程是私有过程，只能在声明它的模块中使用；当默认时，Sub 过程默认为 Public。

2）当使用 Static 时，表示在两次调用之间保留过程中的局部变量的值。

3）形式参数简称形参，用来接收调用过程时由实参传递过来的参数。如果有多个形式参数，则参数之间间用逗号分开。

注意这里的参数是由主调过程传递过来的，而不是在过程里面新定义的变量，因此定义参数时不能使用 Dim 关键字。至于过程内部，如果需要用到一些临时变量，可以利用 Dim、Public 或 Static 等保留字声明。

当某种条件下无须继续执行过程时，可以用 Exit Sub 语句强制退出过程而不必等到执行 End Sub 语句结束子过程。

之所以在参数表中对参数进行定义，是为了方便在过程内部引用它。因此这种定义是一种形式上的、概念性的定义。把为了描述过程的功能而定义的参数称为形式参数，简称形参。当定义了形式参数变量的过程被某个过程调用时，主调过程会向这个被调过程的对应参数传递一些实际的值（常数、变量或表达式），这些实际的值会被代入过程中去参与运算或操作，这种参数称为实际参数，简称实参。在分析程序时一定不要混淆形式参数与实际参数。形式参数只出现在过程定义中，在整个过程体内都可以使用，离开该过程则不能使用。而实际参数是在主调过程内声明的，由主调过程传递给被调过程，它的作用域取决于它在主调过程中的作用域。

2. 子过程的调用

子过程的调用可以使用两种形式：

```
Call 子过程名([实际参数))
```

或

```
子过程名 [实际参数]
```

上式中的实际参数是传递给形式参数的数据。

实际参数可以是常量、变量、函数值、表达式等。无论实际参数是何种类型的数据，在进行过程调用时，它们都必须具有确定的值，以便把这些值传送给形式参数。实际参数和形式参数在数量、类型和顺序上必须严格一致，否则会犯"类型不匹配"的错误，但实际参数和形式参数的名称不必相同。

当用 Call 语句调用执行过程时，若无实际参数，其过程名后的圆括号不能省略，若有参数，则参数必须放在括号之内。若省略 Call 关键字，则过程名后不能加括号，若有参数，则参数直接跟在过程名之后，参数与过程名之间用空格分隔，参数与参数之间用逗号分隔。当省略某参数时，其后面的逗号不能省略。

【例 7-27】使用下面的命令打开"学生基本情况"窗体。

```
DoCmd.OpenForm"学生基本情况"
```

将此命令放在一个子过程中，用来打开窗体，其中要打开的窗体名用形式参数表示，编写的子过程如下。

```
Sub OpenForms(strForm As String)        '形式参数 strForm 为变长字符串
    DoCmd.OpenForm  strForm
End Sub
```

如果要调用该过程打开窗体，则只需要将窗体名通过实际参数传递给过程的形式参数即可。例如，要打开名为"学生基本情况"的窗体，可以使用下列过程调用。

```
Call OpenForms("学生基本情况")
```

或使用不带 Call 的调用：

```
OpenForms"学生基本情况"
```

【例 7-28】输入一个自然数 n（n>3），输出斐波那契数列的前 n 项。斐波那契数列的特征是，从第 3 项开始，每一项是其前面相邻两项的和，如 0，1，1，2，3，5，8，13，…。

程序代码如下。

```
'主调过程，接受输入、调用过程 Fibonacci 来输出斐波那契数列
Public Sub Master()
    Dim n As Integer
```

```
     n = Val(InputBox("请输入项数 n: "))
     call Fibonacci(n)
  End Sub
'被调过程,实现前 n 项斐波那契数列的输出
Public Sub Fibonacci(n As Integer)
   Dim f1 As Integer, f2 As Integer, f As Integer,m As Integer
   f1 = 0: f2 = 1: m = 2
   Debug.Print f1,f2,
   Do While m < n
     m = m + 1
     f = f1 + f2
     Debug.Print f
     f1 = f2
     f2 = f
   Loop
End Sub
```

3. Function 过程的定义与调用

　　Function 函数过程是过程的另一种表现形式。当希望过程执行后能够将一个值返回到主调过程时，就可以采用函数过程。函数过程也称为函数。在 VBA 中已经预先定义了大量的内部函数，如 Chr()、Sqr()及 Rnd()等。除此之外，还可以根据需要定义自己的函数。这些用户定义函数和内部函数一样，都能完成一定的功能，能够被其他过程调用，并且返回一个结果。

　　Function 函数过程是包含在 Function 和 End Function 语句之间的一组语句，Function 函数过程执行操作后通过与函数同名的变量返回一个值。

　　Function 函数过程定义的一般格式如下。

```
[Public|Private][Static] Function 函数名(形式参数 1 As 数据类型,…,形式参
数 n As 数据类型) As 数据类型
   <语句序列>
   [<函数名>=<表达式>]
   [Exit Function]
   [<语句序列>]
   [<函数名>=<表达式>]
End Function
```

说明：

　　1）其中的 Public、Private 和 Static 的作用与 Sub 过程中是一样的，如果将一个函数过程说明为模块对象中的私有函数过程，则不能从查询、宏或另一个模块中的函数过程

调用这个函数过程。

2）格式中的[As 数据类型]用来指定函数返回值的类型。

3）格式中的[<函数名>=<表达式>]用来定义函数返回的值。

与 Sub 过程一样，Function 过程也是一个独立的过程，它可以接收参数，执行一系列的语句并改变其自变量的值。与 Sub 过程不同的是，它具有一个返回值，而且有数据类型。

在定义函数过程时，除了定义形式参数变量的数据类型以外，还需要定义返回值变量（与函数过程同名的变量）的数据类型。即由圆括号外面的"As 数据类型"定义。

采用函数过程的主要目的就是获取一个返回结果，所以通常在函数过程中要给函数名赋值。因此，在函数过程中有赋值语句[<函数名>=<表达式>]。表达式的计算结果就是函数过程要返回的值，将该值赋给函数名，就可以通过调用函数过程来获取该返回值。

如果没有"函数名=表达式"这条语句，则函数过程返回一个默认值：数值类型函数返回 0；字符串类型函数返回空字符串（" "），Variant 类型函数返回 Empty。

在函数过程的语句系列中可以用一个或多个 Exit Function 语句从函数中强行退出而不必等到执行 End Function 语句结束函数过程。

由于函数过程有返回值，因此一般用在赋值语句中或表达式内部。当实际使用函数调用时，通常有两种用法，一种是将返回值赋给某个变量，也就是使用下面的格式。

```
变量名 = 函数名（[实际参数]）
```

另一种方法是将函数的返回值作为另一个过程调用中的实际参数。

【例 7-29】以下函数 MaxValue 用来返回形式参数 Val1、Val2 的最大值。

```
Public Function MaxValue(Val1 As Integer, Val2 As Integer) As Integer
    If Val1 > Val2 Then
        MaxValue = Val1                '函数名=表达式,定义函数返回的值
    Else
        MaxValue = Val2
    End lf
End Function
```

如果将 2 个变量 X 和 Y 中的最大值赋给变量 Z，可以使用下面的调用方法。

```
Z=MaxValue(X,Y)
```

如果要将 3 个变量 A、B 和 C 中最大值赋给变量 Z，可以使用下面的调用方法。

```
Z=MaxValue(MaxValue(A,B),C)
```

在上面的调用形式中，函数 MaxValue(A,B)的结果作为另一次函数调用的实际参数。

【例 7-30】编写根据三角形 3 个边长求面积的函数 Area。（由海伦公式，三角形面积 $S=\sqrt{p(p-a)(p-b)(p-c)}$，其中 a、b、c 为三角形 3 条边的边长，$p=(a+b+c)/2$）

代码如下：

```
Public Function Area(a As Double,b As Double,c As Double) As Double
  Dim p As Double
  p = (a+b+c)/2
  Area = Sqr(p*(p-a)*(p-b)*(p-c))
End Function
```

如果此时需要调用该函数过程计算 3 边为 3、4、5 的三角形的面积，只要调用函数 Area（3,4,5）即可。

【例 7-31】求 1～n 的阶乘之和（n<20），即 l!+2!+…+n!。

```
Function fact(x As Integer) As Long
  Dim P As Long, i As Integer
  P=1
  If n > 20 Then
    Msgbox "数超过 20,停止计算"
    Exit Function
  End If
  For i = 1 To x
    P = P * i
  Next i
  fact = P
End Function
Public Sub Calc()
  Dim sum As Long, i As Integer,x As Integer
  x = Val(InputBox("请输入一个不大于 20 的数："))
  Sum = 0
  For i = 1 To x
    sum = sum + fact(i)
  Next i
  Debug.Print sum
End Sub
```

本例为了演示 Exit Function 的用法，设计成在函数内部判断用户输入是否合适，若输入大于 20，则直接退出函数。其实最好的办法是在主调过程中、用户刚刚输入完毕时就进行判断。

函数过程可以被查询、宏等调用，因此在进行一些计算控件的设计中特别有用。无论是 Sub 过程还是 Function 过程，都不允许嵌套定义，但可以嵌套调用。也就是说，可以在一个过程的内部调用其他已定义的过程，但不能在过程内部定义其他过程。

7.4.2　参数传递

数据库系统与应用

调用过程的目的是在一定的条件下完成某项处理或计算某一数值。调用过程时可以把数据传递给过程，也可以把过程中的数据传递回来。在调用过程时，必须考虑调用过程和被调用过程之间的数据的引用方式。VBA 中用参数来实现主调过程和被调过程间的数据传递。

通常在编写一个过程时，要考虑它需要输入哪些量，进行处理后输出哪些量。正确地提供一个过程的输入数据和正确地引用其输出数据，即调用过程和被调用过程之间的数据传递问题，是使用过程的关键问题。

1. 形式参数

形式参数是接收数据的变量。形式参数表中的各个变量之间用逗号分隔。形式参数表中的变量类型可以是合法的简单变量，也可以是数组，但不能是定长字符串。例如，在形式参数表中只能用形如 Str1 As String 之类的变长字符串作为形式参数，不能用 Str1 As String* 10 之类的定长字符串作为形式参数，但定长字符串可以作为实际参数传递给过程。

2. 实际参数

实际参数是指在调用 Sub 或 Function 过程时，传递给 Sub 或 Function 过程的常量、变量或表达式。实际参数表可由常量、表达式、变量、数组（数组名后跟左、右括号）组成，实际参数表中各参数用逗号分隔。在定义过程时，形式参数为实际参数保留位置。在调用过程时，实际参数被插入对应形式参数变量处，第 1 个形式参数接收第 1 个实际参数的值，第 2 个形式参数接收第 2 个实际参数的值，依此类推，完成形式参数与实际参数的结合，即把实际参数传递给形式参数，然后按传递的参数执行被调用的过程。

过程定义时可以设置一个或多个形式参数，其中，每个形式参数的完整定义格式如下。

```
[Optional][ByVal|ByRef][ParamArray] 形式参数名[()][As 数据类型]
[=DefaultValue]
```

各项含义如表 7-11 所示。

表 7-11 形式参数的各项及其含义

参数各项	含 义
参数名	必需的，形式参数变量的名称。遵循标准的变量命名约定
Optional	可选项，表示该参数不是必需的。如果使用了 ParamArray 关键字，则任何参数都不能使用 Optional 关键字
ByVal	可选项，表示该参数按值传递
ByRef	可选项，表示该参数按地址传递。ByRef 是 VBA 的默认选项
ParamArray	可选项，只用于形式参数的最后一个参数，指明最后这个参数是一个 Variant 类型的 Optional 数组。使用 ParamArray 关键字可以提供任意数目的参数。但 ParamArray 关键字不能与 ByVal、ByRef 或 Optional 一起使用
DefaultValue	可选项，任何常数或常数表达式，只对 Optional 参数有效

3. 参数传递

形式参数在被调用前，既不占用实际的存储空间也没有值，只有当过程调用时，实际参数才以某种方式对其进行赋值。赋值方式有两种：值传递（传值调用）和地址传递（传址调用）。VBA 的默认方式是地址传递。

（1）值传递

如果在定义形式参数时使用了 ByVal，或者在调用语句中的实际参数是常量或表达式，那么实际参数与形式参数之间的数据传递方式就是值传递。

在调用过程时，当实际参数是常量时，直接将常量值传递给形式参数变量；当实际参数是变量时，仅将实际参数变量的值传递给形式参数变量。然后执行被调过程，在被调过程中，即使对形式参数发生改变也不会影响实际参数值的变化。由于在这个过程中数据的传递只有单向性，故称为传值调用的单向作用形式。

（2）地址传递

按地址传递参数，就是将实际参数的地址传递给相应的形式参数，形式参数与实际参数使用相同的内存地址单元，这样通过调用被调程序可以改变实际参数的值。在进行地址传递时，实际参数必须是变量，常量或表达式无法进行地址传递。系统默认的参数传递方式是按地址传递。由此可见，如果形式参数被说明为传址（ByRef），则过程调用是将相应实际参数的地址传送给形式参数处理，而被调用过程内部对形式参数的任何操作引起的形式参数值的变化又会反向影响实际参数的值。因此在这个过程中，数据的传递具有双向性，故称为传址调用的双向作用形式。

传址调用时，将实际参数的地址传递给形式参数变量，对形式参数变量的改变就是对实际参数变量的改变。

注意：若实际参数是常量、函数或表达式，则仍为传值调用。

下面是一个既有值传递又有地址传递的实例。

【例 7-32】先对 a、b 分别赋一个初值，然后调用子过程 proc1，因参数的传递方式不同，a、b 参数的原值发生了变化。

程序代码如下。

```
Private Sub Test()
    Dim a As Integer, b As Integer
    a = 20 : b = 50
    Call proc1(a,b)
    Debug.Print "a="; a, "b="; b
End Sub

Sub proc1(x As Integer,ByVal y As Integer)
    x = x * 10
```

```
            y = y + 20
        End Sub
```

该程序实际参数是 a、b，被调过程定义的形式参数是 x、y，其中 x 是地址传递方式，y 是值传递方式。当主调过程 Test 中执行调用 proc1(a,b)语句后，实际参数 a 的地址传递给形式参数 x，也就是实际参数 a 与形式参数 x 指向同一个内存单元，当对形式参数 x 执行语句 x = x*10 后，a、x 的值都变成 200。而实际参数 b 仅将值传递给形式参数 y，当对形式参数 y 执行语句 y = y + 20 后，形式参数 y 的值变成 70，但实际参数 b 的值仍然是 50。因此，显示结果为 a = 200，b = 50。

特殊地，形式参数即使是用传址（ByRef）说明，如果实际参数是常量与表达式，则实际传递的也只是常量或表达式的值，这种情况下，"传址调用"对于实际参数的"双向"作用形式就不起作用了。

7.4.3 过程的作用域

在前面的章节中已经学习了变量的生命周期和作用域，与变量的生命周期和作用域类似，过程的生命周期和作用域也分成模块范围与全局范围两种。

如果在 Sub 或 Function 前加上保留字 Private，则该过程是模块级过程，只能被本模块中的其他过程调用，其作用域为本模块。

如果在 Sub 或 Function 前加上保留字 Public（可以省略），则该过程是全局级过程，可被整个应用程序所有模块中定义的其他过程调用，其作用域为整个应用程序。

7.5 面向对象的程序设计概述

面向对象技术是一种软件技术，其概念来源于程序设计。从 20 世纪 60 年代提出面向对象的概念到现在，已发展成为一种比较成熟的编程思想，并且逐步成为目前软件开发领域的主流技术。同时，它不仅局限于程序设计方面，已经成为软件开发领域的一种方法论。它对信息科学、软件工程、人工智能和认知科学等都产生了重大影响，尤其在计算机科学与技术的各个方面影响深远。通过面向对象技术，可以将客观世界直接映射到面向对象解空间，从而为软件设计和系统开发带来革命性影响。

7.5.1 对象的概念

面向对象技术是一种以对象为基础，以事件或消息来驱动对象执行处理的程序设计技术。它以数据为中心而不是以功能为中心来描述系统，数据相对于功能而言具有更强的稳定性。它将数据和对数据的操作封装在一起，作为一个整体来处理，采用数据抽象和信息隐蔽技术，将这个整体抽象成一种新的数据类型——类，并且考虑不同类之间的联系和类的重用性。类的集成度越高，就越适合大型应用程序的开发。另一方面，面向对象程序的控制流程由运行时各种事件的实际发生来触发，而不再由预定顺序来决定，更符合实际。事件驱动程序的执行围绕消息的产生与处理，靠消息循环机制来实现。更重要的是，可以利用不断扩充的框架产品 MFC（Microsoft Foundation Classes），在实际编程时采用搭积木的方式来组织程序。面向对象的程序设计方法使得程序结构清晰、简单，提高了代码的重用性，有效地减少了程序的维护量，提高了软件的开发效率。

例如，用面向对象技术来解决学生管理方面的问题。重点应该放在学生上，要了解在管理工作中，学生的主要属性，要对学生做些什么操作等，并且把它们作为一个整体来对待，形成一个类，称为学生类。作为其实例，可以建立许多具体的学生，而每一个具体的学生就是学生类的一个对象。学生类中的数据和操作可以提供给相应的应用程序共享，还可以在学生类的基础上派生出大学生类、中学生类或小学生类等，实现代码的高度重用。

在结构上，面向对象程序与面向过程程序有很大不同，面向对象程序由类的定义和类的使用两部分组成，在主程序中定义各对象并规定它们之间传递消息的规律，程序中的一切操作都是通过向对象发送消息来实现的，对象接到消息后，启动消息处理函数完成相应的操作。

与人们认识客观世界的规律一样，面向对象技术认为客观世界是由各种各样的对象组成的，每种对象都有各自的内部状态和运动规律，不同对象间的相互作用和联系就构成了各种不同的系统，构成了客观世界。在面向对象程序中，客观世界被描绘成一系列完全自治、封装的对象，这些对象通过外部接口访问其他对象。可见，对象是组成一个系统的基本逻辑单元，是一个有组织形式的含有信息的实体。而类是创建对象的样板，在整体上代表一组对象，设计类而不是设计对象可以避免重复编码，类只需要编码一次就可以创建本类的所有对象。

对象（Object）由属性（Attribute）和行为（Action）两部分组成。对象只有在具有属性和行为的情况下才有意义，属性是用来描述对象静态特征的一个数据项，行为是用来描述对象动态特征的一个操作。对象是包含客观事物特征的抽象实体，是属性和行为的封装体，在程序设计领域，可以用"对象＝数据+作用于这些数据上的操作"这一公式来表达。

类（Class）是具有相同属性和行为的一组对象的集合，它为属于该类的全部对象提供了统一的抽象描述，其内部包括属性和行为两个主要部分。类是对象集合的再抽象。

类与对象的关系如同一个模具与用这个模具铸造出来的铸件之间的关系。类给出了属于该类的全部对象的抽象定义，而对象则是符合这种定义的一个实体。所以，一个对象又称作类的一个实例（Instance）。

在面向对象程序设计中，类的确定与划分非常重要，是软件开发中关键的一步，划分的结果直接影响到软件系统的质量。如果划分得当，既有利于程序进行扩充，又可以提高代码的可重用性。因此，在解决实际问题时，需要正确地进行分"类"。理解一个类究竟表示哪一组对象，如何把实际问题中的事物汇聚成一个个的类，而不是一组数据。这是面向对象程序设计中的一个难点。

类的确定和划分并没有统一的标准和固定的方法，基本上依赖设计人员的经验、技巧，以及对实际问题的把握。但有一个基本原则：寻求一个大系统中事物的共性，将具有共性的系统成分确定为一个类。确定某事物是一个类的步骤包括：①要判断该事物是否有一个以上的实例，如果有，则它是一个类；②要判断类的实例中有没有绝对的不同点，如果没有，则它是一个类。另外，还要知道什么事物不能被划分为类。不能把一组函数组合在一起构成类，也就是说，不能把一个面向过程的模块直接变成类。类不是函数的集合。

7.5.2　对象的属性

属性描述了对象的性质，如标签对象中的字体名称、字体大小。属性也可以反映对象的某个行为，如某个对象是否锁定或者是否可见等，设置属性就是为了改变对象的外观和特性。对象的属性可以通过"属性"对话框进行设置，也可以通过编程设置。Access的常用对象及其属性如表 7-12 所示。用 VBA 程序代码设置属性的一般格式如下。

对象名.属性名=属性值

表 7-12　常用对象及其常用属性

对象	属性中文名	原始属性名	属性类型	说明
窗体	名称	Name	文本	可读，以获得窗体名字符串
	标题	Caption	文本	可读写。为标题字符串
	记录选择器	RecordSelectors	逻辑	可读写。设置 True 时显示记录选择器
	记录源	RecordSource	文本	可读写。为记录源字符串
	筛选	Filter	文本	可读写。为筛选字符串
	排序依据	OrderBy	文本	可读写。为排序设置字符串
	启动排序	OrderByOn	逻辑	可读写。设置 True 时应用排序设置
	自动居中	AutoCenter	逻辑	可读写。设置 True 时窗体自动居中显示
	模式	Modal	逻辑	可读写
报表	名称	Name	文本	运行时可读
	标题	Caption	文本	可读写
	记录源	RecordSource	文本	可读写
	筛选	Filter	文本	可读写
	排序依据	OrderBy	文本	可读写
	启动排序	OrderByOn	逻辑	可读写
	自动居中	AutoCenter	逻辑	可读写
	模式	Modal	逻辑	可读写

续表

对象	属性中文名	原始属性名	属性类型	说明
标签	名称	Name	文本	运行时可读
	标题	Caption	文本	可读写。设置或取得标题字符串
	字号	FontSize	整型	可读写。为标题文本字号磅值大小
文本框	名称	Name	文本	运行时可读
	控件来源	ControlSource	文本	可读写。为控件来源字符串
	可用	Enabled	逻辑	可读写。设置 True 时控件可用
	是否锁定	Locked	逻辑	可读写。设置 True 时控件锁定
	字号	FontSize	整型	可读写。为输入/显示文本字号磅值大小
	值	Value	任意	可读写。为文本框中输入/显示的文本
	文本	Text	文本	可读写。为文本框中当前显示的文本
命令按钮	名称	Name	文本	运行时可读
	标题	Caption	文本	可读写。设置或取得标题字符串
	可用	Enabled	逻辑	可读写。设置 True 时按钮有效
	字号	FontSize	整型	可读写。为标题文本字号磅值大小
列表框	值	Value	文本	可读。为列表中当前选定的列表项绑定列的值
组合框	值	Value	文本	可读写。为组合框当前选中或输入的值
选项组	值	Value	整型	可读写。选中选项的序号。设置选中选项序号

使用对象属性的常用方法如下。

（1）引用对象的属性

如果这个属性没有自变量，使用下面的句法：

```
Object.Property
```

对象是一个占位符，是放置想要进入的实际对象名称的地方。属性同样也是一个占位符，可以在这里放置该对象的特点。注意对象名称和属性之间的句点。当需要进入一个存在于多个其他对象里的对象的属性时，必须按顺序地写上所有对象的名称，并且用句点运算符分开。

（2）改变对象的属性

```
Object.Property = Value
```

Value 是一个新的要赋给该对象属性的值。这个值可以是一个数字、括在引号里的文本或逻辑值（True 或 False），如：

```
Text0.value = "程序设计"
Command0.Enabled = True
```

（3）返回对象属性的当前值

```
Variable = Object.Property
```

7.5.3 对象的方法

对象的方法描述了对象的行为，即在特定的对象上执行的一种特殊的过程或函数。方法通常在代码中使用，其格式如下。

    对象名.方法

例如，使用 SetFocus 方法将焦点移到"学生基本情况"窗体上的"学号"文本框中，用 VBA 程序代码表示如下。

```
txtName.SetFocus
```

7.5.4 对象的事件

事件是由 Access 定义好的、可以被对象识别的动作，如命令按钮就具有单击、双击等事件，事件的响应通常由 VBA 的子过程或函数过程实现。

在 Access 系统中，常用事件有鼠标事件、键盘事件、窗体事件和对象事件等。

（1）鼠标常用事件

1）Click 事件：每单击一次鼠标，触发一次该事件。

2）DoubleClick 事件：每双击一次鼠标，触发一次该事件。

3）MouseMove 事件：移动鼠标所触发的事件。

4）MouseUp 事件：释放鼠标所触发的事件。

5）MouseDown 事件：按下鼠标所触发的事件。

（2）键盘常用事件

1）KeyPress 事件：每敲击一次键盘，触发一次该事件。该事件返回的参数 KeyAscii 是根据被敲击键的 ASCII 码来决定的。例如，A 和 a 的 ASCII 码分别是 65 和 97，则敲击它们时的 KeyAscii 返回值也不同。

2）KeyDown 事件：每按下一个键，触发一次该事件。该事件返回的参数 KeyCode 是由键盘上的扫描码决定的。例如，A 和 a 的 ASCII 码分别是 65 和 97，但是它们在键盘上却是同一个键，因此它们的 KeyCode 返回值相同。

3）KeyUp 事件：每释放一个键，触发一次该事件。该事件的其他方面与 KeyDown 事件类似。

（3）窗体常用事件

1）Open 事件：打开窗体事件。

2）Load 事件：加载窗体事件。

3）Resize 事件：重绘窗体事件。

4）Activate 事件：激活窗体事件。

5）Timer 事件：窗体计时器触发事件。

6）Unload 事件：卸载窗体事件。

7）Close 事件：关闭窗体事件。

在打开窗体时，将按照下列顺序发生相应的事件：Open→Load→Resize→Activate。在关闭窗体时，将按照下列顺序发生相应的事件：Unload→Close。

（4）对象常用事件

1）GotFocus 事件：获得焦点事件。

2）LostFocus 事件：失去焦点事件。

3）BeforeUpdate 事件：更新前事件。

4）AfterUpdate 事件：更新后事件。

5）Change 事件：更改事件。

【例 7-33】 使用窗体的计时器触发事件 Timer，控制 3 位随机数字的生成及定时显示。本例的窗体名称为"随机数定时显示"，该窗体的运行结果如图 7-27 所示。

图 7-27　随机数定时显示窗体

窗体中安排了 3 个文本框和两个命令按钮。3 个文本框分别命名为 slot1、slot2、slot3，两个命令按钮分别命名为 Command0 和 Command1。

窗体加载事件代码：

```
Private Sub Form_Load()
    Slot1 = 0                        '百位数清 0
    Slot2 = 0                        '十位数清 0
    Slot3 = 0                        '个位数清 0
End Sub
```

窗体定时器事件代码：

```
Private Sub Form_Timer()
    Randomize
    Slot1 = CStr(Int(Rnd * 9 + 1))    '产生百位随机数
    Slot2 = CStr(Int(Rnd * 9 + 1))    '产生十位随机数
    Slot3 = CStr(Int(Rnd * 9 + 1))    '产生个位随机数
End Sub
```

命令按钮控制代码：

```
Private Sub Command0_Click()
  If Me.TimerInterval = 0 Then
     Command1.Enabled = False
     Me.TimerInterval = 10                    '定时间隔10毫秒
     Command0.Caption = "结束"
  Else
     Me.TimerInterval = 0                     '关闭定时器
     Command0.Caption = "开始"
     Command1.Enabled = True
  End If
End Sub
```

7.5.5 DoCmd 对象及其常用方法

1. DoCmd 对象

DoCmd 是 Access 提供的一个重要对象。通过该对象，可以调用 Access 内部的方法在 VBA 程序中实现对数据库进行操作，如打开窗体、打开报表、显示记录、指针移动等。

用 DoCmd 调用方法的格式如下。

    DoCmd.方法名 参数表

格式中 DoCmd 和方法名之间用句点连起来，格式中的参数表列出了该操作的各个参数。

2. DoCmd 常用的方法

DoCmd 常用的方法包括打开窗体、报表、表和查询等对象，以及关闭这些对象。

DoCmd 对象的大多数方法都有参数，有些参数是必需的，而有些参数是可选的。如果省略了可选参数，则这些参数将取默认值。

（1）打开窗体操作

打开窗体的方法为 OpenForm，其命令格式如下。

    DoCmd.OpenForm formname[,view][,filtername][,wherecondition][,datamode] [,windowmode][,openargs]

命令中的参数含义如下。

formname：字符串表达式，代表当前数据库中窗体的有效名称。

view：该参数使用的固有常量为 acDesign、acFormDS、acNormal、acPreview，默认值为 acNormal，表示在"窗体"视图中打开窗体。

filtername：字符串表达式，代表当前数据库中查询的有效名称。

wherecondition：字符串表达式，不包含 WHERE 关键字的有效 SQL WHERE 子句。

datamode：该参数使用的固有常量为 acFormAdd、acFormEdit、acFormPropertySettings（默认值）、acFormReadOnly。使用默认常量时，Access 将在一定数据模式中打开窗体，数据模式由窗体的 AllowEdits、AllowDeletions、AllowAdditions 和 DataEntry 属性设置。

windowmode：指定窗体的打开方式，使用的固有常量为 acDialog、acHidden、acIcon、acWindowNormal（默认值）。

openargs：字符串表达式。仅在 Visual Basic 中使用的参数，用来设置窗体中的 Openargs 属性。该设置可以在窗体模块的代码中使用。

说明：可选参数如果空缺，包含参数的逗号不能省略。如果有一个或多个位于末尾的参数空缺，则在指定的最后一个参数后面不需使用逗号。

【例 7-34】下面的命令用 DoCmd 调用 OpenForm 方法，完成打开当前数据库中的"学生基本情况"窗体，在该窗体中只包含那些政治面貌是"党员"的学生。

```
DoCmd.OpenForm "学生基本情况", , ,"[政治面貌] = '党员'"
```

（2）打开报表操作

打开报表使用 OpenReport 方法，命令格式如下。

```
DoCmd.OpenReport reportname[,view][,filtername][,wherecondition]
```

命令中的参数含义如下：

reportname：字符串表达式，代表当前数据库中报表的有效名称。

view：使用的固有常量为 acViewDesign、acViewNormal（默认值）、acViewPreview。采用默认值 acViewNormal 将立刻打印报表。

filtername：字符串表达式，代表当前数据库中查询的有效名称。

wherecondition：字符串表达式，不包含 WHERE 关键字的有效 SQL WHERE 子句。

（3）打开表操作

打开表使用 OpenTable 方法，格式如下。

```
DoCmd.OpenTable tablename[,view][,datamode]
```

OpenTable 方法具有下列参数。

tablename：字符串表达式，代表当前数据库中表的有效名称。

view：使用的固有常量为 acViewDesign、acViewNormal（默认值）、acViewPreview。采用默认值 acViewNormal 将在"数据表"视图中打开表。

datamode：使用的固有常量为 acAdd、acEdit（默认值）、acReadOnly。

【例 7-35】在以下过程中，通过 DoCmd 调用 OpenTable 方法，完成在"数据表"视图中打开"学生基本资料"表，并且将鼠标指针移到一条新记录的操作。

```
Sub ShowNewRecord()
    DoCmd.OpenTable"学生基本资料", acViewNormal
    DoCmd.GoToRecord, , acNewRec
```

```
End Sub
```

（4）打开查询操作

打开查询的操作格式如下。

```
DoCmd.OpenQuery queryname[,view][,datamode]
```

OpenQuery 方法具有下列参数。

queryname：字符串表达式，代表当前数据库中查询的有效名称。

view：使用的固有常量为 acViewDesign、acViewNormal（默认值）、acViewPreview。

如果 queryname 参数是选择、交叉表、联合或传递查询的名称，并且它的 ReturnsRecords 属性设置为-1，acViewNormal 将显示查询的结果集。如果 queryname 参数引用操作、数据定义或传递查询，并且它的 ReturnsRecords 属性设置为 0，则 acViewNormal 将执行查询。

datamode：使用的固有常量为 acAdd、aCEdit（默认值）、acReadOnly。

（5）关闭对象操作

Close 方法用来关闭对象，命令格式如下。

```
DoCmd.Close[objecttype,objectname],[save]
```

Close 方法具有下列参数。

objecttype：使用的固有常量为 acDataAccessPaSe、acDefault（默认值）、acDiagram、acForm、acMacro、acModule、acQuery、acReport、acServerView、acStoredProcedure、acTable。

objectname：字符串表达式，代表有效的对象名称，对象类型由 objecttype 参数指定。

save：使用的固有常量为 acSaveNO、acSavePrompt（默认值）、acSaveYes。

如果将 objecttype 和 objectname 参数都省略，则 Access 将关闭活动窗口。

【例 7-36】下面的命令通过 DoCmd 调用 Close 方法，完成关闭"成绩表"报表的操作。

```
DoCmd.Close acReport,"成绩表"
```

DoCmd 对象的常用方法如表 7-13 所示。

表 7-13　DoCmd 对象的常用方法

方法名	说明
Close	关闭当前活动窗口
Maximize	使当前活动窗口最大化
Minimize	使当前活动窗口最小化

续表

方法名	说明
OpenForm(<窗体名字符串>)	打开指定窗体。例如，打开"加法测试"窗体：DoCmd.OpenForm("加法测试") 或 DoCmd.OpenForm"加法测试"均可
OpenReport(<报表名字符串>)	打开指定报表
OpenQuery	打开查询
OpenTable	打开表
PrintOut	打印输出当前活动对象
Quit	退出应用程序
RunMacro(<宏名字符串>)	运行指定的宏
RunSQL(<SQL 语句字符串>)	运行指定 SQL 语句
RunApp	启动另一个 Windows 或 Dos 应用程序，如 VBA 或 word
RunCommand	执行一个 Access 菜单命令
RunCode	执行 VB Function 过程
SetValue	为窗体或报表上的控件或属性设置值

7.5.6　事件过程

在 Access 中，事件过程就是事件处理程序，与事件一一对应。它是为响应用户或程序代码引发的事件或由系统触发的事件而运行的过程。过程包含一系列的 VBA 语句，用以执行操作或计算值。用户编写的 VBA 程序代码放置在称为过程的单元中。例如，需要命令按钮响应 Click 事件，就把完成 Click 事件功能的 VBA 程序语句代码放置到该命令按钮的 Click 事件的事件过程中。

虽然 Access 系统对每个对象都预先定义了一系列的事件集，但要判断它们是否响应某个具体事件及如何响应事件，就要由用户自己去编写 VBA 程序代码。事件过程的形式如下。

```
Private Sub 对象名_事件过程名[(参数列表)]
    [事件过程代码]
End Sub
```

例如：下面是窗体的时钟事件过程，其过程中的代码实现将当前系统时间显示在标签中。

```
Private Sub Form_Timer()
    Labeltime.Caption = CStr(Now())
End Sub
```

【例 7-37】设计一个执行时如图 7-28 所示的窗体，窗体自动生成两个加数，用户在等于号后面的文本框中输入和，单击"计算"按钮后，如果输入正确，则提示"恭喜，您答对了！继续答下一题。"；如果输入错误，则提示"抱歉，您答错了！继续答下一题。"；

如果没输入答案，则提示"请输入答案！"。

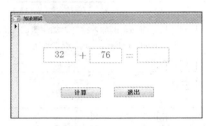

图 7-28　加法测试（2 位数以内）

在窗体上设置 3 个文本框控件 Text0、Text1、Text2，Text0、Text1 用于显示第一、第二加数，Text2 用于输入答案；再向窗体上放置两个标签控件 Label0、Label1，分别用于显示加号和等于号；再向窗体上放置两个命令按钮控件 Command0 和 Command1，用于执行计算和退出窗体。

打开窗体时应该设置加数，每次计算完成后也应该再次设置加数。设计一个独立过程实现此操作，代码如下。

```
Private Sub NumGen()
    Randomize
    Text0.Value = Int(100 * Rnd())      '给当前窗体 Text0 的 Value 属性赋值
    Text1.Value = Int(100 * Rnd())      '给当前窗体 Text1 的 Value 属性赋值
    Forms![加法测试]![Text2] = Null     '给 Text2 赋空值
End Sub
```

打开窗体时调用 NumGen 生成加数，编写窗体打开事件过程如下。

```
Private Sub Form_Open(Cancel As Integer)
    NumGen
End Sub
```

单击"计算"按钮时进行计算处理，编写"计算"按钮事件过程如下。

```
Private Sub Command0_Click()
    If IsNull(Forms![加法测试]![Text2]) Then
        MsgBox ("请输入答案！")
    Else
      If Cint(Forms![加法测试]![Text0]) + Cint(Forms![加法测试]![Text1])
         = Cint(Forms![加法测试]![Text2]) Then
        MsgBox ("恭喜，您答对了！继续答下一题。")
      Else
        MsgBox ("抱歉，您答错了！继续答下一题。")
      End If
      NumGen
```

```
      End If
   End Sub
```

文本框是最常用的数据输入、输出控件。本例通过 Text0、Text1 输出显示数据，通过 Text2 输入数据，在事件过程代码中对这些数据进行处理。

7.6　VBA 程序调试与错误处理

程序调试是开发数据库应用系统时不可缺少的环节。当系统应用程序编写完成后，需要对其进行调试，以便找出其中可能存在的错误。在 VBA 中，程序错误大致分为两类，一类是语法错误，另一类是逻辑错误。

语法错误主要是指未按规定的语法规则编写程序。例如，命令输入错、多余空格、变量未声明、数据类型不匹配等。这类错误一般是在输入程序或编译程序时被 Access 检查出来的，用户只需要按照提示将有问题的地方修改即可。逻辑错误是指程序没有按预期执行，或生成了无效的结果。这类错误大多是由于程序员没有考虑周全或失误造成的，且并不直接导致程序在编译期间和运行期间出现错误，因此更难发现，而且运行时没有消息提示，这类错误通常需要通过设置断点和借助调试工具才能够发现和改正错误。

7.6.1　VBA 程序的调试方法

VBA 程序的调试方法包括设置断点、单步跟踪、设置监视窗口等。

Access 的 VBE 编程环境提供了一套完整的调试工具和调试方法。熟练掌握好这些调试工具和调试方法，可以快速、准确地找到 VBA 程序代码中的问题所在，不断修改程序并加以完善。

1. 调试工具

在 VBE 环境下，选择"视图"|"工具栏"命令，在级联菜单中选择"调试"命令，可以打开"调试"工具栏，如图 7-29 所示。

图 7-29　"调试"工具栏

"调试"工具栏中常用按钮的功能如表 7-14 所示。

表 7-14　"调试"工具栏中常用按钮的功能

按钮	名称	功能
▶	运行	运行或继续运行中断的程序

续表

按钮	名称	功能
	中断	暂时中断程序的运行
	重新设置	中止程序调试运行，返回编辑状态
	切换断点	设置或取消断点
	逐语句	单步跟踪操作，每操作一次，程序执行一步
	逐过程	在本过程内单步执行
	跳出	提前结束正在调试运行的程序，返回主调过程

工具栏中的其他几个按钮用来打开不同的窗口。

2. 终止过程

在程序运行过程中，如果按【Esc】键，或者发生运行时错误，VBA 就会中断程序的运行，并显示如图 7-29 所示的信息。除了使用【Esc】键以外，VBA 还提供了另外几种方法来中断过程，进入所谓的中断模式。

1）按【Ctrl+Break】组合键。

2）设置一个或多个断点。

3）插入 Stop 语句。

4）添加监视表达式。

当程序的执行被临时停止时，断点便产生了。VBA 会从过程的执行中记住所有变量和语句的值，当用户单击图 7-30 对话框上的"继续"按钮时，可以恢复程序的运行。

图中显示的错误对话框表示该过程已被中断，可选下述按钮进行下一步处理，如表 7-15 所示。

图 7-30   程序中断对话框

表 7-15   按钮名称及作用

按钮名称	作用
继续	单击该按钮可以恢复代码执行。如果遇到错误，该按钮将变灰
结束	单击该按钮，VBA 将终止代码执行
调试	单击该按钮进入中断模式。代码窗口将出现，并且 VBA 会加亮过程执行时停止处的代码行。可以检查、调试、中断或者逐句执行代码。注意，当 VBA 工程被保护时，该按钮变灰
帮助	单击该按钮查看在线帮助，解释导致该错误信息的原因

在中断模式下，可以改变代码、添加新语句、每次执行一行语句、跳过代码行、设置下一条语句、使用立即窗口等调试手段。

3．设置断点

在 Access 中，调试通常是在 VBE 窗体中进行的。最常用的方法是在程序中的主要环节设置断点来中断程序的运行，然后检查各变量、属性的值。所谓断点就是在过程的某个特定语句上设置一个位置点以中断程序的执行。断点的设置和使用贯穿于程序调试运行的整个过程中。一个程序中可以设置多个断点，在选择了语句行后，设置和取消断点可以使用下列的方法之一。

1）单击"调试"|"切换断点"按钮 。

2）选择"调试"|"切换断点"命令。

3）按【F9】键。

4）单击该行左侧的灰色边界标识条部分，再次单击边界标识条可取消断点。

设置完断点后，运行程序，到断点处程序就暂停下来，进入中断模式。此时断点语句处以黄色背景显示，左边还显示一个黄色小箭头，表示这条语句等待运行。把鼠标指针移到各变量处悬停，则会显示出变量的当前值，如图 7-31 所示。此外，用户也可以在立即窗口中用问号加变量名的命令形式来显示出变量的值。

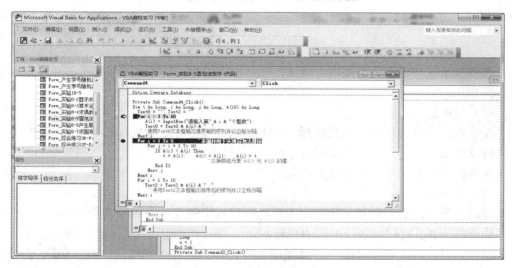

图 7-31　进入中断模式的代码窗口

在需要设置断点的代码行前面添加一个 Stop 语句，也可以起到中断程序的作用。在程序运行遇到 Stop 语句时，就会暂停下来，进入中断模式。使用 Stop 语句比设置断点更灵活，它们的差别是断点不能保存，代码窗口关闭后，重新打开代码窗口时原来设置的断点不再存在；而 Stop 语句会作为程序中的一条语句保存在源代码中，除非手动删除，否则一直存在。因此，程序调试完成后，Stop 语句要全部清除。

程序运行到断点处暂停后，用户可以根据需要选择继续执行、中断程序或者单步运行。

4. 单步跟踪

当程序运行到断点处停止运行后，如果需要继续往下一步一步运行，则可以使用单步跟踪功能。单击"调试"|"逐语句"按钮 或按【F8】键，使程序运行到下一行，这样逐步检查程序的运行情况，直到找到问题。当不想跟踪一个程序运行时，可以再次单击"调试"|"逐语句"按钮 。

5. 使用不同的调试窗口

在 VBE 中还有几个用于调试的窗口，如图 7-32 所示。

图 7-32　不同的调试窗口

若要显示这些窗口，可使用"调试"工具栏中的相关按钮或"视图"菜单中的相关命令。

（1）立即窗口

在该窗口中直接输入一行代码后，按【Enter】键便可立即执行该行代码。同时，还可以将立即窗口中的一行代码复制并粘贴到代码窗口中。

注意：立即窗口中的代码是无法保存的。

（2）本地窗口

使用该窗口能够自动显示所有出现在当前过程中的变量声明及变量的值。

如果在 VBA 过程的执行过程中，要密切注视所有声明的变量和它们的当前值，可以在运行该过程前选择"视图"|"本地窗口"命令。当在中断模式下时，VBA 会显示一系列的变量和它们相应的数值在本地窗口里，如图 7-33 所示。

本地窗口包含 3 列，表达式列显示声明在当前过程里的变量名称。第一行显示前面带加号的模块名称，单击该加号，可以查看是否有变量声明在模块级。类模块将显示系统变量 Me。在本地窗口中，全局变量和被其他工程使用的变量不会显示出来。第二列显示变量的当前值，在该列可以更改变量的值，只要单击它并输入新的值即可。更改了数值后，按【Enter】键以记录该变化。也可以在更改数值后，按【Tab】键、【Shift+Tab】

组合键或者向上或向下箭头，或者单击本地窗口的其他任意地方。第三列显示每个声明
了的变量的类型。

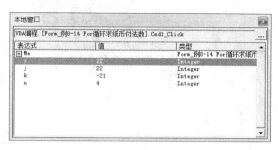

图 7-33　本地窗口

（3）监视窗口

该窗口在中断状态下才可以使用。监视窗口用于显示当前工程中定义的监视表达式
的值。当工程中定义了监视表达式时，监视窗口就会自动出现。

该窗口由 4 个部分组成，分别是表达式、值、类型和上下文。表达式中列出监视表
达式，值列出在切换成中断模式时表达式的值，类型中列出监视表达式的类型，上下文
则列出了监视表达式的作用域。

在代码运行时，可以使用监视窗口跟踪表达式、变量和对象的值。

（4）快速监视窗口

在中断模式下，在程序中选择某个变量或表达式，单击"调试"工具栏中的"快速
监视"按钮，可以打开"快速监视"对话框，如图 7-34 所示。

该窗口用于观察选择的变量或表达式的当前值，达到快速监视的效果。

图 7-34　"快速监视"对话框

6.　添加监视表达式

程序中的许多错误是由变量获得未预期的值导致的。如果某个过程使用了一个变
量，在不同的地方有不同的值，可能想要停止程序查看该变量的当前值。VBA 提供了
一个特别的监视窗口，允许在过程运行时密切注视变量或者表达式。

给过程添加监视表达式的步骤如下。

1）在代码窗口，选择想要监视的变量。

2）选择"调试"|"添加监视"命令，弹出"添加监视"对话框，如图 7-35 所示。

"添加监视"对话框包含 3 部分,描述如表 7-16 所示。

图 7-35   "添加监视"对话框

表 7-16   "添加监视"对话框所含部分及描述

名称	描述
表达式	显示过程中加亮变量的名称。如果打开"添加监视"对话框时没有选择变量名称,则需要输入拟监视的变量名称到表达式文本框里
上下文	在该节,应该指明包含该变量的过程名称和该过程所在的模块名称
监视类型	明确如何监视该变量。如果选择"监视表达式"单选按钮,则在中断模式下能够在监视窗口里查看该变量的值。若选择"当监视值为真时中断"单选按钮,那么当该变量值为真(非零)时将自动停止过程。最后一个单选按钮为"当监视值改变时中断",每当该变量或表达式的值改变时,过程就会停止

可以在运行过程之前或者在过程执行中断之后添加监视表达式。断点和监视表达式之间的区别是断点总是将过程中断在某个特定的位置,而监视表达式则是当特定情况(监视值为真中断或者监视值改变时中断)时中断过程。当不确定变量在哪儿改变时,监视是极其有用的。可以简单地添加一个监视断点在某个变量上并正常运行过程,而不必在这么多行代码里逐语句来找到变量在哪里获取该特定的值。在监视窗口中,单击要清除的表达式并且按【Delete】键,可以清除原先定义的所有监视表达式。

7. 使用快速监视

如果要查看一个表达式的值,但还没有定义监视表达式,则可以使用快速监视,如图 7-36 所示。

图 7-36   "快速监视"对话框

可以通过下述方法获取快速监视对话框。

1）在中断模式下，将光标放在要监视的变量名称或者表达式内部。

2）选择"调试"|"快速监视"命令，或者按【Shift+F9】组合键。

"快速监视"对话框中有一个"添加"按钮，允许在监视窗口中添加表达式。

7.6.2　VBA 程序的错误处理

创建 VBA 过程时，必须确定程序中如何应对错误。许多意想不到的错误在运行时发生，这些错误经常不是被程序员发现，而是被试图做一些程序员没有预测到的事情的用户发现。如果程序运行时发生了错误，VBA 将显示一个错误信息，并且程序终止。大多数情况下，VBA 显示的错误信息对用户来说很费解。通过在 VBA 过程里加入错误处理代码，可以预防用户经常看到运行时间错误。这样，当出现错误时，系统会显示一个更友好、更易理解的错误信息，能够指导用户如何去改正错误，而不是简单地显示一个默认的错误信息。

1. VBA 处理出错的两种方式

VBA 提供 On Error 关键词来处理程序运行过程中的错误，具体有以下两种用法。

1）On Error Resume Next：当出错时跳到下一行继续运行。

2）On Error Goto Line：出错时跳到行号 Line。这里行号 Line 可以为数字（不为 0 和-1），也可以为字符串。

其他与之相关的还有以下几种。

1）On Error Goto 0：运行后，对错误的捕获被关闭。程序出错时将自动中止。

2）On Error Goto -1：运行后，"Resume"和"Resume Next"将失效。

3）Resume：跳回并重新运行出错的行。

4）Resume Next：跳回并运行出错位置的下一行。

设置 On Error Resume Next 在出错时直接运行下一行，然后可以通过判断 Err.Number 进行相关的处理。

程序中错误处理程序的一般布局如下。

```
Sub  Main1()
   On Error Resume Next        '设置错误陷阱

   Call  Proc1                 '运行程序
   If Err.Number > 0 Then      '判断是否出错
     Call err_handler1         '转 Proc1 错误处理程序
     Err.Clear                 '清除错误代码
   End If

   Call  Proc2
   If Err.Number > 0 Then
```

```
    Call err_handler2          '转 Proc2 错误处理程序
      Err.Clear                '清除错误代码
    End If
      ...
    End Sub
```

On Error Goto Line 的方法更强大,在错误处理完毕之后还可以通过 Resume 或 Resume Next 返回原出错点或出错点的下一行。

```
Sub  Main2()
    On Error GoTo err_handler_line1
    Call  Proc1

    On Error GoTo err_handler_line2
    Call  Proc2

On Error Resume Next
Call  Procn
    Exit Sub                   '出错结束程序

    err_handler_line1:
      Call err_handler1
      Resume                   '返回出错程序行

    err_handler_line2:
      Call err_handler2
      Resume Next              '返回出错程序行的下一行
    End Sub
```

2. Err 变量

VBA 有一个全局变量 Err,它保存了程序运行过程中出现的最后一个错误的相关信息(如错误编码、错误描述等)。一般可以通过 Err.Number>0 来判断是否出错;通过 Err.Description 查看具体出错信息。Err 变量可以通过 Err.Clear 清除。

VBA 在每次碰到 On Error Resume Next、On Error Goto、Resume、Resume Next 都会自动清空 Err。需注意重复设置错误处理代码的副作用。例如,在下面的 Main3 程序中,添加了"On Error Resume Next"一行,后面的错误处理程序就失效了。

```
Sub Main3()
    On Error Resume Next
    Call  Procn                '如果此处出错,Err 将保存错误信息

    On Error Resume Next       '此处 Err 对象被清空

    If Err.Number > 0 Then
```

```
        Call err_handler           '由于 Err 被清空,因此此处错误处理程序已经失效
        Err.Clear
    End If

    Call  Procm
End Sub
```

Err 是全局变量,母函数的错误信息会带入子函数,子函数的错误信息也会被返回母函数。

————— 习 题 7 —————

单选题

(1) VBA 中定义符号常量可以用关键字（　　）。

    A．Const   B．Dim   C．Public   D．Static

(2) 以下关于运算优先级比较的说法,叙述正确的是（　　）。

    A．算术运算符>逻辑运算符>关系运算符

    B．逻辑运算符>关系运算符>算术运算符

    C．算术运算符>关系运算符>逻辑运算符

    D．以上均不正确

(3) 定义了二维数组 A(2 to 5,5),则该数组的元素个数为（　　）。

    A．25   B．36   C．20   D．24

(4) 已知程序段:

```
s=0
For I=1 to 10 step 2
    s=s+1
    I=I*2
Next I
```

当循环结束后,变量 I 的值为（　　）。

    A．10   B．11   C．22   D．16

(5) 以下内容中不属于 VBA 提供的数据验证函数是（　　）。

    A．IsText   B．IsDate   C．IsNumeric   D．IsNull

(6) 假定窗体的名称为 Test,将窗体的标题设置为"Sample"的语句是（　　）。

    A．Me="Sample"   B．Me.Caption="Sample"

    C．Me.Text="Sample"   D．Me.Name="Sample"

(7) 已定义好有参函数 f(m),其中形式参数 m 是整型变量。下面调用该函数,传递实际参数为 5,将返回的函数值赋值给变量 t。以下正确的是（　　）。

    A．t=f(m)   B．t=Call f(m)   C．t=f(5)   D．t=Call f(5)

（8）在有参函数设计时，要想实现某个参数的"双向"传递，就应当说明该形式参数为"传址"调用形式。其设置选项是（　　）。

    A. ByVal   B. ByRef   C. Optional   D. ParamArray

（9）VBA 的逻辑值进行算术运算时，True 值被当作（　　）。

    A. 0   B. -1   C. 1   D. 任意值

（10）VBA 中用实际参数 a 和 b 调用有参过程 Area(m,n)的正确形式是（　　）。

    A. Area m, n   B. Area a, b

    C. Call Area(m,n)   D. Call Area a, b

（11）能够实现从指定记录集里检索特定字段值的函数是（　　）。

    A. Nz   B. DSum   C. DLookup   D. Rnd

（12）VBA 表达式 IIf(0,20,30)的值为（　　）。

    A. 20   B. 30   C. 25   D. 10

（13）连接式"2+3" & "=" & (2+3)的运算结果为（　　）。

    A. 2+3=2+3   B. 2+3=5   C. 5=5   D. 5=2+3

（14）VBA 表达式 Chr(Asc(Ucase("abcdefg")))返回的值是（　　）。

    A. A   B. 97   C. a   D. 65

（15）函数 Mid("123456789",3,4)返回的值是（　　）。

    A. 123   B. 1234   C. 3456   D. 456

（16）模块是存储在一个单元中的 VBA 的声明和（　　）的集合。

    A. 数组   B. 常量   C. 变量   D. 过程

（17）对象可以识别和响应的行为称为（　　）。

    A. 属性   B. 方法   C. 继承   D. 事件

（18）下面正确的赋值语句是（　　）。

    A. X+Y=60   B. Y*R=π*R*R   C. Y=X-30   D. 3Y=X

（19）以下循环的执行次数是（　　）。

```
k = 8
Do while k <= 10
  k = k + 2
loop
```

    A. 1   B. 2   C. 3   D. 4

（20）以下循环的执行次数是（　　）。

```
k = 6
Do
  k = k + 2
loop until k <= 8
```

    A. 1   B. 2   C. 3   D. 4

上机实验 7

1）在"上机实验"文件夹中创建一个名为"VBA 编程.accdb"的数据库。

2）在"VBA 编程"数据库中，创建一个名为"显示或隐藏文本框"的窗体。在该窗体上创建 1 个文本框控件、3 个命令按钮控件，命令按钮的标题分别设置为显示、隐藏和关闭，并为每个命令按钮分别编写单击事件过程的 VBA 程序代码。要求：当运行该窗体时，单击"隐藏"按钮后文本框消失；单击"显示"按钮显示出文本框；单击"关闭"按钮关闭该窗体。

3）在"VBA 编程"数据库中，创建一个名为"求圆的面积函数"的窗体。在该窗体上创建一个文本框控件、两个命令按钮控件，命令按钮的标题分别设置为求圆面积和关闭，并为每个按钮分别编写单击事件过程的 VBA 程序代码。当运行该窗体时，单击"求圆面积"按钮，显示 InputBox 输入框供用户输入圆的半径数值，单击该对话框中的"确定"按钮，在该窗体的文本框中显示根据圆半径所求出的圆面积值。

要求：编写一个求圆面积的标准函数过程，该函数过程包含圆半径的参数（单精度型）。在"求圆面积"按钮的单击事件过程的 VBA 程序代码中，包含对 InputBox( )函数的调用，包含求圆面积函数过程的调用。标准函数过程名及其形式参数名由用户自定。

4）在"VBA 编程"数据库中，创建一个名为"求 1 到 n 的所有偶数之和"的窗体。在该窗体上创建一个文本框控件、两个命令按钮控件，命令按钮的标题分别设置为计算和关闭，并为每个按钮分别编写单击事件过程的 VBA 程序代码。当运行该窗体时，单击"计算"按钮，显示出一个含有"请输入一个大于 1 的正整数："信息的输入对话框，当用户在该输入对话框中输入一个正整数并单击"确定"按钮后，在该窗体的文本框中显示出指定范围内的所有偶数之和。单击"关闭"按钮关闭该窗体。

5）在"VBA 编程"数据库中建立一个名为"随机数试验"的模块，在模块中编程实现使用随机数来模拟掷币试验。随机数是 1 表示硬币正面，随机数是 2 表示硬币反面。输入掷币总次数（1001000），输出正面出现次数，以及正面次数与总次数之比（即频率）。

6）在"VBA 编程"数据库中建立一个名为"整数排列"的模块，要求实现的功能如下：输入一个正整数，然后反向输出。例如，输入 13826，输出 62831。通过立即窗口输出结果。

7）在"VBA 编程"数据库中建立一个名为"成绩处理"的模块，输入 30 个学生的单科成绩，输出高于平均分的成绩。请编写以下过程实现。

① 输入数据。

② 求平均分。

③ 输出高于平均分的成绩。

④ 主过程调用以上过程。

第 8 章　VBA 数据库访问技术

通过 VBA 编程实现对数据库的访问，除了可以更加快速、有效地管理好数据以外，还能从根本上将最终用户与数据库对象隔离开来，避免最终用户直接操作数据库对象，从而加强了数据库的安全性，保证了数据库系统的可靠运行。

8.1　常用的数据库访问接口技术

Microsoft Office VBA 是通过 Microsoft Jet 数据库引擎工具来支持对数据库的访问的。所谓数据库引擎，实际上是一组动态链接库（DLL），当程序运行时被连接到 VBA 程序而实现对数据库的数据访问功能。数据库引擎是应用程序与物理数据库之间的桥梁，它以一种通用接口的方式，使各种类型物理数据库对用户而言都具有统一的形式和相同的数据访问与处理方法。

在 Microsoft Office VBA 中主要提供了 3 种数据库访问接口。

1）开放数据库互连应用编程接口（Open DataBase Connectivity Application Programming Interface，ODBC API）。

2）数据访问对象（Data Access Objects，DAO）。

3）ActiveX 数据对象（ActiveX Data Objects，ADO）。

ODBC 基于 SQL，把 SQL 作为访问数据库的标准，一个应用程序通过一组通用代码访问不同的数据库管理系统。ODBC 可以为不同的数据库提供相应的驱动程序。Windows 提供的 ODBC 驱动程序对每一种数据库都可以使用，只是在实际应用时，直接使用 ODBC API 需要大量的 VBA 函数的原型声明，并且编程比较烦琐，因此，在实际编程中很少直接进行 ODBC API 的访问。

DAO 是 Office 早期版本提供的编程模型，用来支持 Microsoft Jet 数据库引擎，并允许开发者通过 VBA 直接连接到 Access 数据库。DAO 是 Microsoft 的第一个面向对象的数据库接口，DAO 封装了 Access 的 Jet 函数。通过 Jet 函数，可以访问其他的结构化查询语言（SQL）数据库。DAO 通过定义一系列数据访问对象，如 Database、Recordset、Field 对象等，实现对数据库的各种操作。DAO 最适用于单系统应用程序或在小范围本地分布使用，其内部已经对 Jet 数据库的访问进行了加速优化。如果数据库是 Access 数据库且是本地使用，可以使用这种访问方式。

ADO 是基于组件的数据库编程接口，是一个和编程语言无关的 COM 组件系统。使用它可以方便地连接任何符合 ODBC 标准的数据库。由于 Microsoft 公司明确表示对 DAO 不再升级，重点放在 DAO 的后继产品 ADO（包括最新发布的 ADO.Net）上，ADO

已成为当前数据库开发的主流技术。ADO 扩展了 DAO 所使用的层次对象模型，用较少的对象、更多的属性和方法来完成对数据库的操作，如查询、添加、更新、删除等，使得应用程序对数据库的操作更加灵活，开发过程更加规范。

Microsoft Access 2010 同时支持 ADO 和 DAO 两种数据访问接口。综合分析 Access 环境下的数据库编程，大致可划分为以下情况。

1）利用 VBA+ADO（或 DAO）操作当前数据库。

2）利用 VBA+ADO（或 DAO）操作本地数据库（Access 数据库或其他）。

3）利用 VBA+ADO（或 DAO）操作远端数据库（Access 数据库或其他）。

对于这些类型的数据库编程设计，都可以使用 ADO（或 DAO）技术进行分析和处理。

8.2　数据访问对象（DAO）

数据访问对象（Data Access Object，DAO）是 VBA 提供的一种数据访问接口。DAO 包括数据库创建、表和查询的定义等工具，借助 VBA 代码可以灵活地控制数据访问的各种操作。

需要指出的是，在 Access 模块设计时要想使用 DAO 访问各个对象，首先应该增加一个对 DAO 库的引用。Access 2010 的 DAO 引用库为 DAO 3.6，其引用设置方式如下。

1）进入 VBE 环境。

2）选择"工具"菜单中的"引用"命令，弹出"引用"对话框，如图 8-1 所示。

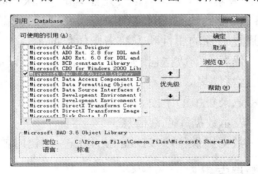

图 8-1　DAO 对象库引用对话框

3）在对话框中，从"可使用的引用"列表框中选中"Microsoft DAO 3.6 Object Library"前面的复选框。单击"确定"按钮。

8.2.1　DAO 数据访问对象模型

DAO 由多个对象组成，每个对象都有一组属性和方法，通过它们可操作数据库中的数据。这些对象之间是相互关联的，DAO 数据访问对象最简单的分层结构如图 8-2

所示。它包含了一个可编程数据关联对象的层次，其中处于最顶层的是 DBEngine 对象。用户在使用时，通过设置属于不同层次的对象变量，并通过对象变量来调用访问对象、设置访问对象的属性，以实现对数据库的各项访问操作。

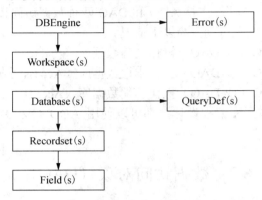

图 8-2　DAO 数据访问对象模型

各层对象的含义如下。

1）DBEngine 对象：表示 Microsoft Jet 数据库引擎。它是 DAO 模型的最上层对象，而且包含并控制 DAO 模型中的其余全部对象。数据库引擎是一组动态链接库，在程序运行时被连接到 VBA，实现对数据库的数据访问功能，是应用程序与物理数据库之间的桥梁。

2）Workspace 对象：表示工作区，可以使用隐含的 Workspace 对象。

3）Database 对象：代表到数据库的连接，表示操作的数据库对象。一旦创建了 Database 对象，就可以通过对象的属性和方法来操作数据库。

4）Recordset 对象：代表一个数据记录的集合，该集合的记录来自于一个表、一个查询或一个 SQL 语句的运行结果。

5）Field 对象：表示记录集中的字段。

6）QueryDef 对象：表示数据库查询信息。

7）Error 对象：表示数据提供程序（Data Provider）出错时的扩展信息。

8.2.2　使用 DAO 访问数据库

用 DAO 访问数据库时，先在程序中设置对象变量，然后通过对象变量调用访问对象的方法、设置访问对象的属性，从而实现对数据库的各种访问。定义 DAO 对象要在对象前面加上前缀 "DAO"。下面是用 DAO 访问数据库的一般语句和步骤。

（1）定义对象变量

格式：Dim 变量名 As DAO 对象名

例如：

```
Dim ws As DAO.Workspace               '定义工作区对象变量 ws
Dim db As DAO.Database                '定义数据库对象变量 db
Dim rs As DAO.RecordSet               '定义记录集对象变量 rs
```

（2）通过 Set 语句设置各对象变量的值

格式：Set 对象变量名 = 常量或已赋值的变量

例如：

```
Set ws = Dbengine.WorkSpace(0)                        '打开默认工作区
Set db = ws.OpenDatabase(数据库文件名)                '打开数据库文件
Set rs = db.OpenRecordSet(表名、查询名或 SQL 语句)    '打开记录集
```

（3）通过对象的方法和属性进行操作

通常使用循环结构处理记录集中的每一条记录。

```
DO  While  Not  rs.EOF
    …
    rs.MoveNext                       '记录指针移到下一条记录
Loop
```

（4）关闭对象

格式：对象变量名.Close

例如：

```
rs.Close                             '关闭记录集
db.Close                             '关闭数据库
```

（5）回收对象变量占用的内存空间

格式：Set 对象变量名 = Nothing

例如：

```
Set rs = Nothing                     '回收记录集对象变量占用的内存空间
Set db = Nothing                     '回收数据库对象变量占用的内存空间
```

【例 8-1】使用 DAO 访问数据库，对数据库"职工管理"的"职工基本资料"表中每个职工的工资增加 800 元。

操作步骤如下。

1）在 Access 中建立一个标准模块。

2）建立对 DAO 库的引用。

3）在模块中建立如下过程：

```
Sub setwagesPlus1()
    '定义对象变量
    Dim ws As DAO.Workspace
```

```
        Dim db As DAO.Database
        Dim rs As DAO.Recordset
        Dim fd As DAO.Field
     '设置对象变量的值
        Set ws = Dbengine.WorkSpace(0)          '0 号工作区
        Set db=ws.OpenDatabase("E:\职工管理")    '打开数据库
        Set rs=db.OpenRecordSet("职工基本资料")  '返回"职工基本资料"表记录集
        Set fd = rs.Fields("工资")               '设置"工资"字段的引用
     '处理每条记录
  Do While Not rs.EOF
     rs.Edit                                    '设置为编辑状态
     fd = fd + 800                              '工资加 800 元
     rs.Update                                  '更新记录集，保存所做的修改
     rs.MoveNext                                '记录指针指向下一条记录
  Loop
  '关闭并回收对象变量
   rs.Close
   db.Close
   Set rs = Nothing
   Set db = Nothing
  End sub
```

如果访问的是本地数据库，上面程序中的两个语句：

```
Set ws = Dbengine.WorkSpace(0)
Set db = ws.OpenDatabase("E:\职工管理")
```

可以用下列一条语句来代替：

```
Set db = CurrentDb()
```

4）程序输入完成后，若运行时发现错误，可使用"调试"工具栏中的"逐语句"命令加以调试。

5）运行完毕，回到数据库窗口，打开"职工基本资料"表，检查程序的修改效果。

8.3   ActiveX 数据对象（ADO）

ADO 数据对象的全称是 ActiveX Data Objects，它是一种基于组件的数据库编程接口，ADO 实际是一种提供访问各种数据类型的连接机制，是一个与编程语言无关的 COM 组件系统，可以方便地连接任何符合 ODBC 标准的数据库。

使用 ADO 访问数据库之前，也要设置 ADO 库的引用，方法是在图 8-3 所示的对话

框中，从"可使用的引用"列表框中选中"Microsoft ActiveX Data Objects 2.8 Library"前面的复选框，然后单击"确定"按钮。

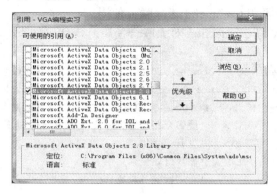

图 8-3　ADO 对象库引用对话框

8.3.1　ADO 数据模型

ADO 的模型结构如图 8-4 所示，各对象的含义如下。

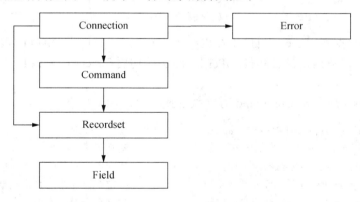

图 8-4　ADO 的模型结构

1）Connection 对象，建立到数据源的连接。通过连接对象可从应用程序访问数据源。

2）Command 对象，表示一个命令。在建立数据库连接后，可以发出命令操作数据库。一般情况下，Command 对象可以在数据库中添加、删除或更新数据，或者在表中进行数据查询。Command 对象在定义查询参数或执行存储过程时非常有用。

3）Recordset 对象，表示数据操作返回的记录集。这个记录集是一个连接的数据库中的表，或者是 Command 对象的执行结果返回的记录集。所有对数据的操作几乎都是在 Recordset 对象中完成的。可以完成定位、移动记录指针、添加、更改和删除记录等操作。

4）Field 对象，表示记录集中的字段。

5）Error 对象，表示数据提供程序出错时的扩展信息。

Connection 对象与 Recordset 对象是 ADO 中两个较重要的对象。Recordset 对象可以分别与 Connection 对象和 Command 对象联合使用。

当 Recordset 对象与 Connection 对象联合使用时，代码如下。

```
Dim cn as New ADODB.Connection          '建立连接对象
Dim rs as new ADODB.Recordset           '建立记录集对象
cn.Provider="Microsoft.Jet.OLEDB.4.0"   '设置数据提供者
cn.Open <连接字符串>     '提供全路径数据库文件名,打开数据库
rs.Open <查询字符串>     '打开记录集
Do While Not rs.EOF      '循环开始
...                      '对字段的各种操作
rs.MoveNext              '记录指针移到下一条
Loop                     '返回循环开始处
rs.Close                 '关闭记录集
cn.Close                 '关闭连接
Set rs=Nothing           '释放记录集对象变量所占内存空间
Set cn=Nothing           '释放连接对象变量所占内存空间
```

对于本地数据库，Access 的 VBA 也给 ADO 提供了类似于 DAO 的数据库打开快捷方式，可以将设置数据提供者和打开数据库两条语句用 Set cn=CurrentProject.Connection() 语句代替。

当 Recordset 对象与 Command 对象联合使用时，代码如下。

```
Dim cn as New ADODB.Command         '建立命令对象
Dim rs as New ADODB.Recordset       '建立记录集对象
cn.ActiveConnection= <连接字符串>    '建立命令对象的活动连接
cn.CommandType= <查询类型>           '指定命令对象的查询类型
cn.CommandText= <查询字符串>         '建立命令对象的查询字符串
rs.Open cn,<其他参数>                '打开记录集
Do While Not rs.EOF                 '循环开始
    ...                             '对字段的各种操作
  rs.MoveNext                       '记录指针移到下一条
loop                                '返回到循环开始处
Rs.close                            '关闭记录集
Set rs=nothing                      '释放记录集对象变量所占内存空间
```

Recordset 对象的常用属性如下。

1）BOF，当记录指针指向第一条记录之前时，结果为 True。

2）EOF，当记录指针指向最后一条记录之后时，到达记录集尾，结果为 True。

3）RecordCount，统计 Recordset 对象中的记录数。

4）AbsolutePosition，记录的绝对位置，用记录号指示。

8.3.2　利用 ADO 访问数据库的方法

在实际编程过程中，使用 ADO 存取数据的主要对象操作方法包括以下几个方面。

（1）连接数据源

利用 Connection 对象可以创建一个数据源的连接。应用的方法是 Connection 对象的 Open 方法。

语法：

```
Dim cn As New ADODB.Connection          '创建 Connection 对象实例
cn.Open [连接字符串][,用户名][,密码]
```

连接字符串包含了连接数据库的信息，最重要的就是体现 OLE DB 主要环节的数据提供者（Provider）信息。

（2）打开记录集对象或执行操作查询

实际上，记录集是一个从数据库取回的查询结果集。执行操作查询则是对数据库中的表直接实施追加、删除或修改记录操作。一般有以下 3 种方法。

1）记录集的 Open 方法。

语法：

```
Dim rs As New ADODB.Recordset          '创健 Recordset 对象实例
rs.Open [Source][,ActiveConnection][,CursorType][,LockType][,Options]
                                       '打开记录集
```

其中：

① Source：可选项，指明了所打开的记录集信息。可以是合法的 SQL 语句、表名、存储过程调用或保存记录集的文件名。

② ActiveConnection：可选项，合法的已打开的 Connection 对象变量名，或者是包含连接字符串参数的字符串。

③ CursorType：可选项，确定打开记录集对象使用的指针类型。

④ LockType：可选项，确定打开记录集对象使用的锁定类型。

⑤ Options：可选项，指示提供者 Source 参数的方式，其值 adCmdText 对应 Source 参数为 SQL 语句；adCmdTable 对应 Source 参数为表名；adCmdStoredProc 对应 Source 参数为存储过程；默认值为 adCmdUnknown 对应 Source 参数的类型未知。

2）Connection 对象的 Execute 方法。

语法：

```
Dim cn As New ADODB.Connection          '建立连接对象
Dim rs As New ADODB.RecordSet           '建立记录集对象
```

```
Set rs=cn.Execute(CommandText[,RecordsAffected][,Options])
```

或

```
cn.Execute(CommandText[,RecordsAffected][,Options])'不需要返回记录集
```
的情况

其中：

① CommandText：字符串，返回要执行的 SQL 命令、表名、存储过程或指定文本。

② RecordsAffected：可选项，Long 类型的值，返回操作影响的记录数。

③ Options：可选项，Long 类型值，指明如何处理 CommandText 参数。

3）Command 对象的 Execute 方法。

语法：

```
Dim cn As New ADODB.Connection     '建立连接对象
Dim cmm As New ADODB.Command       '建立 Command 对象
...                                '打开连接等
Dim rs As New ADODB.RecordSet      '建立记录集对象
Set rs=cmm.Execute([RecordsAffected][,Parameters][,Options])
```

或

```
cmm.Execute[RecordsAffected][,Parameters][,Options]
```

其中：

① RecordsAffected：可选项，Long 类型的值，返回操作影响的记录数。

② Parameters：可选项，用 SQL 语句传递的参数值的 Variant 数组。

③ Options：可选项，Long 类型值，指明如何处理 CommandText 参数。

（3）使用记录集

得到记录集后，可以在此基础上进行记录指针定位，以及记录的检索、添加、更新和删除等操作。

1）定位记录。ADO 提供了多种定位和移动记录指针的方法，主要有 Move 和 Move×××两类。

语法：

```
recordset.Move NumRecords[,Start]
```

其中：

① NumRecords 参数为带符号的长整型表达式，指定当前记录位置偏移的记录数。

② Start 参数可选，字符串或变体型，用于计算书签。如果指定了 Start 参数，则移动相对于该书签的记录（假定 Recordset 对象支持书签)。如果没有指定，则移动相对于当前的记录。

所有 Recordset 对象都支持 Move 方法。如果 NumRecords 参数大于零，则当前记录位置将向后移动（向记录集的末尾）。如果 NumRecords 小于零，则当前记录位置向前移动（向记录集的开始）。

如果 Move 调用将当前记录位置移动到首记录之前，则此时记录集的 BOF 属性值为 True。在 BOF 属性已经为 True 时如果向前移动，系统将产生错误。如果 Move 调用将当前记录位置移动到尾记录之后，则此时记录集的 EOF 属性值为 True。在 EOF 属性已经为 True 时试图向后移动也会产生错误。这是编程时应该考虑的问题。

除了 Move 方法之外，ADO 还提供了几个更为简单的方法用来定位和移动记录指针，那就是 MoveFirst、MoveLast、MoveNext 和 MovePrevious 方法，语法格式如下。

```
Recordset.{MoveFirst|MoveLast|MoveNext|MovePrevious}
```

使用 MoveFirst 方法将当前记录位置移动到 Recordset 中的第一条记录。

使用 MoveLast 方法将当前记录位置移动到 Recordset 中的最后一条记录。

使用 MoveNext 方法将当前记录位置移动到 Recordset 中的下一条记录。如果最后一条记录是当前记录并且调用 MoveNext 方法，则 ADO 将当前记录设置到 Recordset 的尾记录之后，此时记录集的 EOF 属性值变为 True。当 EOF 属性已经为 True 时，试图向后移动将产生错误。

使用 MovePrevious 方法将当前记录位置移动到 Recordset 中的前一条记录。如果首记录是当前记录并且调用 MovePrevious 方法，则 ADO 将当前记录设置在 Recordset 的首记录之前，此时记录集的 BOF 属性值变为 True。而 BOF 属性为 True 时向前移动将产生错误。

2）检索记录。ADO 提供了 Find 方法用于搜索 Recordset 中满足指定条件的记录。如果条件符合，则将记录指针设置在符合条件的记录上；否则，将记录指针设置在记录集的末尾。

语法：

```
rs.Find criteria[,SkipRows][,searchDirection][,start]
```

其中：

① criteria：字符串，包含用于搜索的指定列名、比较操作符和值的语句。criteria 中的比较操作符可以是">"（大于）、"<"（小于）、"="（等于）或"Like"（模式匹配）。criteria 中的值可以是字符串、浮点数或者日期。字符串值以单引号分隔（如"state = 'WA'"）。日期值以"#"（数字记号）分隔（如"start_date > #7/22/97#"）。若"比较操作符"为"Like"，则字符串"值"可以包含"*"（某字符可出现一次或多次）或者"_"（某字符只出现一次）。例如，"state Like M_*"与 Maine 和 Massachusetts 匹配。

② SkipRows：可选，长整型值，其默认值为零。它指定从当前行或 start 书签的位置开始跳过多少条记录再进行搜索。

③ searchDirection：可选，指定搜索应从当前行还是搜索方向上的下一个有效行开

始。其值可为 adSearchForward 或 adSearchBackward。搜索停止在记录集的开始还是末尾取决于 searchDirection 值，如果该值为 adSearchForward，不成功的搜索将在记录集的结尾处停止；如果该值为 adSearchBackward，不成功的搜索将在记录集的开始处停止。

④ start：可选，变体型书签，用作搜索的开始位置。

例如，语句 rs.Find "姓名 Like'王*'" 就是查找记录集 rs 中姓 "王" 的记录信息，检索成功记录指针会定位到第一条王姓的记录。

3）操作记录。对应于常用的记录的增、删、改操作，ADO 分别提供了 AddNew 方法、Delete 方法和 Update 方法。为了有效地修改记录，一般还会用到 Edit 方法将当前记录集切换到改写状态。

AddNew 方法用于向 ADO 中添加新的记录，语法如下。

```
rs.AddNew [FieldList][,Values]
```

其中：

① FieldList：可选项，为一个字段名，或者是一个字段数组。

② Values：可选项，要添加记录的对应字段的值。该参数与 FieldList 需严格对应，如果 FieldList 为一个字段名，那么 Values 应为一个单个的数值；假如 FieldList 为一个字段数组，那么 Values 必须也为一个大小、类型与 FieldList 相同的数组。

当 AddNew 方法不带任何参数时，表示向记录集中添加一条空白的记录。多数情况下使用不带任何参数的 AddNew 方法向记录集中添加一条空白的记录，然后由用户在窗体上的文本框内输入各字段的值，之后再用形如 rs.Fields("<字段名>")=<值>或 rs.Fields(n)=<值>（n 为记录集中某字段的字段编号）的语句将文本框内的值更新到新增记录的各个字段。

AddNew 方法为记录集添加新的记录并为字段赋值后，应使用 Update 方法将所添加的记录数据存储在数据库中。

Delete 方法用于在 ADO 中删除记录集中的记录。与 DAO 对象的方法不同，ADO 中的 Delete 方法可以成组地删除记录。

Delete 方法的语法格式如下。

```
rs.Delete [AffectRecords]
```

无参的 Delete 方法用于删除记录集中的当前记录，等价于 AffectRecords 参数取值为 adAffectCurrent 的情况。除此之外，AffectRecords 参数的取值还可以是 adAffectGroup（删除满足当前 Filter 属性设置的一组记录）和 adAffectAll（删除所有记录）等。

Update 方法可以将所添加的记录数据真正地存储在数据库中。使用记录集的相关方法对记录集及其内部的记录所做的修改，仅仅是在内存中进行。如果不进行物理存储，程序退出或系统掉电后所做的修改就会丢失，而 Update 方法完成的就是由内存修改向磁盘文件修改的转换过程，即临时性修改向永久性修改转换的过程。Update 方法执行后，保存在磁盘上的数据库文件才真正得到了更新，之前所做的修改才真正得以保存。
Update 方法的语法格式如下。

```
rs.Update
```

如果在数据库文件被更新之前要放弃在 Recordset 上所做的修改，可以使用
CancelUpdate 方法，格式如下。

```
rs.CancelUpdate
```

此外，对记录的操作（增、删、改）也可以通过 DoCmd 对象的 RunSQL 方法来完
成，格式如下。

```
DoCmd.RunSQL <SQL 语句>
```

例如，DoCmd.RunSQL"Update 职工表 Set 工资=工资*1.1"语句执行后可将职工表中
的工资上浮 10%。

使用 DoCmd 对象的 RunSQL 方法是直接对数据库文件进行操作，一旦执行就会直
接引起数据库的变化，因此无须更新数据库。

（4）关闭连接和记录集

在应用程序结束之前，应该将打开的 ADO 对象（数据库连接与记录集）正常关闭，
并回收（释放）为对象所分配的存储空间以便系统分配给其他程序使用。对象的释放可
以通过 Close 方法和 Set 对象=Nothing 语句来实现，其格式如下。

```
ADO 对象.Close
Set ADO 对象=Nothing
```

例如：

```
rs.Close            '关闭记录集
db.Close            '关闭数据库
Set rs = Nothing    '回收记录集对象的空间
Set db = Nothing    '回收数据库对象的空间
```

使用 ADO 时，不要求为每个对象都创建变量，可以只为部分对象创建变量，可以
是 Connection 对象、Recordset 对象和 Field 对象的组合，也可以是 Command 对象、
Recordset 对象和 Field 对象的组合，这两种组合分别称为在 Connection 对象上打开记录
集和在 Command 对象上打开记录集。

【例 8-2】使用 ADO 访问数据库，对"职工管理"数据库的"职工基本资料"表中
每个职工的工资增加 20%。

这里使用在 Connection 对象上打开 Recordset，完成该操作的过程如下。

1）在 Access 中建立一个标准模块。

2）设置 ADO 库的引用。

3）在模块中建立如下过程：

```
Sub setwagesPlus2()
    '定义对象变量
    Dim cn As New ADODB.Connection          '定义连接对象变量 cn
    Dim rs As New ADODB.Recordset           '定义记录集对象变量 rs
    Dim fd As ADODB.Field                   '定义字段对象变量 fd
    Dim strSQL As String                    '定义查询字符串
    '建立连接
    Set cn = CurrentProject.Connection      '设置连接数据库（本地数据库）
    '设置基本工资字段的引用
    strSQL = "Select 工资 from职工基本资料"   '设置查询表
    rs.Open strSQL, cn, adOpenDynamic, adLockOptimistic   '打开记录集
    Set fd = rs.Fields("工资")               '设置基本工资字段的引用
    '处理每条记录
    Do While Not rs.EOF
        fd = fd * (1+0.2)                   '工资增加20%
        rs.Update                           '更新记录集，保存所做的修改
        rs.MoveNext                         '记录指针指向下一条记录
    Loop
    '关闭并回收对象变量
    rs.Close
    cn.Close
    Set rs = Nothing
    Set cn = Nothing
End Sub
```

4）运行完毕，回到数据库窗口，打开"职工基本资料"表，检查程序的修改效果。

相比 DAO 对象模型而言，可以认为 Microsoft ADO 的体系结构比较简单，但是，这种简单并不意味着学习 ADO 是简单的。尽管 ADO 对象模型比 DAO 有更少的对象和集合，但是通常这些元素却比 DAO 中的相应内容更复杂，因为它们有更多可用的方法和可以设置的属性。

ADO 对象模型比 DAO 对象模型更简单的原因之一是它的集合较少。例如，在 ADO 中，可以创建任意多的 Connection 和 Recordset 对象，但它们是独立的对象，且对象体系不会将它们作为一个整体，为他们维护一个引用参数。当一个对象超出作用域时，ADO 会使用它的正常中断，并自动关闭打开的 Recordset 和 Connection。这个方法将减少对内存的需要，并使应用程序在较少的资源状态下运行。

8.4 域聚合函数

在进行数据库访问和处理时，有时会用到几个特殊的域聚合函数。

1）DSum()：在给定的记录集中，对满足条件的记录求数值字段的总计。

2）DAvg()：在给定的记录集中，对满足条件的记录求数值字段的平均值。

3）DCount()：在给定的记录集中，对满足条件的记录统计字段非空值的个数。

4）DMax()：在给定的记录集中，对满足条件的记录求字段的最大值。

5）DMin()：在给定的记录集中，对满足条件的记录求字段的最小值。

6）DLookup()：在给定的记录集中，获取第一个满足条件的记录的指定字段的值。

这些域聚合函数是 Access 为用户提供的内置函数。通过这些函数可以方便地从一个表或查询中取得符合一定条件的值赋予变量或控件值，而无须显式进行数据库的连接、打开等操作。这些域聚合函数都具有同样的语法格式。

函数名(字段表达式,记录集[,条件表达式])

其中：

1）"字段表达式"用于标识需要统计的字段。

2）"记录集"是一个字符串表达式，可以是表名或查询的名称。

3）"条件表达式"是可选的字符串表达式，用于限制函数的检索范围。"条件表达式"一般要组织成 SQL 表达式中的 WHERE 子句，只是不含 WHERE 关键字，如果忽略，则函数在整个记录集的范围内查询。

如要在文本框里显示"教师基本资料"表中男教师的人数，则可把文本框的数据来源设置成：=DCount("教师编号", "教师基本资料", "性别=男")。

在这些域聚合函数中，比较特殊的是 DLookup()函数。有时，要根据字段 A 来构造查询条件，而真正想要的是查询结果中字段 B 的值，这时就可以使用 DLookup()函数。

【例 8-3】试根据窗体上一个文本框控件（名为 txtnum）中输入的课程代码，将"课程"表里对应的课程名称显示在另一个文本框控件（名为"txtname"）中。

在窗体事件过程中增加如下语句。

```
Me!txtname=DLookUp("课程名称","课程","课程代码='"& Me!txtnum & "' ")
```

习 题 8

单选题

（1）DAO 对象模型采用分层结构，位于最顶层的对象是（　　）。

A. Errors　　　　　B. Workspaces　　　　　C. Users　　　　　D. DBEngine

（2）在为 DAO 对象变量赋值的语句中，必须使用的关键字是（　　）。

A. Add　　　　　B. Or　　　　　C. And　　　　　D. Set

（3）DAO 的 Database 对象的（　　）方法可以关闭一个已打开的 Database 对象。

A. Exit　　　　　B. Quit　　　　　C. Close　　　　　D. Delete

（4）DAO 的（　　）对象用来表示一个表的定义，但不包含表内的数据。

A. Open　　　　　B. Recordset　　　　　C. Close　　　　　D. TableDef

（5）在 DAO 中，要实现对数据库中的数据进行处理，必须使用 DAO 的（　　　）对象。

      A．Open   B．Recordset   C．Close   D．Delete

（6）ADO 的 Connection 对象的（　　　）方法，可以打开与数据库的连接。

      A．Open   B．Recordset   C．Close   D．Delete

（7）ADO 的 Recordset 对象的（　　　）方法可用来新建记录。

      A．Open   B．AddNew   C．Close   D．Delete

（8）ADO 的 Recordset 对象没有包含任何记录，则 Recordset 属性的值为（　　　）。

      A．−1   B．0   C．1   D．True

（9）若要判断 ADO 的记录集对象 rst 是否已经到该记录集尾部，可以使用的条件表达式是（　　　）。

      A．rst.Bof   B．rst.Eof   C．rst.End   D．rst.Last

（10）在 ADO 中，要执行 SQL 查询命令，必须使用 ADO 的（　　　）对象。

      A．Open   B．Recordset   C．Command   D．Delete

上机实验 8

1）在"上机实验"文件夹中创建一个名为"数据库编程.accdb"的数据库。

2）在"数据库编程"数据库中，创建一个名为"ADO 显示当前数据库名称"的窗体。在该窗体上创建一个名为"Lab0"的标签，以及创建一个名为"Cmd0"的按钮。在 Cmd0 命令按钮的单击事件过程的 VBA 程序代码中，使用 ADO 编程实现在 Lab0 标签上显示出当前打开的数据库的名称。

3）在"数据库编程"数据库中，创建一个"ADO 创建数据表"的窗体，在该窗体上创建一个名为"Cmd0"的按钮。在 Cmd0 命令按钮的单击事件过程的 VBA 程序代码中，使用 ADO 编程，实现在"数据库编程"数据库中创建一个名为"考试成绩"的表。

该表的结构如表 8-1 所示，主键是"考号"字段。

表 8-1　"考试成绩"的表结构

字段名	考号	姓名	成绩
数据类型	Text	Text	Integer
字段大小	10	8	

4）在"数据库编程"数据库中，创建一个"ADO 添加新记录"的窗体，通过 ADO 编程，实现向"考试成绩"表添加新记录的功能。添加新记录的数据如表 8-2 所示。

表 8-2　添加新记录的数据

考号	姓名	成绩
2010104016	赵平	82

附录 1 常用函数

类型	函数名	函数格式	说明
数学函数	绝对值	Abs(<数值表达式>)	返回数值表达式的绝对值
	取整	Int(<数值表达式>)	返回数值表达式的整数部分值,参考为负值时返回大于等于参数值的第一个负数
		Fix(<数值表达式>)	返回数值表达式的整数部分值,参考为负值时返回小于等于参数值的第一个负数
		Round(<数值表达式>[,<表达式>])	按照指定的小数位数进行四舍五入运算的结果。[<表达式>]是进行四舍五入运算小数点右边保留的位数
	平方根	Srq(<数值表达式>)	返回数值表达式的平方根值
	符号	Sgn(<数值表达式>)	返回数值表达式值的符号值。当数值表达式值大于 0 时,返回值为 1;当数值表达式值等于 0 时,返回值为 0;当数值表达式值小于 0 时,返回值为-1
	随机数	Rnd(<数值表达式>)	产生一个 0~1 的随机数,为单精度类型。如果数值表达式值小于 0,则每次产生相同的随机数;如果数值表达式值大于 0,则每次产生新的随机数;如果数值表达式等于 0,则产生最近生成的随机数,且生成的随机数序列相同;如果省略数值表达式参数,则默认参数值大于 0
	正弦函数	Sin(<数值表达式>)	返回数值表达式的正弦值
	余弦函数	Cos(<数值表达式>)	返回数值表达式的余弦值
	正切函数	Tan(<数值表达式>)	返回数值表达式的正切值
	自然指数	Exp(<数值表达式>)	计算 e 的 N 次方,返回一个双精度
	自然对数	Log(<数值表达式>)	计算以 e 为底的数值表达式的值的对数
字符串函数	生成空格字符	Space(<数值表达式>)	返回由数值表达的值确定的空格个数组成的空字符串
	字符重复	String(<数值表达式>,<字符表达式>)	返回一个由字符表达式的第 1 个字符重复组成的指定长度为数值表达式值的字符串
	字符串截取	Left(<字符表达式>,<数值表达式>)	返回一个值,该值是从字符表达式左侧第 1 个字符开始,截取的若干字符。其中,字符个数是数值表达式的值。当字符表达式是 null 时,返回 null 值;当数值表达式的值为 0 时,返回一个空串;当数值表达式的值大于或等于字符表达式的字符个数时,返回字符表达式
		Right(<字符表达式>,<数值表达式>)	返回一个值,该值是从字符表达式右侧第 1 个字符开始,截取的若干个字符。其中,字符个数是数值表达式的值。当字符表达式是 Null 时,返回 Null 值;当数值表达式值的为 0 时,返回一个空串;当数值表达式大于或等于字符表达式的字符个数时,返回字符表达式
		Mid(<字符表达式>,<数值表达式 1>[,<数值表达式 2>])	返回一个值,该值是从字符表达式最左端某个字符开始,截取到某个字符为止的若干个字符。其中,数值表达式 1 的值是开始的字符位置,数值表达式 2 是终止的字符位置。数值

数据库系统与应用

续表

类型	函数名	函数格式	说明
字符串函数	字符串截取	Mid(<字符表达式>,<数值表达式 1>[,<数值表达式 2>])	表达式 2 可以省略，若省略了数值表达式 2，则返回的值是从字符表达式最左端某个字符开始，截取到最后一个字符为止的若干个字符
	字符串长度	Len(<字符表达式>)	返回字符表达式的字符个数，当字符表达式是 Null 值时，返回 Null 值
	删除空格	Ltrim(<字符表达式>)	返回去掉字符表达式开始空格的字符串
		Rtrim(<字符表达式>)	返回去掉字符表达式尾部空格的字符串
		Trim(<字符表达式>)	返回去掉字符表达式开始和尾部空格的字符串
	字符串检索	Instr([<数值表达式>],<字符串>,<子字符串>[,<比较方法>])	返回一个值，该值是检索子字符串在字符串中最早出现的位置。其中，数值表达式为可选项，是检索的起始位置，若省略，从第一个字符开始检索。比较方法为可选项，指定字符串比较方法。值可以为 1、2 或 0，值为 0（默认）作二进制比较，值为 1 作不区分大小写的文本比较，值为 2 作基于数据库中包含信息的比较。若指定比较方法，则必须指定数值表达式值
	大小写转换	Ucase(<字符表达式>)	将字符表达式中小写字母转换成大写字母
		Lcase(<字符表达式>)	将字符表达式中大写字母转换成小写字母
SQL聚合函数	总计	Sum(<字符表达式>)	返回字符表达式中的总和。字符表达式可以是一个字段名，也可以是一个含字段名的表达式，但所含字段应该是数字数据类型的字段
	平均值	Avg(<字符表达式>)	返回字符表达式中的平均值。字符表达式可以是一个字段名，也可以是一个含字段名的表达式，但所含字段应该是数字数据类型的字段
	计数	Count(<字符表达式>)	返回字符表达式中的个数，即统计记录个数。字符表达式可以是一个字段名，也可以是一个含字段名的表达式，但所含字段名应该是数字数据类型的字段
	最大值	Max(<字符表达式>)	返回字符表达式中值的最大值，字符表达式可以是一个字段名，也可以是一个含字段名的表达式，但所含字段应该是数字数据类型的字段
	最小值	Min(<字符表达式>)	返回字符表达式中值的最小值，字符表达式可以是一个字段名，也可以是一个含字段名的表达式，但所含字段应该是数字数据类型的字段
日期/时间函数	截取日期分量	Day(<日期表达式>)	返回日期表达式日期的整数（1~31）
		Month(<日期表达式>)	返回日期表达式月份的整数（1~12）
		Year(<日期表达式>)	返回日期表达式年份的整数
		Weekday(<日期表达式>)	返回 1~7 的整数，表示星期几
	截取时间分量	Hour(<时间表达式>)	返回时间表达式的小时数（0~23）
		Minute(<时间表达式>)	返回时间表达式的分钟数（0~59）
		Second(<时间表达式>)	返回时间表达式的秒数（0~59）
	获取系统日期和系统时间	Date()	返回当前系统日期
		Time()	返回当前系统时间
		Now()	返回当前系统日期和时间

续表

类型	函数名	函数格式	说明
日期/时间函数	时间间隔	DateAdd(<间隔类型>,<间隔值>,<表达式>)	对表达式表示的日期按照间隔类型加上或减去指定的时间间隔值
	返回包含指定年月日的日期	DateDiff(<间隔类型>,<日期1>,<日期2>[,W1][,W2])	返回日期1和日期2之间按照间隔类型所指定的时间间隔数目
		DatePart(<表达式1>,<表达式2>,<表达式3>)	返回由表达式1值为年、表达式2值为月、表达式3值为日而组成的日期
转换函数	字符串转换字符代码	Asc(<字符表达式>)	返回字符表达式首字符的 ASCII 码值
	字符代码转换字符	Chr(<字符代码>)	返回与字符代码对应的字符
	数字转换成字符串	Str(<数值表达式>)	将数值表达式转换成字符串
	字符转换成数字	Val(<字符表达式>)	将数值字符串转换成数值型数字
		Nz(<表达式>)[,规定值]	如果表达式为 null, Nz 函数返回 0；对零长度的空串可以自定义一个返回值（规定值）
程序流程函数	选择	Choose(<索引式>,<表达式1>[,<表达式2>…[,<表达式n>])	根据索引式的值来返回表达式列表中的某个值。索引式值为 1, 返回表达式 1 的值；索引式值为 2, 返回表达式 2 的值，以此类推。当索引式值小于 1 或大于列出的表达式数目时，返回无效值（null）
	条件	Iif(条件表达式,表达式1,表达式2)	根据条件表达式的值决定函数的返回值，当条件表达式值为真时，函数返回值为表达式 1 的值；当条件表达式值为假时，函数返回值为表达式 2 的值
	开关	Switch(<条件表达式1>,<表达式1>[,<条件表达式2>,<表达式2>…[,<条件表达式n>,<表达式n>]])	计算每个条件表达式，并返回列表中第一个条件表达式为 True 时与其关联的表达式的值
消息函数	利用提示框输入	InputBox(提示[,标题][,默认])	在对话框中显示提示信息，等待用户输入正文并按下按钮，并返回文本框中输入的内容（String 型）
	提示框	Msgbox(提示[,按钮、图标和默认按钮][,标题])	在对话框中显示信息，等待用户单击按钮，并返回一个 Integer 型数值，告诉用户单击的是哪一个按钮

附录 2　习题参考答案

习　题　1

1. （略）
2. 单选题

（1）D	（2）D	（3）A	（4）C	（5）B	（6）C
（7）C	（8）C	（9）C	（10）B	（11）C	（12）B
（13）D	（14）C	（15）A			

习　题　2

单选题

（1）B	（2）D	（3）C	（4）B	（5）C	（6）B
（7）C	（8）C	（9）C	（10）B	（11）D	（12）B
（13）B	（14）A	（15）C	（16）A	（17）A	（18）B
（19）C	（20）C				

习　题　3

单选题

（1）A	（2）B	（3）A	（4）A	（5）C	（6）C
（7）A	（8）A	（9）C	（10）D	（11）D	（12）A
（13）B	（14）B	（15）C	（16）C	（17）D	（18）B
（19）A					

习　题　4

1. 单选题

（1）B	（2）C	（3）D	（4）C	（5）B	（6）C

（7）D　　　（8）B　　　（9）A　　　（10）D　　　（11）A　　　（12）B

（13）C　　　（14）B　　　（15）A　　　（16）D　　　（17）D　　　（18）C

2. 多选题

（1）ABD　　　（2）BCD　　　（3）ACD　　　（4）ACD　　　（5）ABC

习 题 5

单选题

（1）D　　　（2）A　　　（3）D　　　（4）D　　　（5）D　　　（6）A

（7）D　　　（8）C　　　（9）D　　　（10）D　　　（11）D　　　（12）D

（13）B　　　（14）C　　　（15）B　　　（16）C

习 题 6

单选题

（1）D　　　（2）B　　　（3）D　　　（4）D　　　（5）C　　　（6）B

（7）D　　　（8）C　　　（9）C　　　（10）C　　　（11）D　　　（12）C

（13）D　　　（14）B　　　（15）C

习 题 7

单选题

（1）A　　　（2）C　　　（3）D　　　（4）A　　　（5）A　　　（6）B

（7）C　　　（8）B　　　（9）B　　　（10）D　　　（11）C　　　（12）B

（13）B　　　（14）A　　　（15）C　　　（16）D　　　（17）A　　　（18）C

（19）B　　　（20）B

习 题 8

单选题

（1）D　　　（2）D　　　（3）C　　　（4）D　　　（5）B　　　（6）A

（7）B　　　（8）B　　　（9）B　　　（10）C

附录 3　全国计算机等级考试二级 Access 数据库程序设计考试大纲 (2013 年版)

基 本 要 求

1) 具有数据库系统的基础知识。
2) 基本了解面向对象的概念。
3) 掌握关系数据库的基本原理。
4) 掌握数据库程序设计方法。
5) 能使用 Access 建立一个小型数据库应用系统。

考 试 内 容

一、数据库基础知识

（1）基本概念：

数据库，数据模型，数据库管理系统，类和对象，事件。

（2）关系数据库基本概念：

关系模型（实体的完整性、参照的完整性、用户定义的完整性），关系模式，关系，元组，属性，字段，域，值，主关键字等。

（3）关系运算基本概念：

选择运算，投影运算，连接运算。

（4）SQL 基本命令：

查询命令，操作命令。

（5）Access 系统简介：

1) Access 系统的基本特点。
2) 基本对象：表，查询，窗体，报表，页，宏，模块。

二、数据库和表的基本操作

（1）创建数据库：

1) 创建空数据库。
2) 使用向导创建数据库。

（2）表的建立：

1）建立表结构：使用向导，使用表设计器，使用数据表。

2）设置字段属性。

3）输入数据：直接输入数据，获取外部数据。

（3）表间关系的建立与修改：

1）表间关系的概念：一对一，一对多。

2）建立表间关系。

3）设置参照完整性。

（4）表的维护：

1）修改表结构：添加字段，修改字段，删除字段，重新设置主关键字。

2）编辑表内容：添加记录，修改记录，删除记录，复制记录。

3）调整表外观。

（5）表的其他操作：

1）查找数据。

2）替换数据。

3）排序记录。

4）筛选记录。

三、查询的基本操作

（1）查询分类：

1）选择查询。

2）参数查询。

3）交叉表查询。

4）操作查询。

5）SQL 查询。

（2）查询准则：

1）运算符。

2）函数。

3）表达式。

（3）创建查询：

1）使用向导创建查询。

2）使用设计器创建查询。

3）在查询中计算。

（4）操作已创建的查询：

1）运行已创建的查询。

七、模块

（1）模块的基本概念：

1）类模块。

2）标准模块。

3）将宏转换为模块。

（2）创建模块：

1）创建 VBA 模块：在模块中加入过程，在模块中执行宏。

2）编写事件过程：键盘事件，鼠标事件，窗口事件，操作事件和其他事件。

（3）调用和参数传递。

（4）VBA 程序设计基础：

1）面向对象程序设计的基本概念。

2）VBA 编程环境：进入 VBE，VBE 界面。

3）VBA 编程基础：常量，变量，表达式。

4）VBA 程序流程控制：顺序控制，选择控制，循环控制。

5）VBA 程序的调试：设置断点，单步跟踪，设置监视点。

考 试 方 式

从第 38 次（即 2013 年 9 月）等级考试开始，实施 2013 版考试大纲。要求系统环境是中文版 Windows 7 与 Office 2010。无纸化考试的时间为 120 分钟，满分 100 分。总分达到 60 分，方能取得等级考试合格证书。

无纸化考试的最大特点是随机抽题。二级 Access 考试共有 4 种题型，即单项选择题（40 分，包括公共基础知识 10 分）、基本操作题（18 分）、简单应用题（24 分）和综合应用题（18 分）。

参 考 文 献

教育部考试中心. 2013. 全国计算机等级考试二级教程：Access 数据库程序设计（2013 年版）. 北京：高等教育出版社.

罗娜，蒲东兵，韩毅，等. 2014. Access 2010 数据库技术与应用. 北京：人民邮电出版社.

吕英华，张述信. 2014. Access 数据库技术及应用. 北京：科学出版社.

钱雪忠，李京. 2010. 数据库原理及应用. 北京：北京邮电大学出版社.

王伟. 2012. 计算机科学前沿技术. 北京：清华大学出版社.

肖艳芹. 2015. Access 2010 数据库应用教程. 北京：机械工业出版社.

2）编辑查询中的字段。

3）编辑查询中的数据源。

4）排序查询的结果。

四、窗体的基本操作

（1）窗体分类：

1）纵栏式窗体。

2）表格式窗体。

3）主/子窗体。

4）数据表窗体。

5）图表窗体。

6）数据透视表窗体。

（2）创建窗体：

1）使用向导创建窗体。

2）使用设计器创建窗体：控件的含义及种类，在窗体中添加和修改控件，设置控件的常见属性。

五、报表的基本操作

（1）报表分类：

1）纵栏式报表。

2）表格式报表。

3）图表报表。

4）标签报表。

（2）报表的创建及其应用：

1）使用向导创建报表。

2）使用设计器编辑报表。

3）在报表中计算和汇总。

六、宏

（1）宏的基本概念：

（2）宏的基本操作：

1）创建宏：创建一个宏，创建宏组。

2）运行宏。

3）在宏中使用条件。

4）设置宏操作参数。

5）常用的宏操作。